KOMMUNIKATION UND POLITIK

Schriftenreihe herausgegeben von
Jörg Aufermann, Hans Bohrmann und
Elisabeth Löckenhoff

Band 5

Gabriele Hoffmann
NS-Propaganda in den Niederlanden

Verlag Dokumentation
München-Pullach · Berlin 1972

VD

Gabriele Hoffmann

NS-Propaganda in den Niederlanden

Organisation und Lenkung der Publizistik unter deutscher Besatzung 1940 - 1945

Verlag Dokumentation
München-Pullach · Berlin 1972

VD

AUTORIN

Gabriele Hoffmann
geboren 1940 in Hartmannsdorf (Kreis Lauban), studierte 1960–1966 an der Freien Universität Berlin die Fächer Publizistik, Germanistik und Soziologie. Promotion im Februar 1969. Danach Autorium für den Sender Freies Berlin, 1970 Mitarbeit im Deutschen Institut für Fernstudien, Tübingen (Arbeitsgruppe Fernstudium im Medienverbund).
Lebt jetzt als Redakteurin des Süddeutschen Rundfunks, Redaktion Bildung und Ausbildung, in Stuttgart.

HERAUSGEBER

Jörg Aufermann
Assistenzprofessor am Institut für Konzentrationsforschung der Freien Universität Berlin

Hans Bohrmann
Assistenzprofessor am Institut für Publizistik der Freien Universität Berlin

Elisabeth Löckenhoff
Professor am Institut für Publizistik der Freien Universität Berlin

Druck: Anton Hain KG, Meisenheim
Gebunden bei Kornelius Kaspers, Düsseldorf
Printed in West Germany
ISBN 3-7940-4021-X

V o r w o r t

Zum zweiten Mal wird in dieser Schriftenreihe ein Band vorgelegt, der sich mit der Publizistik des Nationalsozialismus befaßt. Während Dorothea Hollstein (Kommunikation und Politik, Bd. 1) die antisemitischen Propagandainhalte und -formen sowie ihre filmischen Realisierungen untersuchte, analysiert Gabriele Hoffmann den Aufbau, die Struktur und Funktionsweise des nationalsozialistischen Propagandaapparats in den besetzten Niederlanden.

Ausgehend von dem reichhaltigen und bisher publizistikwissenschaftlich nicht ausgewerteten Quellenmaterial des Amsterdamer Rijksinstituts voor Oorlogsdok mentattie (Kriegsdokumentation 2. Weltkrieg) werden zunächst die ideologischen und politischen Voraussetzungen der NS-Propaganda in den Niederlanden erörtert. Gemäss der Lebensraum- und Rassentheorie sollten die Niederlande im Rahmen der "Neuordnung" Europas eine Rolle als politischer Satellit Deutschlands spielen, dem ein Rest von Selbstbestimmungsmöglichkeit zugestanden wurde. Eine Unterjochung und Auslöschung, wie sie den osteuropäischen Völkern zugedacht war, beabsichtigte die Nationalsozialistische Führung hier nicht.

Nach der Besetzung durch die Wehrmacht im Mai 194o wurde die Militärverwaltung alsbald durch ein Reichskommissariat abgelöst, das die Aufsicht über die niederländischen staatlichen Institutionen ausübte. Im Reichskommissariat fielen die Grundsatzentscheidungen, die von der niederländischen Administration lediglich auszuführen waren. Dieses Unterordnungsverhältnis galt auch für den Bereich der Propaganda. Der "Hauptabteilung Volksaufklärung und Propaganda im Generalkommissariat" stand ein niederländischer Propagandaapparat gegenüber, der als ausführendes Organ betrachtet werden muss. Bemühungen um Verselbstständigung auf seiten der niederländischen Nationalsozialisten, die beispielsweise bald nach der Besetzung versuchten, eine der deutschen Reichskulturkammer nachgebildete Organisation zu schaffen, um durch diese Initiative einen Teil des kulturellen und publizistischen Lebens in eigener Regie zu behalten, wurden kurzerhand unterbunden.

Mit dem Anspruch, die niederländische Propaganda selbst anzuleiten, importierte die deutsche Besatzungsmacht die Rivalitäten zwischen Propagandaministerium und Auswärtigem Amt, zwischen Goebbels, Dietrich usw. Die Autorin zeigt, welche Personen auf deutscher und niederländischer Seite mit welchen Konzepten und welchem Ergebnis auf die Gestaltung des Propagandaapparats Einfluss nahmen. Sie verdeutlicht die Parallelen mit den nazideutschen Ämtern und schildert die Phasen der nationalsozialistischen Propagandaführung bis zum Kriegsende. Schließlich thematisiert Gabriele Hoffmann die Frage nach der Wirkung der NS-Propaganda, die sich nach der Kommunikatoranalyse aufdrängt. Die Autorin weist damit auf ein schwieriges, mit den Mitteln retrospektiver publizistischer Analyse kaum zu bearbeitendes neues Untersuchungsfeld hin, dessen Konturen sie absteckt.

Berlin, im Juni 1972 Die Herausgeber

Inhaltsverzeichnis

Zur Einführung

Im Zweiten Weltkrieg lebten neun Millionen Niederländer unter deutscher Besatzung. Mit einem Stab von 800 Verwaltungsbeamten und einigen tausend Militärs waren die Nationalsozialisten seit dem ersten Tag der Okkupation bemüht, das besetzte Land und seine Bevölkerung ihren politischen, militärischen und ideologischen Zielsetzungen zu unterwerfen. Da die Niederlande wie zum Beispiel auch das besetzte Norwegen nach den rassistischen Vorstellungen der NS-Führung zu den "germanischen" Ländern Europas gehörten, operierte die Besatzungspolitik hier besonders in den ersten Kriegsjahren nach einer anderen Konzeption als in den besetzten osteuropäischen Gebieten. Während in Polen und der Sowjetunion ganze Völkerschaften unterjocht und ausgerottet wurden, suchten die Nationalsozialisten ihre "artverwandten" Nachbarn Nord- und Nordwesteuropas in die "großgermanische Lebensgemeinschaft" einzugliedern. Eine Zivilverwaltung in Form eines "Reichskommissariats" sollte in den Niederlanden die zur Verwirklichung dieses Vorhabens notwendigen politischen und propagandistischen Maßnahmen treffen.

In der vorliegenden Arbeit wird versucht, Organisation, Funktion und Arbeitsweise der deutschen und einheimischen Propagandainstanzen in den besetzten Niederlanden auf dem Hintergrund der deutschen Besatzungspolitik darzustellen. Da sich, nachdem die Initiative in der Kriegsführung an die Alliierten verlorengegangen war, die politischen und propagandistischen Maßnahmen der Nationalsozialisten in allen besetzten Gebieten Europas anzugleichen begannen, und die Besatzungspolitik in den Niederlanden folglich nur bis zum Winter 1942/43 durch die erwähnten Eingliederungs-Bestrebungen gekennzeichnet war, wird das Hauptaugenmerk in dieser Arbeit auf die Vorbereitung und den Aufbau der für die Konsolidierungspropaganda aufgebauten Institutionen gerichtet; der differenzierte Propagandaapparat der deutschen Verwaltung in den ersten Kriegsjahren steht somit im Vordergrund.

Wie schon der Titel der Arbeit hervorhebt, ist eine umfassende Darstellung der gesamten Propaganda in den besetzten Niederlanden nicht beabsichtigt. Die unerläßliche Eingrenzung des umfangreichen Themas ließ von einer Analyse der nationalsozialistischen Konsolidierungspropaganda absehen. Fragen der Propagandathematik und -methode werden nur gelegentlich gestreift. Aus dem gleichen Grund mußte darauf verzichtet werden, außer den offiziellen Propagandainstanzen des Reichskommissariats sowie der niederländischen Nationalsozialisten etwa Propagandaeinrichtungen der SS- oder der NSB-Dienststellen zu behandeln.

Zur Grundlegung des Themas sind sowohl der idologische und politische Hintergrund der Okkupation der Niederlande (Kapitel 1), die Verwaltung (Kapitel 2) als auch die Besatzungspolitik des Reichskommissariats von 1940 bis 1945 (Kapitel 3) von Bedeutung. Voraussetzungen und Beginn der propagandistischen Einflußnahme werden aus den ersten Weisungen der zuständigen miteinander rivalisierenden Stellen des Reichsministeriums für Volksaufklärung und Propaganda, des Oberkommandos des Heeres und des Auswärtigen Amtes ersichtlich (Kapitel 4). Im Zentrum der Betrachtung (Kapitel 5 bis 7) stehen der deutsche Propagandaapparat (die Hauptabteilung Volksaufklärung und Propaganda beim Generalkommissar zur besonderen Verwendung) als politische Führungsinstanz sowie der niederländische Propagandaapparat (das im ersten Besatzungsjahr errichtete Department van Volksvoorlichting en Kunsten) und die niederländischen Kulturinstanzen (Nederlandsche Kultuurkamer und der Nederlandsche Kultuurraad) als Instrumente der deutschen Propagandaführung. Im folgenden Teil werden der Einfluß Goebbels' auf die Propagandainstanzen in Den Haag, die Funktion der geheimen Dienstbesprechungen beim Generalkommissar zur besonderen Verwendung sowie die Sprachregelungen aufgrund der deutschen Pressekonferenzen behandelt. Daran schließt sich eine Darstellung einzelner Maßnahmen der deutschen und niederländischen Propagandainstanzen im Bereich der Presse, des Rundfunks und des Films, einschließlich typischer Propagandaaktionen im Laufe der sich wandelnden Kriegs- und Besatzungspolitik (Kapitel 8). Die Arbeit wird abgerundet durch zwei Exkurse über die Deutsche Zeitung in den Niederlanden (in Kapitel 4) und die niederländische Presse vor 1940 (in Kapitel 5) sowie durch eine abschließende Abschätzung der Wirkungschancen nationalsozialistischer Propaganda anhand der vom SD herausgegebenen Meldungen aus den Niederlanden, der illegalen niederländischen Publizistik und einzelner Nachkriegs-Stellungnahmen, -Spekulationen, -Untersuchungen.

Das in der vorliegenden Arbeit ausgewertete Material fand sich in erster Linie im Rijksinstituut voor Oorlogsdocumentatie (Kriegsdokumentation Zweiter Weltkrieg) in Amsterdam, dessen Bestände u. a. ungedrucktes Aktenmaterial von 2.300 Meter Länge, eine Bibliothek mit 30.000 Bänden (darunter 8.000 Broschüren) und ein repräsentatives Zeitungs- und Zeitschriftenarchiv umfassen. Bei der Sichtung der für das Thema relevanten Archive und Kollektionen galt das Hauptinteresse dem Archivmaterial der deutschen und einheimischen Propagandaapparate. Daneben wurden zahlreiche im Rijksinstituut deponierte Originale, Abschriften und Photokopien aus verschiedenen Archiven deutscher Instanzen außerhalb der Niederlande als Quellenmaterial herangezogen. Bei der Auswertung erwiesen sich die Archive des Generalkommissars zur besonderen Verwendung, des Generalkommissars für das Sicherheitswesen und des Departments van Volksvoorlichting en Kunsten sowie die Kollektionen des Reichsministeriums für Volksaufklärung und Propaganda und des Auswärtigen Amtes, soweit sie die besetzten Niederlande betrafen, am ergiebigsten.

Für die freundliche Aufnahme im Rijksinstituut voor Oorlogsdocumentatie danke ich dem Leiter, Herrn Dr. Louis de Jong, und dessen Mitarbeitern; für die großzügige Betreuung und Unterstützung meines Vorhabens danke ich besonders Herrn und Frau Groeneveld und Herrn Zwaan. Mein Dank gilt ebenso dem Institut für Publizistik an der Freien Universität Berlin, vor allem Herrn Professor Dr. Fritz Eberhard, Frau Dr. Elisabeth Löckenhoff und Herrn Dr. Hans Bohrmann, die diese Arbeit durch wertvolle Hinweise förderten.

1 Zur Grundlegung: Ideologischer und politischer Hintergrund der Okkupation der Niederlande während des Zweiten Weltkrieges

11 Lebensraum- und Rassentheorie als Grundlage für die "Neuordnung" Europas

Hitlers außenpolitische Zielsetzungen waren seit Beginn seiner politischen Laufbahn über eine Revision des Versailler Vertrages hinaus auf die deutsche Hegemonie in Europa gerichtet. Die Wiederherstellung der deutschen Grenzen von 1914 bezeichnete er in "Mein Kampf" und in seinem "Zweiten Buch" von 1928 als politisch unsinnig, wenn nicht gar verbrecherisch, da diese nur "Augenblicksgrenzen eines in keinerlei Weise abgeschlossenen politischen Ringens" gewesen seien[1]. Politisches Ringen aber im völkischen Sinne bestand für Hitler letztlich darin, "dem deutschen Volk den ihm gebührenden Grund und Boden auf dieser Erde zu sichern"[2]. Wenn nach seinem außenpolitischen Konzept die Vergrößerung des "Lebensraumes" unumgänglich war, da allein auf diesem Wege die wirtschaftliche und militärische Sicherheit eines Volkes garantiert werden könne, so galt der Kampf zu diesem Zweck als der einzige, "der vor Gott und unserer deutschen Nachwelt einen Bluteinsatz gerechtfertigt erscheinen läßt"[3]. Forderungen wie diese verlangten nach Hitler nicht einfach nach Grenzrevisionen, sondern einer "klaren, weitschauenden Raumpolitik", die dem deutschen Volk "die Zuweisung eines genügenden Lebensraumes für die nächsten 100

---

1) A. Hitler, Mein Kampf. Die nationalsozialistische Bewegung. München 1926/27, Bd. II, S. 311. Vgl. auch Hitlers Zweites Buch, Ein Dokument aus dem Jahr 1928, Stuttgart 1961, S. 163. Dort bezeichnet Hitler das Ziel der Wiederherstellung der Grenzen von 1914 als "ungenügend vom nationalen Standpunkt aus, unbefriedigend vom militärischen, unmöglich von dem in die Zukunft weisenden völkischen und wahnsinnig von dem seiner Folgen".

2) A. Hitler, Mein Kampf, Bd. II, a.a.O., S. 313.

3) Ebd.

Jahre" ermöglichen sollte[4]. Als Territorien für eine künftige Bodenpolitik Deutschlands in Europa waren in erster Linie Rußland - das durch die "bolschewistische" Revolution seine "germanische" Oberschicht verloren habe - und die "ihm untertanen Randstaaten" vorgesehen[5]. Mit ihrem Besitz versprach sich Hitler die Herrschaft über den europäischen Kontinent. Von diesem gesicherten "Großraum" aus gedachte er Weltpolitik zu betreiben[6], um schließlich "Nordamerika die Stirne" bieten zu können[7].

Die nationalsozialistische Mission - wie sie Hitler in seinen theoretischen Schriften proklamierte - bestand jedoch nicht nur im deutschen Lebensraumerwerb "auf Kosten Rußlands"[8], sondern mehr noch im vielzitierten biologisch begründeten Führungsanspruch des deutschen Volkes: Wäre erst die Grundfläche für eine Weltmachtstellung errungen, dann könnten die "wertvollsten Bestände an rassischen Urelementen" aller Deutschen gesammelt und erhalten werden, um sie späterhin "zur beherrschenden Stellung emporzuführen"[9].

In der Praxis "germanischer Reichspolitik" zeigte sich später, daß es Hitler tatsächlich weder allein um die dominierende Stellung Deutschlands ging, noch um die "völlige rassische Neugestaltung Europas im Sinne seiner Dogmen"[10]. Bei rigoroser Ablehnung von Partnerschaft und Kooperation unter gleich-

---

4) Hitlers Zweites Buch, a.a.O., S. 163. Zur Verwirklichung einer solchen Großraumpolitik wurde kolonialer Erwerb abgelehnt, vielmehr sollte das avisierte Siedlungsgebiet mit dem deutschen "Stammland" verbunden sein, somit im europäischen Raum mit Waffengewalt erstritten werden. Vgl. A. Hitler, Mein Kampf, Bd. II, a.a.O., S. 315.

5) A. Hitler, Mein Kampf, Bd. II, a.a.O., S. 316 f.

6) Ebd. "Deutschland wird entweder Weltmacht, oder überhaupt nicht sein". Vgl. auch L. Gruchmann, Der Zweite Weltkrieg, dtv-Weltgeschichte des 20. Jahrhunderts, Bd. 10, München 1967, S. 9.

7) Hitlers Zweites Buch, a.a.O., S. 130.

8) A. Hitler, Mein Kampf, Bd. I, a.a.O., S. 147.

9) Ebd., Bd. II, S. 30.

10) H.-A. Jacobsen, Zur Konzeption einer Geschichte des Zweiten Weltkrieges 1939-1945, in: Schriften der Bibliothek für Zeitgeschichte, Heft 2, Stuttgart 1964, S. 25.

berechtigten souveränen Staaten, projektierte er unablässig an einer neuen europäischen Ordnung als "Germanischem Reich deutscher Nation"[11]. Das Europa Hitlers als "blutsmäßig bedingte"[12] Einheit fußte im Wesentlichen auf seiner antisemitischen und antichristlichen Haltung; aus ihr resultierte die Glorifizierung der "nordischen Herrenrasse" ebenso wie die planmäßige Ausrottung des europäischen Judentums als letzte Konsequenz einer "geschlossenen Volksgemeinschaft".

12 Die Eroberung Nord- und Nordwesteuropas im Vergleich zu der Osteuropas

Interessant ist, daß die Floskel "Germanisches Reich" vor dem Zweiten Weltkrieg nahezu ausschließlich in Zusammenhang mit Expansionsbestrebungen nach Osten auftauchte, mit den Staaten Nord- und Nordwesteuropas dagegen erst nach deren Eroberung im Jahre 1940 verknüpft wurde[13]. Zweifellos lag der Grund hierfür nicht zuletzt in Hitlers weltanschaulichem Konzept, das auf die "Endlösung der Judenfrage" ebenso wie die Vernichtung des Bolschewismus hinauslief. Sein Glaube an Deutschlands Berufung zum "Herrenvolk" mit unbegrenztem Herrschaftsanspruch über "minderwertige" Rassen im Ostraum zieht sich - von seinen ersten Reden 1919/20 bis hin zu den Tischgesprächen im Führerhauptquartier - durch alle Äußerungen zur nationalsozialistischen Europaideologie.

---

11) Vgl. die Geheimrede Hitlers vom 23. November 1937 bei der Einweihung der Ordensburg in Sonthofen in: M. Domarus (Hrsg.) Hitlers Reden und Proklamationen, 1932-1945, Würzburg 1962/63, Bd. 1, S. 761. Vgl. auch die grundlegende Studie von H.-D. Loock, Zur "Großgermanischen Politik" des Dritten Reiches, in: Vierteljahreshefte für Zeitgeschichte 1960, 8. Jg. S. 37-63. (zit. VJHZG).

12) H. Picker, (Hrsg.) Hitlers Tischgespräche im Führerhauptquartier 1941-1942, Stuttgart, 2. Aufl.,1965, Notiz vom 8. bis 10. September 1941, S. 144.

13) Vgl. H.-D. Loock, Zur "Großgermanischen Politik", a.a.O., S. 38. P. Kluke, Nationalsozialistische Europaideologie in: VJHZG, 3. Jg., 1955, S. 240-275. Bei den Prophezeihungen Hitlers über einen "Germanischen Staat deutscher Nation" fanden die "germanischen" Staaten Nord- und Nordwesteuropas anfänglich keine Erwähnung.

Betrachtet man im Vergleich hierzu die "Blitzkriege" gegen Dänemark und Norwegen und die im Rahmen des sogenannten Westfeldzuges erfolgte Okkupation der Niederlande, so läßt sich feststellen, daß in ihrem Initialstadium nicht ideologische, sondern militärstrategische Überlegungen der NS-Führung eine Rolle spielten. Die "germanischen" Staaten zu besetzen, war nach dem deutschen Überfall auf Polen im September 1939 weder geplant noch angestrebt, da zu diesem Zeitpunkt der Aufbau der deutschen Wehrmacht noch keineswegs abgeschlossen war und keinerlei strategische Offensivpläne gegen den Westen vorlagen. Allein das unerwartete Eingreifen der Westmächte auf Seiten Polens gab Hitler die "Chance" zur militärischen Improvisation, mit der der "Erbfeind" Frankreich endgültig ausgeschaltet und England zur Anerkennung der deutschen Vorherrschaft in Europa gezwungen werden sollten[14]. Ungeachtet der Warnungen seiner engsten militärischen Berater war Hitler entschlossen, die Entscheidungsschlacht im Westen auch unter rücksichtsloser Verletzung der niederländischen, belgischen und luxemburgischen Neutralität einzuleiten, um damit "der staatlichen Konsolidierung und Weiterentwicklung des deutschen Volkes in Europa" den Weg zu ebnen[15]. Die Eroberung Dänemarks und Norwegens erfolgte vor allem zur Sicherung der strategischen Nordflanke und des Erznachschubs aus Schweden. Mit der Besetzung der Niederlande, Belgiens und Luxemburgs sollte strategisches Vorfeld gegen England und Frankreich gewonnen, die angebliche Gefahr eines alliierten Einfalls in das Ruhrgebiet gebannt und die Wirtschaft der besetzten Staaten der deutschen Kriegswirtschaft unterworfen werden.

---

14) Vgl. L. Gruchmann, Der Zweite Weltkrieg, a.a.O., S. 23 ff. Vgl. auch E. Nolte, Der Faschismus in seiner Epoche, München 1963, S. 432. H.-A. Jacobsen, Der Zweite Weltkrieg. Grundzüge der Strategie und Politik in Dokumenten, Frankf.a.M./Hamburg 1965, S. 65 f. Zur Kriegspolitik Hitlers H.R. Trevor-Roper, Hitlers Kriegsziele, in: VJHZG, 8. Jg. 1960, S. 133. A. Hillgruber, Hitlers Strategie. Politik und Kriegführung 1940-1941, Frankfurt/M. 1965, S. 593.

15) Aus Hitlers Denkschrift vom 9. Oktober 1939, auszugsweise wiedergegeben in: H.-A. Jacobsen, Der Zweite Weltkrieg, a.a.O., S. 66.

Um einmal gewonnene Machtpositionen nach der Okkupation nicht wieder aufgeben zu müssen, drängte sich das Schlagwort vom "Germanentum" - wie es die Nationalsozialisten insbesondere mit Norwegen und den Niederlanden assoziierten - nahezu von selbst auf[16]. Allein im "germanisch" deklarierten Teil Europas saßen demzufolge die zur Herrschaft berufenen Träger der nordischen Rasse, die einzig "wahren" Europäer[17].

Während die Nationalsozialisten, Hitlers radikalisiertem Darwinismus entsprechend, im "nichtgermanischen" Osten ihrem "völkischen" Vernichtungswillen keine Schranken setzten, sollten die "germanischen" Flamen[18], Niederländer und Skandinavier durch ideologische Gleichschaltung mit dem "Großgermanischen Reich deutscher Nation" verbunden sein. Damit wurde den privilegierten "blutsnahen" Völkern Nord- und Nordwesteuropas die zweifelhafte Ehre zuteil, in die "germanische Völkergemeinschaft" unter deutscher militärischer und politischer Vorherrschaft integriert zu werden[19]. Wie im "germanischen" Norwegen sollten auch in den Niederlanden die "besten Vertreter der germanischen Rasse"[20] vom nationalsozialistischen "Heil" profitieren. Als "stammverwandte" und "blutsnahe" Völker sollten sie zu "bewußten Germanen" und "bewußten Deutschen" erzogen werden[21].

---

16) Im einbändigen Brockhaus von 1941 werden die "Germanen" definiert als "Volksgruppe nordisch-fälischer Rasse in Europa, aus der die germanischen Völker (Deutsche, Niederländer, Skandinavier, Engländer) hervorgegangen sind". Vgl. Volks-Brockhaus. Deutsches Sach- und Sprachwörterbuch für Schule und Haus. 9. Aufl. Leipzig 1941, S. 240.

17) Vgl. H.-D. Loock, Zur "Großgermanischen Politik", a.a.O., S. 39.

18) Die Belgier wurden nach der NS-Rassentheorie in germanische Flamen und nichtgermanische Wallonen gegliedert. Vgl. H. Picker, Hitlers Tischgespräche im Führerhauptquartier, a.a.O., Notiz vom 27. Juni 1942, S. 417 f.

19) Vgl. H.-D. Loock, Zur "Großgermanischen Politik", a.a.O., S. 40 f.

20) Äußerungen Hitlers in seiner Unterredung mit niederländischen Nationalsozialisten am 23. September 1940. Nach dem Bericht von Geelkerken, in: Het proces Mussert, Serie Bronnenpublicaties No. 4, Processen No. 3, s'Gravenhage, 1948, S. 317 f.

21) Vgl. die Richtlinien zur Gewinnung holländischer Freiwilliger vom 24. Juni 1940. Nürnberger Dok. NO 5617.

Neben der angestrebten nationalsozialistischen "Revolution" unter geänderten Dimensionen[22], lag für die Niederlande speziell die "historisch so wichtige Aufgabe" vor, "neun Millionen germanisch-niederdeutsche Menschen, die Jahrhunderte lang dem Deutschtum entfernt wurden, mit fester und doch sehr weicher Hand wieder zurückzuholen und der deutsch-germanischen Gemeinschaft wieder einzufügen"[23].

13 Der Einmarsch deutscher Truppen in die Niederlande

Der Einmarsch deutscher Truppen in die Niederlande am frühen Morgen des 10. Mai 1940[24] erfolgte ohne Kriegserklärung unter Mißachtung der seit Jahren strikt verfolgten Neutralitätspolitik dieses Landes[25], die Hitler bis dahin in wiederholten Erklärungen zu achten versprochen hatte[26]. Um den deutschen

---

22) So Goebbels in seiner Geheimrede vor geladenen Vertretern der deutschen Presse am 5. April 1940, in: H.-A. Jacobsen, Der Zweite Weltkrieg, a.a.O., Nr. 60, S. 180 f.

23) Berlin Document Center H 99 622. Antwortschreiben Himmlers vom 1. 1. 1941 auf einen Neujahrsbrief von Reichskommissar Seyß-Inquart. (zit. BDC).

24) Am gleichen Tag erfolgte auch der Angriff auf Belgien und Luxemburg.

25) Akten zur deutschen Auswärtigen Politik 1918-1945. Aus dem Archiv des Auswärtigen Amts. Serie D (1937-1945). Bd. V, Nr. 489, S. 539. Bericht von Feine an das AA, Nr. 504, S. 554 f. Bericht Zechs an das AA, Bd. VI, Nr. 93, S. 94. Bericht Zechs an das AA, Nr. 263, S. 274. Aufzeichnung Ribbentrops, Nr. 338, S. 363. Bericht Zechs an das AA, Bd. VII, Nr. 255, S. 255. Notiz v. d. Heyden-Rynsch, Nr. 291, S. 250. Aufzeichnungen Woermanns vom 25. August 1939, Nr. 313, S. 267. Zech an das AA, (26. August 1939). (zit. ADAP).

26) Deutschland hat die "traditionelle Freundschaft", so erklärte Hitler in seiner "Friedensrede" am 6. Oktober 1939, "zu Holland weiterzuführen versucht, es hat keine Differenzen zwischen den beiden Staaten übernommen und keine neue Differenzen geschaffen". Der Prozeß gegen die Hauptkriegsverbrecher vor dem Internationalen Militärgerichtshof Nürnberg (International Military Tribunal: IMT), Bd. II, S. 336. Vgl. weitere deutsche Garantieerklärungen, IMT, Bd. III, S. 153, 297, 335. Im internen Kreis vor seinen Oberbefehlshabern äußerte Hitler allerdings am 23. November 1939: Die "Verletzung der Neutralität Belgiens und Hollands ist bedeutungslos. Kein Mensch fragt danach, wenn wir gesiegt haben." in: H.-A. Jacobsen, Der Zweite Weltkrieg, a.a.O., S. 70. Vgl. auch IMT, Bd. IV, S. 480.

Neutralitätsbruch zu rechtfertigen, wurde den Niederlanden und Belgien in gleichlautenden Noten vorgeworfen, daß sie ihre Verteidigung einseitig nach Osten ausgerichtet, militärische Verhandlungen mit den Westmächten eingeleitet und die niederländische Regierung zudem das Überfliegen ihres Landes durch englische Flugzeuge gestattet habe[27]. Aus diesen Gründen und "unwiderleglichen" Beweisen für einen unmittelbar bevorstehenden alliierten Angriff auf das Ruhrgebiet, der über belgisches und niederländisches Gebiet erfolgen sollte, müsse Deutschland den Schutz dieser neutralen Staaten übernehmen[28].

Nachdem Hitler bereits am 27. September 1939 die Verteidigungszone im Westen "als Gefahr für das Ruhrgebiet" bezeichnet hatte[29] erhielt das Oberkommando des Heeres (OKH) am 9. Oktober 1939 den Befehl, am Nordflügel der Westfront eine Angriffsoperation durch den luxemburg-belgischen und holländischen Raum vorzubereiten[30].

Unter dem Decknamen "Fall Gelb" wurden schließlich, nach einigen Planungen zur "friedlichen" Besetzung der Niederlande[31], die militärischen Operationen gegen den Westen aus folgenden Gründen eingeleitet: Abwehr der alliierten "Bedrohung" des Ruhrgebiets, Verbesserung der Luft- und Seekriegführung gegen England und "Nutzung" des niederländischen Wirtschaftspotentials für die deutsche Kriegswirtschaft[32].

---

27) Vgl. ADAP, Serie D, Bd. IX, Nr. 214, S. 245. Memorandum der deutschen Regierung vom 9. Mai 1940.

28) Vgl. IMT, Bd. IV, S. 481. Vgl. auch L. Gruchmann, Der Zweite Weltkrieg, a.a.O., S. 59.

29) Aus F. Halders Kriegstagebuch, Tägliche Aufzeichnungen des Chefs des Generalstabes des Heeres 1939-1942, in: H.-A. Jacobsen, Der Zweite Weltkrieg, a.a.O., S. 66. Eine geplante alliierte Invasion auf das Ruhrgebiet ist von der historischen Forschung als Erfindung der NS-Führung erkannt worden.

30) Vgl. W. Hubatsch (Hrsg.) Hitlers Weisungen für die Kriegführung 1939-1945, (Nr. 6), Frankfurt/M. 1962, S. 32. Vgl. auch L. de Jong, Die deutsche Fünfte Kolonne, Stuttgart 1959, S. 177 f.

31) Hitler hoffte lange Zeit, die "holländische Frage" politisch regeln zu können, d.h. mit einem erzwungenen Einverständnis der niederländischen Regierung die "friedliche" Besetzung der südlichen Teile des Landes vorzunehmen. Vgl. hierzu H.-A. Jacobsen, Fall "Gelb". Der Kampf um den deutschen Operationsplan zur Westoffensive. Wiesbaden 1957, S. 8 f.

32) Vgl. u. a. IMT, Bd. X, S. 482; Bd. IV, S. 482.

Innerhalb von fünf Tagen war der Feldzug gegen die Niederlande mit geringen deutschen Verlusten beendet. Angesichts der ausweglosen Lage unterzeichnete der Oberbefehlshaber der niederländischen Streitkräfte, General Winkelmann, am 15. Mai 1940 die Kapitulationsurkunde[33].

---

33) Nach einer überraschend schnellen Ausschaltung der niederländischen Luftwaffe und der Zerstörung der Brücken bei Moerdijk und südlich von Rotterdam war der Zugang zur "Festung Holland" gesichert. Im Rahmen des Angriffs auf das niederländische Verteidigungszentrum, das von den einheimischen Truppen hartnäckig gehalten wurde, erfolgte der deutsche Luftangriff auf das Zentrum von Rotterdam. Die völlige Zerstörung der Rotterdamer Altstadt, die vermutlich infolge mangelnder Nachrichtenübermittlung während der Übergabeverhandlungen ausgelöst wurde, gab den Anstoß zur Kapitulation. Die niederländische Königin (Wilhelmina) und das Kabinett waren bereits nach London ins Exil gegangen, um sich von dort für die Befreiung ihres Landes einzusetzen. Vgl. L. de Jong, De Bezetting, Bd. I, Amsterdam, 1961-1965, S. 38-52. L. Gruchmann, Der Zweite Weltkrieg, a.a.O., S. 60.

2 Die Verwaltung der besetzten niederländischen Gebiete

21 Vorbereitungen des Oberkommandos des Heeres zur Einsetzung einer Militärverwaltung

Seit Monaten hatte das OKH neben der Ausarbeitung der strategischen Pläne für die Westoffensive Vorarbeiten zur Verwaltung der zu besetzenden westlichen Gebiete geleistet. Nach der überraschenden Auflösung der Militärverwaltung in Polen war man hier bemüht, eine gut organisierte, mit Fachkräften ausgestattete "reine" Militärverwaltung aufzubauen, um einer etwaigen Annexion der westlichen Staaten durch das Reich und vor allem dem Eingreifen von SS-, Partei- und Reichsbehörden in Verwaltungsbelange zuvorzukommen[1].

Am Vorabend der Westoffensive, unmittelbar nachdem Hitler den letzten grundlegenden "Erlaß über die Verwaltung der besetzten Gebiete" unterzeichnet hatte, gab der Generalquartiermeister des Heeres die seit Oktober 1939 projektierten Maßnahmen für den Einsatz "reiner" Militärverwaltungen frei[2]. Der überraschende Einfall deutscher Truppen in die Niederlande löste bei der psychologisch unvorbereiteten Bevölkerung, die auf 150 Jahre Friedenszeit zurückblicken konnte, einen ungeheuren Schock

1) In knapp drei Monaten lag ein detaillierter Verwaltungsplan vor, in dem nicht nur die Zuständigkeit und Befehlsgewalt klar geregelt, sondern auch die Besetzung des Verwaltungsstabes von der Spitze bis zu den Feld- und Ortskommandanturen vorbereitet war. Nach diesen Vorlagen sollte aus Furcht vor einer Wiederholung der "polnischen Vorgänge" die Haager Landkriegsordnung "genau beachtet" werden. In einer Reihe von Sonderbestimmungen und Richtlinien zur Verwaltung und Befriedung der besetzten Gebiete wurde festgelegt, daß alle Aktionen unterbleiben sollten, die den Eindruck einer beabsichtigten Annexion erwecken konnten. Vgl. dazu K. Kwiet, Die Einsetzung der deutschen Zivilverwaltung in den Niederlanden und die Anfänge ihrer Nazifizierungspolitik, (Phil. Diss. Berlin 1967) S. 29-43, erscheint demnächst in der Schriftenreihe der VJHZG.

2) Ebd., S. 42 f.

aus[3]. Erst die Maßnahmen der deutschen Militärbehörden, die sich ohne politische Ambitionen auf die Sicherung von Ruhe und Ordnung und die Kontrolle des niederländischen Verwaltungsapparates beschränkten[4], trugen neben der "tadellose(n) Haltung"[5] der deutschen Soldaten zur allgemeinen Beruhigung bei. Die Panikstimmung der ersten Tage begann sich zu legen, als die deutsche Besatzungsmacht weder den einheimischen Nationalsozialisten zur Macht verhalf[6], noch die politischen Parteien und Gewerkschaften verbot oder die Judenfrage auch nur streifte.

---

3) In Hitlers siegreichem "Blitzkrieg" waren 2.890 niederländische Soldaten gefallen, 6.889 verwundet, 2.500 Menschen aus der Zivilbevölkerung durch Bombenangriffe ums Leben gekommen. Nach dem Bericht Nr. 10 vom 1. August 1940 über die Dienstbesprechung bei Generalkommissar Schmidt, Rijksinstituut voor Oorlogsdocumentatie, Amsterdam, Archiv - Höherer SS- und Polizeiführer, 54a, (zit. RvO, A'dam. HSSPF). L. de Jong, De Bezetting, Bd. I, a.a.O., S. 56. - Auf den Straßen und Plätzen Amsterdams wurden nach Bekanntgabe der Kapitulation antinationalsozialistische Schriften verbrannt, 150 jüdische Bürger nahmen sich das Leben, in der Annahme, von der Gestapo unverzüglich festgenommen und deportiert zu werden. Vgl. die Angaben bei B. A. Sijes, De Februari-Staking 25-26 Februari 1941, Den Haag 1954, S. 2. J. Presser, Ondergang. De vervolging en verdelging van het nederlandse jodendom 1940-1945. Bd. I, Den Haag 1965, S. 14.

4) Allerdings wurden Demonstrationen, Versammlungen, Aufmärsche, Arbeitsniederlegungen und das Abhören "feindlicher" Sender verboten. Vgl. K. Kwiet, Die Einsetzung der deutschen Zivilverwaltung, a.a.O., S. 49.

5) So der Gesandte Zech in einem Telegramm an das AA vom 19. Mai 1940. ADAP, Nr. 274, S. 309. Vgl. auch L. de Jong, Die Niederlande im Zweiten Weltkrieg, Amsterdam, o. J. (hektogr. im RvO), S. 10.

6) Die "Nationaalsocialistische Beweging der Nederlanden" (NSB) war mit ihrem Parteichef Anton Adriaan Mussert neben der "Nationaal Front", dem "Verbond van Dietsche Nationaal Solidaristen" (VERDINASO) und der "Nationaalsocialistischen Nederlandsen Arbijder Partij" (NSNAP) die größte faschistische Partei in den Niederlanden. Vgl. N.K.C.A. in't Veld, Faschismus und Nationalsozialismus in den Niederlanden zwischen den Weltkriegen, Not. Nr. 130, RvO, A'dam, o. J.

Hinter der äußeren Fassade der Ruhe blieben jedoch das Mißtrauen und die Angst vor einer ungewissen Zukunft unter nationalsozialistischer Herrschaft weiter bestehen.

Während sich die deutschen Militärs als Verwalter des Neun-Millionen-Volkes fest etabliert glaubten[7], befahl Hitler am 17. Mai 1940 - bereits zwei Tage nach Kapitulation der niederländischen Armee - die Auflösung der "unpolitischen" Militärverwaltung zugunsten eines zivilen Reichskommissariats. Damit überging er nicht nur alle Garantien, die er seiner Generalität zur Ausübung der vollziehenden Gewalt in den Niederlanden gegeben hatte, sondern machte zudem die monatelangen Vorarbeiten der Heeresgruppe B zunichte[8]. Zwar erhielten die Militärbehörden unter General von Falkenhausen den Auftrag, die dringend notwendigen Verwaltungsarbeiten vorerst weiter durchzuführen, jedoch stand Hitlers Entschluß fest, nach dieser Übergangslösung von neun Tagen noch im Mai die Einsetzung einer Zivilverwaltung vorzunehmen.

22 Ablösung der Militärverwaltung durch das Reichskommissariat

Sieht man einmal von prinzipiellen Bedenken Hitlers ab, dem älteren, preußisch-konservativen Führungsstab des Heeres überhaupt ein politisches Betätigungsfeld zuzugestehen[9], so deutete die

7) General Hellmich, Oberquartiermeister der Heeresgruppe B, reiste bereits am 11. Mai 1940 in das besetzte östliche Gebiet der Niederlande und nahm erste Kontakte zu den einheimischen Bürgermeistern auf. Die Einsetzung der verschiedenen Kommandanturen verlief unterdessen reibungslos. Es wurde geplant, eine unter deutschem Einfluß stehende niederländische Regierung mit eigenen Ministern zu bilden. Vgl. dazu K. Kwiet, Die Einsetzung der deutschen Zivilverwaltung, a.a.O., S. 52 f.

8) Solange Hitler das OKH zur Planung und Durchführung seiner Eroberungskriege benötigte, ließ er es im Glauben, daß es die Exekutive in den besetzten westlichen Gebieten ausüben werde. Sobald jedoch die militärischen Operationen erfolgreich beendet waren, fühlte er sich von seinen Zusagen entbunden. Nach einer Tagebucheintragung Hellmichs vom 17. Mai 1940. ebd., S. 56.

9) Vgl. u. a. die Aussage des Chefs der Reichskanzlei, Lammers, nach dem Kriege. IMT, Bd. XV, S. 117.

Auflösung der Militärverwaltung den von den Nationalsozialisten erhobenen Anspruch an, zur "politischen Neuordnung" Europas berufen zu sein. Offensichtlich lieferte die improvisierte Einsetzung einer zivilen Besatzungsverwaltung bessere Voraussetzungen für das von Hitler verfolgte Ziel, die niederländische Bevölkerung "unauffällig" für die nationalsozialistische Weltanschauung zu gewinnen[10].

Den ersten offiziellen Schritt zur Errichtung einer Zivilverwaltung unternahm Hitler am 18. Mai 1940 mit seinem Erlaß über die Ausübung der Regierungsbefugnisse in den Niederlanden, der am 29. Mai 1940 in Kraft treten sollte[11]. Damit unterstellte er die besetzten niederländischen Gebiete seinem neuen politischen "Statthalter", Dr. Arthur Seyß-Inquart[12], der ihm als "Reichskommissar" unmittelbar unterstand und seine Weisungen direkt über den Chef der Reichskanzlei (Lammers) erhielt.

---

10) H.-D. Loock, Zur "Großgermanischen Politik", a.a.O., S. 46. Hitlers Auftrag, die Niederlande zu nazifizieren, findet sich belegt bei J. C. H. de Pater, Doel van hat duitse civiele bestuur in Nederland. Not. Nr. 80. RvO, A'dam, o. J.

11) Veröffentlicht im Verordnungsblatt für die besetzten niederländischen Gebiete. VO 1/40. (zit. VOBL. Niederlande). Vgl. auch Reichsgesetzblatt, Teil I, S. 778, (zit. RGBL).

12) Seyß-Inquart, 1892 als Sohn eines Internatsleiters in Stannern bei Iglau in Mähren geboren, schloß 1917 sein Jurastudium mit der Promotion ab. Aus dem ersten Weltkrieg verwundet und mit Tapferkeitsauszeichnungen entlassen, widmete er sich in den folgenden Jahren seiner gutgehenden Anwaltspraxis. 1925 trat Seyß-Inquart in den Vorstand des "Deutsch-Österreichischen Volksbundes" ein, der den Anschluß Österreichs an Deutschland förderte. 1931 wurde er Mitglied des antidemokratischen und antisemitischen Wehrverbandes "Steierischer Heimatschutz". - Nach dem "Anschluß" Österreichs ans Reich, den Seyß-Inquart mit in die Wege geleitet hatte, wurde er zum "Reichsstatthalter" ernannt und am 1. Mai 1939 von Hitler mit dem Titel eines Reichsministers ohne Geschäftsbereich versehen. In den folgenden Auseinandersetzungen mit dem neu ernannten Reichskommissar für die "Ostmark", Gauleiter Bürckel, kam es zu einer Schwächung seiner Position als Reichsstatthalter. Nach einer kurzfristigen Tätigkeit als Stellvertreter des "Generalgouverneurs" Frank im besetzten Polen seit Oktober 1939, ergab sich für Seyß-Inquart mit dem Ausbruch der Westoffensive die günstige Gelegenheit, von seinem Posten im Osten abgelöst zu werden. BDC. SS-Personalakte Arthur Seyß-Inquart. Vgl. auch Vernehmung Seyß-Inquarts. IMT, Bd. XV, S. 699 ff. G.M. Gilbert, Nürnberger Tagebuch, Fischer-Bücherei, Frankfurt/M. 1962, S. 368 ff. K. Kwiet, Die Einsetzung der deutschen Zivilverwaltung, a.a.O., S. 55 f.

Neben dem Wehrmachtsbefehlshaber, General Christiansen, mit seinen "militärischen Hoheitsrechten" über alle drei Truppenteile, sollte Seyß-Inquart als "Wahrer der Reichsinteressen" vor allem die "öffentliche Ordnung" und das "öffentliche Leben" in den niederländischen Gebieten sicherstellen und im "zivilen Bereich" die oberste Regierungsgewalt ausüben. Zur Durchführung seiner Anordnungen konnte er sich der deutschen Polizeiorgane bedienen, zur Ausübung der Verwaltung die niederländischen Behörden heranziehen. Das geltende Recht sollte unangetastet bleiben, "soweit es mit der Besetzung vereinbar" war. Der Reichskommissar erhielt die Befugnis, durch Verordnung Recht zu setzen, das im zweisprachigen "Verordnungsblatt für die besetzten niederländischen Gebiete" publiziert werden sollte.

Nach dem Willen Hitlers hielt sich Seyß-Inquart beim Aufbau seines Reichskommissariats an die Richtlinien einer "Führungs- und Aufsichtsverwaltung", wie sie der deutsche Verwaltungsexperte Werner Best aufgestellt hatte[13]. Danach sollte ein zahlenmäßig möglichst kleiner deutscher Stab den intakt gehaltenen niederländischen Behördenapparat überwachen und die Durchführung der angeordneten Maßnahmen kontrollieren.

Da Seyß-Inquart die einheimischen Verwaltungsorgane "lenken" und "überwachen", nicht aber durch eigene ersetzen sollte, zog er für die routinemäßige Arbeit die niederländischen Behörden heran. Den erwünschten Kontakt zu den einheimischen Instanzen vermittelten die niederländischen Generalsekretäre, die im "Interesse des Staates" auf ihrem Posten geblieben waren, als die Regierung das Land verließ[14]. Unter gewissen Bedingungen[15]

---

13) Werner Best unterschied neben der "Aufsichtsverwaltung" die "Bündnisverwaltung", wie sie als großzügigste Form u. a. in Dänemark praktiziert wurde, die "Regierungsverwaltung" mit nahezu vollständigem Besatzungsapparat (Generalgouvernement) und die "Kolonialverwaltung", die ihr Personal ausschließlich aus Angehörigen des "Führungsvolkes" rekrutierte (besetzte Ostgebiete der Sowjetunion). Vgl. A. E. Cohen, Opzet en Structuur van het Duitse Rijkscommissariaat in Nederland, Not. Nr. 16, RvO, A'dam o. J., S. 2.

14) Aussage von Generalsekretär Hirschfeld, IMT, Bd. XVI, S. 232.

15) Die von den Deutschen erteilten Weisungen durften nicht ausgesprochen gegen niederländische Interessen verstoßen, dazu gehörte u. a. der Verzicht auf die Einsetzung einer nationalsozialistischen Regierung. Vgl. K. Kwiet, Die Einsetzung der deutschen Zivilverwaltung, a.a.O., S. 107-110.

erklärten sich diese bereit, ihre Amtsgeschäfte weiterzuführen und als Chefs der niederländischen Ministerien dem Reichskommissar dafür verantwortlich zu zeichnen[16].

Mit seiner Verordnung "über die Ausübung der Regierungsbefugnisse"[17] und seinem Erlaß "über den organisatorischen Aufbau der Dienststellen des Reichskommissariats"[18] legte Seyß-Inquart den Grundstein für die Verfassung des deutschen Besatzungsapparates. Als Reichskommissar übernahm er damit nicht nur alle "nach der Verfassungsurkunde und den Gesetzen bisher dem König und der Regierung" zustehenden Rechte ("soweit dies zur Erfüllung seiner Aufgabe nötig" war), er konnte außerdem die "notwendigen Maßnahmen", auch solche "gesetzgeberischer Art", treffen, wenn dies die "Interessen des Großdeutschen Reiches" oder die "öffentliche Ordnung" in den Niederlanden verlangten. Dem Reichskommissar war eine Präsidialabteilung (Leitung: Dr. Piesbergen) zur Durchführung seiner unmittelbaren Entscheidungen in Sachen Personalwesen, Haushalt und Dienstaufsicht unterstellt. Für die Kontrolle der niederländischen Behörden und zur "Durchführung seiner Aufgaben" ernannte Seyß-Inquart vier Generalkommissare, die im Rahmen ihrer Tätigkeit jede gewünschte Information "von allen niederländischen Behörden, Ämtern Anstalten und Einrichtungen öffentlicher und nicht öffentlicher Art" fordern und diesen die "notwendigen Weisungen" erteilen konnten. Es handelte sich dabei um folgende Generalkommissare:

1. für Verwaltung und Justiz (Dr. Friedrich Wimmer),
2. für das Sicherheitswesen (Höherer SS- und Polizeiführer Hanns Albin Rauter),
3. für Finanz und Wirtschaft (Dr. Hans Fischböck)
4. zur besonderen Verwendung (Fritz Schmidt)[19].

---

16) VOBL. Niederlande. VO 3/40, § 3, Abs. 1/2.

17) Ebd., VO 3/40, Verordnung vom 29. Mai 1940.

18) Ebd., VO 4/40, Verordnung vom 3. Juni 1940.

19) In Wimmers Aufgabenbereich (1.) fielen alle Angelegenheiten der Verordnungs- und Gesetzgebung, der inneren Verwaltung und der Justiz, der Kulturpflege und der Volksgesundheit. Vgl. VOBL. Niederlande. VO 4/40, § 4.

Den Generalkommissaren gleichgestellt war ein Vertreter des Auswärtigen Amtes und ein Beauftragter für die Niederländische Bank. Für die elf Provinzen und die beiden größten Städte Amsterdam und Rotterdam ernannte der Reichskommissar besondere "Beauftragte"[20], die mit den Referenten für Propaganda, Volkswohlfahrt und Soziales sowie einem Polizeioffizier der Ordnungspolizei zusammenarbeiteten[21].

Obwohl das Reichskommissariat in dieser Gliederung und Kompetenzverteilung den Eindruck erweckte, als stehe jede "zivile Dienststelle" in direkter Abhängigkeit von der Entscheidung des Reichskommissars, war die Stellung Seyß-Inquarts in Wirklichkeit weit weniger gefestigt und souverän. Durch seine unbedeutende Rolle in der Parteihierarchie beeinträchtigt[22], gelang es ihm nicht, seinen Verwaltungsapparat zu vereinheitlichen. Dieser bestand vielmehr aus einem äußerst heterogenen Personenkreis, der in einem "Konglomerat von eigenen Büros" aus den verschiedenen Reichsministerien, Partei- und SS-Instanzen nach den Niederlanden delegiert worden war[23].

Rauter (2.) befehligte die Verbände der Waffen-SS und die deutschen Polizeiverbände und führte die Aufsicht über die niederländische Reichs- und Gemeindepolizei, ebd., § 5. Fischböck (3.) erhielt Weisungsrecht über die Ministerien für Finanzen, Wirtschaft, "Waterstraat", und Soziales sowie über die Postverwaltung, ebd. VO 4/40, § 5. In den Aufgabenbereich von Schmidt (4.), der nach seinem Tode im Juni 1943 von Wilhelm Ritterbusch abgelöst wurde, fielen alle Fragen der "öffentlichen Meinungsbildung und der nicht-wirtschaftlichen Vereinigungen" sowie die Aufgaben, die der Reichskommissar ihm "auf Grund besonderer Entschließung" zuwies, ebd. VO 4/40, § 7.

20) Die niederländischen Behörden waren verpflichtet, den Beauftragten für die Provinzen Bericht zu erstatten und Verwaltungsmaßnahmen vor ihrer Anordnung mitzuteilen, die abgelehnt werden konnten. Alle wichtigen Informationen sollten an die Zentrale in Den Haag weitergeleitet werden, ebd. VO 4/40, § 8.

21) A.E. Cohen, Not. Nr. 16, a.a.O., S. 5.

22) Seyß-Inquart war erst 1938 in die NSDAP eingetreten. Vgl. K. Kwiet, Die Einsetzung der deutschen Zivilverwaltung, a.a.O., S. 60.

23) A.E. Cohen, Not. Nr. 16, a.a.O., S. 6.

Besonders deutlich zeigte sich die Einschränkung seiner Machtposition in der Zuweisung der Generalkommissare Rauter und Schmidt, auf deren Nominierung Seyß-Inquart keinerlei Einfluß gehabt hatte. Rauter wurde vom Reichsführer-SS und Chef der deutschen Polizei, Heinrich Himmler, in die besetzten niederländischen Gebiete beordert, um das Generalkommissariat für das Sicherheitswesen zu übernehmen, Fritz Schmidt von Reichsleiter Bormann als Generalkommissar zur besonderen Verwendung (zbV) nach Den Haag entsandt. Beide hatten die Aufgabe, mit dem Reichskommissar nach dessen Richtlinien zusammenzuarbeiten, daneben aber sollten sie vor allem die Interessen ihrer Vorgesetzten in Berlin vertreten.

3 Die Besatzungspolitik des Reichskommissariats von 1940 bis 1945

31 Hitlers Instruktionen

Seyß-Inquart traf am 19. und 25. Mai 1940 mit Hitler zusammen[1], um die notwendigen Instruktionen für sein neues Amt entgegenzunehmen. Diese sind in seinem "ersten Bericht über die Lage und Entwicklung in den besetzten niederländischen Gebieten"[2] enthalten, der Hitler am 23. Juli 1940 übergeben wurde[3]. Sein Auftrag als Reichskommissar hieß danach, "in Wahrung der Interessen des Reiches die öffentliche Ordnung und das öffentliche Leben sicherzustellen". Seine politische Aufgabe lautete nach diesem ersten Bericht, "die aus Gründen der Erhaltung der Niederländisch-Indischen Gebiete unabhängig zu haltenden Niederlande abgesehen von den militärischen Sicherungen wirtschaftlich möglichst an das Reich zu binden"[4]. Diese von Hitler angeordnete

1) Vgl. A. E. Cohen, Enige formele gegevens betreffende Hitlers bemoeienis met nederlandse aangelegenheden. Not. Nr. 73. RvO, A'dam, S. 2 f.

2) IMT, Bd. XXVI, PS-997, S. 413-429. Berichtszeit 29. Mai bis Juli 1940. Vgl. zu den Berichten der Reichskommissare: RvO, A'dam. Foreign Office State Department 8569 600187-600217 (FOSD).

3) IMT, Bd. XXVI, PS-997, S. 412. Lammers an Rosenberg vom 2. August 1940.

4) 1. Bericht Seyß-Inquarts, a.a.O., S. 413. Wie eng wirtschaftliche und ideologische Erwägungen bei Hitler und seiner Gefolgschaft verknüpft waren, läßt sich am Beispiel einer unsignierten "Denkschrift" zum "Einbau Hollands in den europäischen Großraum" von 1941 verdeutlichen: Der in den letzten vier Jahrhunderten erworbene koloniale Besitz der "Seegermanen" sollte, laut dieser Argumentation, "nun nicht etwa aufgegeben werden, sondern als europäisches Eigentum unter den Schutz des Reiches genommen und weiter in ihrer treuhänderischen Verwaltung verbleiben". Dem "nüchternen Freiheitsdenken" der Niederländer, ihrer "Geldgewinn-Mentalität", die nach einer wirtschaftlichen Basis für die Aufnahme der "Volksstaat"- und "Großraum"-Ideen verlange, konnte etwa mit dem Gedanken an eine "Niederländische Ökonomische Vereinigung" Rechnung getragen werden, die "gewissermaßen eine Zusammenfassung von Reichsnährstand und Reichswirtschaftskammer für den holländischen Raum" darstellen sollte. Vgl. RvO, A'dam. Archiv-GKzbV 19a. Denkschriften: Van Woerden und Berliner Antwort, die erste vermutlich vom 20. April 1941.

"Sonderbehandlung" der Niederlande läßt sich vielfach belegen[5], u. a. durch eine Äußerung von Göring aus dem Jahre 1940[6]. "Nazifizierung" und "Germanisierung" des besetzten Landes schienen die geeigneten Mittel hierfür[7].

Daß die Nationalsozialisten ein von ihnen erobertes Land zu ihrer Weltanschauung "bekehren" wollten, bedeutete keine Überraschung. Auf welche Art und Weise dies jedoch geschehen sollte, war mehr oder weniger abhängig von der persönlichen Entscheidung der zuständigen Besatzungsorgane. So standen etwa Zwang oder Erziehung zum Nationalsozialismus zur Wahl für ein und dasselbe Ziel[8]. Seyß-Inquart bevorzugte für die Niederlande die Erziehungsmethode. Er glaubte, seine Aufgabe erfüllen zu können, "wenn es gelingt, eine politische Willensbildung zustande zu bringen, die die wirtschaftliche Bindung der Niederlande an das Reich als Ausfluß des Willens des niederländischen Volkes erscheinen läßt"[9].

Allerdings konstatierte der "Statthalter" Hitlers in Den Haag bereits in den ersten Wochen seiner Amtszeit die Schwierigkeit, beide Richtlinien seines "Führers" miteinander in Einklang zu bringen. Das Interesse der Besatzungsmacht verlange einerseits "die weitgehende Unterbindung aller möglichen öffentlichen Betätigungsformen", die "Weckung und Lenkung der politischen Wil-

5) K. Kwiet, Die Einsetzung der deutschen Zivilverwaltung, a.a.O., S. 131 f.

6) Dieser äußerte am 19. Juni 1940: "Bezüglich Holland soll eine vorsichtige Politik betrieben werden. Es ist beabsichtigt, Holland selbständig zu lassen, es jedoch eng an das Reich anzuschließen. Die Holländer sollen selbständig wirtschaften, jedoch soll der deutsche Einfluß auf wirtschaftlichem Gebiet mit allen Mitteln gestärkt werden". IMT, Bd. XXVII, PS-1155, S. 30.

7) In einer Studie de Paters über das Ziel der deutschen Zivilverwaltung in den Niederlanden werden die Nazifizierungsabsichten Hitlers belegt. Allerdings stammen seine Belege nur aus zweiter Hand. Vgl. J. C. H. de Pater, Doel van het duitse civiele bestuur in Nederland, Not. Nr. 80, RvO, A'dam, o. J.

8) Vgl. A. E. Cohen, Opmerkingen over notitie voor het geschiedwerk Nr.80, Not. Nr. 80a. RvO, A'dam, S. 2.

9) 1. Bericht Seyß-Inquarts, a.a.O., S. 413.

lensbildung" hingegen erfordere "die Gewährung solcher Freiheiten, die das schließliche Ergebnis für die Niederländer zu einer eigenen Entscheidung machen." Demnach war die politische Aufgabe Seyß-Inquarts nach seiner eigenen Interpretation erfüllt, sobald die niederländische Bevölkerung ihr Bekenntnis zum Nationalsozialismus als eigene Entscheidung akzeptieren würde.

Ebenso wie Seyß-Inquart erhielt auch der Höhere SS- und Polizeiführer Rauter von Hitler einen "persönlichen Auftrag". Am 25. Mai 1940[10]) wurde er vertraulich angewiesen[11]), "unter allen Umständen für Ruhe und Ordnung in den Niederlanden zu sorgen" und mit dem Reichskommissar und dem Wehrmachtsbefehlshaber "gut zusammenzuarbeiten". Außerdem wurde Rauter beauftragt, bei der niederländischen Bevölkerung für den "großgermanischen Gedanken" zu werben und mit der arbeitenden Bevölkerung ein gutes Einvernehmen herzustellen.

Nachdem Hitler jene für die SS wie für die Partei verbindlichen Instruktionen zur Verwaltung der besetzten niederländischen Gebiete erteilt hatte[12]), erlahmte sein Interesse an diesem vergleichsweise unbedeutenden Teilbereich seiner Europapolitik. Kennzeichnend für Hitlers Verhältnis zu den Niederlanden scheint u. a. die Tatsache, daß er weder vor der Okkupation noch während ihrer fünfjährigen Dauer jemals den Entschluß faßte, diesem Land einen Besuch abzustatten[13]). Zwar kam es im Laufe der Jahre zu gelegentlichen Konsultationen Seyß-Inquarts, Schmidts, Rauters wie auch Musserts[14]), jedoch schienen diese Routineempfänge sei-

---

10) Empfang Seyß-Inquarts, Schmidts, Rauters bei Hitler im Führerhauptquartier. Vgl. A. E. Cohen, Not. Nr. 73, a.a.O., S. 2.

11) Angaben Rauters nach dem Krieg vor der niederländischen Polizei. Het Proces Rauter. Bronnenpublicaties, Processen Nr. 5, s'Gravenhage 1952, S. 8.

12) Seyß-Inquart sagte nach dem Krieg aus, daß Hitlers "Instruktionen" durch die fünf Besatzungsjahre unverändert geblieben seien. Vgl. IMT, Bd. XV, S. 699.

13) Vgl. K. Kwiet, Die Einsetzung der deutschen Zivilverwaltung, a.a.O., S. 136.

14) Seyß-Inquart z. B. traf 1940 noch sechsmal mit Hitler zusammen, 1941, 1943 und 1945 je einmal, 1942 zweimal. Vgl. A. E. Cohen, Not. Nr. 73, a.a.O.

nes niederländischen "Hauspersonals" keineswegs dazu angetan, Hitlers Interesse an den Niederlanden zu vergrößern. Zwar schätzte Hitler Seyß-Inquart außerordentlich[15], jedoch war er mit seinen politischen und militärischen Aufgaben derart ausgelastet, daß er sich um seinen strategischen Vorposten gegen England im Durchschnitt "höchstens ein paar Minuten im Monat" kümmern konnte[16].

32 Die Exponenten der Zivilverwaltung

Die "Bekehrung" des "blutsverwandten" Volkes zum Nationalsozialismus war allein die Aufgabe der politischen Vertreter Hitlers im Den Haager Reichskommissariat. Da die Art und Weise der "Selbstnazifizierung"[17] der niederländischen Bevölkerung jedoch von Hitler nicht diktiert worden war, herrschten seit Beginn der Okkupation gegensätzliche Auffassungen über den Weg, den es einzuschlagen galt[18]. Weltanschauliche Differenzen und persönliche Rivalitäten spielten dabei eine Rolle. Aber auch das "Hineinregieren" der verschiedenen Reichsministerien, Partei- und SS-Behörden verhinderte einen eindeutigen Kurs der Besatzungspolitik. Insbesondere die NSDAP unter Schmidt und die SS unter Rauter kämpften in den Niederlanden um ihren weltanschaulichen Führungsanspruch. Jeder von beiden sah sich als bevorzugten Mentor für die Aufgabe, das "blutsnahe" Volk die nationalsozialistische "Revolution" zu lehren[19].

---

15) Vgl. L. P. Lochner, (Hrsg.) Goebbels' Tagebücher. Aus den Jahren 1942-1943. Zürich 1948, Notizen vom 23. September 1943, S. 441 und vom 2. November 1943, S. 460. Vgl. auch H. Picker, Hitlers Tischgespräche, a.a.O., Notiz vom 20. Mai 1942, S. 360.

16) A. E. Cohen, Not. Nr. 73, a.a.O., S. 12.

17) A. E. Cohen, Not. Nr. 80a, a.a.O., S. 3.

18) Vgl. Bericht Benes (Vertreter Ribbentrops im Reichskommissariat) an das AA vom 22. Mai 1942. RvO, A'dam. FOSD 1130 323083-86.

19) Vgl. K. Kwiet, Die Einsetzung der deutschen Zivilverwaltung, a.a.O., S. 115.

Seyß-Inquarts politisches Konzept schließlich verhieß Entscheidungsfreiheit für die Bevölkerung: Entweder würden sich die Niederländer die nationalsozialistische "Botschaft" freiwillig zu eigen machen oder aber ständig unter einer deutschen Besatzungsmacht leben müssen[20]. Die Alternative von Annahme bzw. Ablehnung des Nationalsozialismus existierte somit nur scheinbar, da die Weltanschauung der deutschen Nationalsozialisten in jedem Fall maßgebend sein sollte.

321 Seyß-Inquart: Die Pose des Wohltäters

Seyß-Inquart suchte die "Selbstnazifizierung" der niederländischen Bevölkerung im Sommer und Herbst 1940 mit Hilfe der "Nederlandse Unie", der einheimischen faschistischen Parteien sowie der sogenannten "Stillhaltekommissare" für die Gewerkschaften und "marxistischen" Parteien voranzutreiben[21]. Seine Absicht war, zunächst die innenpolitische Entwicklung abzuwarten, um festzustellen, "ob dabei etwas Brauchbares herauskommen würde"[22]. Sein taktisches Vorgehen hieß, "den Nationalsozialismus für sich selbst sprechen zu lassen" als vertrete dieser apodiktisch den Geist der Zeit[23]. Propaganda und Ermunterung zur Kollaboration mit der deutschen Besatzungsmacht sowie mit den einheimischen Nationalsozialisten und Faschisten sollten den Weg bereiten, einige Zugeständnisse die "Bekehrung" des umworbenen "Brudervolkes" erleichtern helfen[24].

Tatsächlich zeichneten sich die sogenannten Flitterwochen[25] der

---

20) Vgl. Bericht Benes an das AA vom 29. Januar 1941. RvO, A'dam. FOSD 4659. 211090.

21) Vgl. die folgenden Seiten dieser Arbeit.

22) RvO, A'dam. FOSD 4659. 211079-91. Bericht Benes vom 16. Januar 1941.

23) A. E. Cohen, Not. Nr. 80a, a.a.O., S. 3.

24) Vgl. 1. Bericht Seyß-Inquarts, a.a.O., S. 413.

25) W. Warmbrunn, The Dutch under German Occupation, 1940-1945, Stanford 1963, S. 11.

Okkupation durch eine gewisse "Großzügigkeit" der deutschen Besatzungsmacht aus: Hitler gestattete u. a. den 20.000 niederländischen Kriegsgefangenen ins Zivilleben zurückzukehren[26], die Lebensmittelrationierungen und der Arbeitseinsatz in Deutschland liefen erst allmählich an[27], und der jüdische Bevölkerungsteil wurde unerwartet verschont.

Große Hoffnungen knüpfte Seyß-Inquart an eine niederländische Massenbewegung, die im Juli 1940 entstand. Kurz zuvor hatten sich die sechs demokratischen Parteien[28] erstmals zusammengefunden, um eine repräsentative "Einheitsbewegung" zu schaffen, die während der Abwesenheit von Königin und Kabinett die Rechte und Belange des Volkes vertreten sollte. Zusammen mit der national orientierten "Nederlandse Gemeenschap"[29] wurde schließlich ein "Nationales Comité" errichtet, das jedoch bereits am ersten konzipierten Manifest scheiterte. Die demokratischen Parteien distanzierten sich von einem Text, aus dem auf Weisung von Generalkommissar zbV Schmidt eine Freiheits-, Unabhängigkeits- und Treueerklärung zum Hause Oranien gestrichen worden war. Während sie ein Nachgeben in der "Königsfrage" als Verzicht auf die konstituionelle Monarchie und zugleich als Anerkennung der nationalsozialistischen Europapolitik ablehnten, war die "Nederlandsche Gemeenschap" durchaus zu Konzessionen bereit.

Nachdem das "Nationale Comité" - kaum gebildet - zerbrochen war,

---

26) Vgl. F. Burmeister, Heimkehr. DZN vom 10. Juni 1940, S. 1. Vgl. auch DZN vom 5. Juni 1940, S. 3.

27) Allein Kaffee und Fleisch wurden in den ersten Monaten der Besatzungszeit rationiert. Vgl. Chronologisch Overzicht van de belangrijkste gebeurtenissen, Afl. 48, in: Onderdrukking en Verzet. Nederland in Oorlogstijd, (Red.: J. J. Bolhuis, C. D. J. Brandt, H. M. v. Randwijk, B. C. Slotemaker), 4 Bde, Arnhem 1947-1955, S. 782.

28) Römisch-Katholische Staatspartei (RK), Antirevolutionäre Partei (AR), Christlich-Historische Union (CHU), Freisinniger Demokratischer Bund (VD), Liberale Staatspartei (Lib) und Sozialdemokratische Arbeiterpartei (SDAP).

29) Bereits vor dem Krieg als kleine, überparteiliche Organisation zur Stärkung des Nationalbewußtseins konstituiert. Vgl. K. Kwiet, Die Einsetzung der deutschen Zivilverwaltung, a.a.O., S. 137 ff.

konstituierte sich die "Nederlandse Unie" am 24. Juli 1940 mit Parteistatus ohne Mitwirkung der demokratischen Parteien[30]. Unter dem Eindruck der unausweichlich sich vollziehenden "Neuordnung" Europas empfahl das "Dreimännerkollegium"[31] als Leitungsorgan der "Unie" seinen Landsleuten, die "veränderten Verhältnisse" anzuerkennen und mit Hilfe der "Unie" einer "neuen niederländischen Zusammengehörigkeit" zuzustreben[32]. Das Arrangement mit der Besatzungsmacht erfolgte in der Annahme, daß sich durch loyale Zusammenarbeit mit den deutschen Behörden die Interessen des eigenen Landes am besten vertreten lassen würden. So fanden sich weite Kreise der niederländischen Bevölkerung bereit, die "Unie" trotz ihrer Anpassungstendenzen als politisches Gegengewicht zur verhaßten NSB zu akzeptieren und zu unterstützen[33].

Die Gründung dieser Partei und ihre überraschenden Erfolge waren Zeichen einer "antiparlamentarischen Stimmung"[34], wie sie sich aus der politischen Verwirrung der Maitage 1940 erklären läßt, und zugleich Ausdruck der trügerischen Hoffnungen und Fehlspekulationen, die viele Niederländer mit dem Versuch einer nationalen "Konzentration" und "Erneuerung" verbanden. Sehr bald sollte sich erweisen, daß die "liberale" Haltung des Reichskommissars der Konzentrationsbestrebungen der "Unie" gegenüber nichts anderes als eine taktische Maßnahme war. Seyß-Inquart hoffte diese Massenbewegung in ein "brauchbares Instrument" zur Bewältigung seiner von Hitler gestellten Aufgabe "umbiegen" zu können[35].

30) Vgl. Chronologisch Overzicht, a.a.O., S. 782.

31) De Quay (Hochschullehrer), Lindhorst-Homan (Kommissar der Königin) und Einthoven (Polizeikommissar).

32) Vgl. Faksimile "Manifest aan het Nederlandsche Volk" in: L. de Jong, De Bezetting I, a.a.O., S. 76.

33) Einige Wochen nach ihrer Gründung zählte die "Unie" bereits 400.000 Mitglieder. Vgl. die Angaben bei B. A. Sijes, De Februari-Staking, a.a.O., S. 9.

34) Vgl. L. de Jong, De Bezetting I, a.a.O., S. 78.

35) Seyß-Inquarts "wohlwollendes Interesse" mit dem er "mancherlei Versuche der Sammlung" beobachtete, verlangte als Lohn und Gegenleistung die bedingslose Unterwerfung der "freiwillig" bekehrten Bevölkerung unter seine Herrschaft. Das wurde offenbar, als das erhoffte Ergebnis seines "Wohlwollens" auszubleiben begann. Vgl. A. Seyß-Inquart. Vier Jahre in den Niederlanden. Gesammelte Rollen. A'dam 1944, S. 26-30.

Trotz seiner wiederholten Versicherungen der Nichteinmis in die inneren Angelegenheiten des Landes, suspendierte Inquart bereits am 21. Juni 1940 das niederländische Par setzte am 16. Juli 1940[37] den Vorstand des niederländis werkschaftsverbandes[38] ab und startete am 20. Juli 194C Kampf gegen die "marxistischen" Parteien[39].

Zur Durchführung dieser Maßnahmen wurden erstmalig führe heimische Nationalsozialisten herangezogen. Seyß-Inquart bes-te den NSB-Funktionär Woudenberg[40] mit der Funktion eines "Stillhaltekommissars"[41] über die niederländischen Gewerkschaften und ernannte wenig später Rost van Tonningen[42] zum "Kommissar über die marxistischen Parteien[43]. Beide erhielten die Aufgabe, die freien Gewerkschaften und "marxistischen" Arbeiterparteien gleichzuschalten bzw. zu zerschlagen und die "Grundlagen zu einer allmählichen Loslösung der marxistisch organisierten Arbeiterschaft vom marxistischen Gedankengut" zu bewirken[44].

Mit der Einsetzung der beiden Stillhaltekommissare erhielt die NSB eine erste Chance, unter dem Schutz der Besatzungsmacht in den Gewerkschaften und sozialdemokratischen Organisationen für

---

36) VOBL. Niederlande. VO 22/40. Verordnung des Reichskommissars zur Sicherung der Tätigkeit des Staatsrates sowie einiger öffentlicher Vertretungskörperschaften.

37) RvO, A'dam. Archiv-HSSPF, Dienstbesprechung bei Generalkommissar Schmidt vom 15. Juli 1940. (zit. DB).

38) Nederlands Verbond van Vakverenigingen. Vgl. Documentatie, a.a.O., S. 61 f.

39) Chronologisch Overzicht, a.a.O., S. 782.

40) Woudenberg wurde am 16. Juli 1940. ernannt. Vgl. Chronologisch Overzicht, a.a.O., S. 781.

41) Vgl. dazu H.-D. Loock, Zur "Großgermanischen Politik", a.a.O., S. 17.

42) R. v. Tonningen, der am 20. Juli 1940 ernannt wurde, war der Führer des radikalen, völkisch-annexionistischen Flügels der NSB. Als Vertrauensmann Himmlers galt er als ideologisch zuverlässig. Vgl. 1. Bericht Seyß-Inquarts, a.a.O., S. 416.

43) Dazu gehörten die SDAP, die Revolutionäre Sozialistische Arbeiterpartei (RSAP) und die Kommunistische Partei (CPN).

44) RvO, A'dam. Archiv-HSSPF, Meldungen aus den Niederlanden vom 30. Juli 1940.

ihren Nationalsozialismus zu werben. Auch die übrigen faschistischen Splitterparteien, die sich teilweise erbittert bekämpften, wurden in den Sommermonaten 1940 versuchsweise in die Propagandakampagne für den Nationalsozialismus eingespannt. Neben der NSB sollten sich die "Nationaal Front", der "Verbond van Dietsche Nationaal Solidaristen" und die "Nationaal-Socialistische-Nederlandsche-Arbijderpartij" erstmalig "völlig frei bewegen und entfalten" können[45].

Wenn Seyß-Inquart auch in den folgenden Jahren der Okkupation oftmals zugunsten der Niederländer intervenierte, so wich er doch nicht von der Generallinie ab, die ihm Hitler durch seine Instruktionen und seine Politik vorgezeichnet hatte[46].

322 Schmidt: Herrschaft durch Marionetten

Anders als Seyß-Inquart vertrat sein politischer Generalkommissar Schmidt den Standpunkt und die Zielsetzungen Bormanns und der Parteikanzlei. Daneben aber verfolgte "der in der Partei groß gewordene Streber" Schmidt[47] von Beginn an seine eigenen

---

45) W. Janke, Regungen des neuen Geistes, in: M. du Prel, (Hrsg.) Die Niederlande im Umbruch der Zeiten, Würzburg 1941, S. 47.

46) Vgl. L. de Jong, Die Niederlande im zweiten Weltkrieg, a.a.O., S. 11. Für die Niederländer war Seyß-Inquart der verachtete Verräter, der sein Vaterland Österreich in die Hände Hitlers gespielt hatte. Der Reichskommissar blieb auch nach Jahren die "rätselhafte Gestalt", die als "intelligent, diplomatisch, schlau" charakterisiert wurde. Er galt als "treuer, maßvoll lebender Nationalsozialist", der an den Führer glaubte.

47) Ebd., S. 13. Fritz Schmidt, (nicht zu verwechseln mit dem gleichnamigen Geschäftsführer der Arbeitsgemeinschaft der privat-eigenen Zeitungen im RZV) 1903 in Eisbergen/Kreis Minden in Westfalen geboren, wurde nach einer abgebrochenen Gymnasialausbildung Fotograf. Seit 1929 hatte er sich in der NSDAP als Ortsgruppenleiter, Kreisleiter und Propagandaleiter in der Gauleitung Westfalen-Nord emporgedient. 1935 übertrug man Schmidt die Kreisleitung der NSDAP für Münster-Stadt. 1938 wurde der wegen seines Organisationstalents und seiner rhetorischen Fähigkeiten geschätzte Kreisleiter in die Parteikanzlei berufen, um am 23. Mai 1940 auf Vorschlag von Bormann und Heß zum Generalkommissar zbV für die besetzten niederländischen Gebiete ernannt zu werden. BDC. Personalakte Fritz Schmidt. Vgl. auch K. Kwiet, Die Einsetzung der deutschen Zivilverwaltung, a.a.O., S. 122 f.

ehrgeizigen Pläne, die ihn im Laufe der Jahre das Vertrauen Bormanns kosten sollten[48].

3221 Der Arbeitsbereich der NSDAP in den Niederlanden

Kaum hatte Schmidt sein Amt als Generalkommissar zbV angetreten, kam es zu einem kleinen parteiinternen Machtkampf, da Bormann und sein Vertreter in Den Haag versuchten, die "Landesgruppe der NSDAP in den Niederlanden" der Auslandsorganisation (AO) der NSDAP unter Bohle zu entreißen[49]. Mit Hilfe einer Parteiverfügung vom 7. Oktober 1940[50] gelang es ihnen schließlich, den lästigen Konkurrenten Bohle auszuschalten. Damit wurde die bisherige "Landesgruppe" der AO formal dem Reichskommissar für die besetzten niederländischen Gebiete unterstellt. Zum Leiter des neuerrichteten "Arbeitsbereiches der NSDAP in den Niederlanden" ernannte die Parteikanzlei den "Dienstleiter Generalkommissar zbV, Parteigenossen Schmidt". Mit dem Sonderstatus eines sogenannten Arbeitsbereiches hatte die NSDAP neben dem "Gau" (im Reichsgebiet) und der "Landesgruppe" (im Ausland) eine neue organisatorische und territoriale Gliederung eingerichtet, die von der Partei in den deutschbesetzten Gebieten als Stützpunkt ausgebaut wurde. In den Niederlanden, die fortan nicht mehr als Ausland galten, sollte der Nationalsozialismus im Rahmen des "Arbeitsbereiches" mit Hilfe der aus Deutschland importierten Parteihierarchie instituionalisiert werden, um dadurch schließlich die Annexion und Eindeutschung der besetzten niederländischen Gebiete zu erreichen[51].

48) Vgl. A. E. Cohen, Ontstaan en betekenis van "Der Arbeitsbereich der NSDAP in den Niederlanden", Not. Nr. 26, RvO, A'dam, o. J., S. 8.

49) Vgl. J. C. H. de Pater, De organisatorische en culturele werkzaamheid van de Landesgruppe Niederlanda van Mei tot November 1940, Not. Nr. 103, RvO, A'dam. o. J.

50) Parteiverfügung 9/40 vom 7. Oktober 1940. Reichsverfügungsblatt B 27/40 vom 11. Oktober 1940. Zit. nach A. E. Cohen, Not. Nr. 26.

51) Ebd., S. 4. Vgl. auch A. E. Cohen, Not. Nr. 80a, a.a.O., S. 5.

So begann Schmidt, der nur formal dem Reichskommissar unterstellt war, die Verwaltung des "Arbeitsbereiches" nach dem Muster eines deutschen NSDAP-Gaues zu organisieren. Als "Pseudo-Gauleiter" unterstanden ihm die niederländischen NSDAP-Kreise, und -Ortsgruppen mit ihren Kreisleitern, -geschäftsführern, -propagandaleitern usf. sowie Unterorganisationen der NSDAP wie NS-Volkswohlfahrt, Deutsche Arbeitsfront, NS-Frauenschaft[52]. Mit diesem Machtzuwachs erreichte Schmidt die Gleichstellung neben Rauter, wenn nicht gar eine gewisse Vorherrschaft, die durch die starke Position der Partei gegenüber der SS in den ersten Kriegsjahren bedingt war. Schmidts egozentrische Politik konnte sich nunmehr auf drei Pfeiler stützen:
(a) auf das Vertrauen Bormanns,
(b) auf seine politische Funktion im Reichskommissariat,
(c) auf die Leitung des Arbeitsbereiches der NSDAP.

Nach seiner Zielsetzung sollte der Anschluß der Niederlande an Deutschland vollzogen und die neue administrative Einheit von ihm als Gauleiter repräsentiert werden. Schmidt wollte sich dabei auf eine kräftige und "gesunde" deutsche "Herrenschicht" über der niederländischen Bevölkerung stützen[53]. Bei der Wahl der Mittel für den geplanten Nazifizierungsprozeß entschied er sich von vornherein für den politischen Zwang. Ein Grund hierfür mag im "kleingermanischen" Anschlußkonzept der Parteikanzlei gelegen haben, in dem kriegswirtschaftliche, nicht ideologische Erwägungen im Vordergrund standen. Kennzeichnend für das Vorgehen Schmidts war u. a. die Tatsache, daß er nach außen hin die von der Bevölkerung verachtete und gehaßte NSB unterstützte, um diese Partei als Instrument für seine eigene Politik einzusetzen.

---

52) Vgl. A. E. Cohen, Not. Nr. 26, a.a.O., S. 4.

53) Vgl. A. E. Cohen, Not. Nr. 80a, a.a.O., S. 5.

3222 Die Nationaal Socialistische Beweging der Nederlanden

Erstmals im Herbst 1940, als das erwünschte Ergebnis der "Verbrüderung" des deutschen und niederländischen Volkes ausblieb[54], wurden im Reichskommissariat Pläne akut, die Besatzungspolitik in den Niederlanden künftig wie im besetzten Dänemark und Norwegen auf die Einsetzung einer "Quisling-Regierung"[55] auszurichten. Dafür kam in erster Linie die faschistische "Nationaal Socialistische Beweging der Nederlanden" (NSB) unter Anton Adriaan Mussert in Frage, da diese bereits 1931 gegründete Partei die größte Anhängerschaft besaß[56]. Zwar war der Parteichef nach dem Einmarsch der deutschen Truppen nicht zum "Ministerpräsidenten" der Niederlande ernannt worden, wie er gehofft hatte, aber der Reichskommissar versprach ihm jede Unterstützung und die gewünschte "Machtübernahme", sobald er sich auf weite Kreise der

---

54) A. Seyß-Inquart, Vier Jahre in den Niederlanden, a.a.O., S. 11. Vgl. auch W. Janke, Regungen des neuen Geistes, a.a.O., S. 46 f.

55) Vidkun Quisling, Führer der norwegischen Nationalsozialisten, der "Nasjonal Samling", wurde während des Zweiten Weltkrieges zum Symbol für die europäische Kollaboration mit Hitler.

56) Die NSB wurde unter der Leitung des 37jährigen Oberingenieurs Mussert 1931 gegründet. Anfangs unbedeutend, erhielt die Partei durch die Auswirkungen der Weltwirtschaftskrise und Hitlers Machtergreifung einen starken Auftrieb. Bereits 1934 hatten sich etwa 20.000 Niederländer der Partei angeschlossen. Bei den Gemeindewahlen des folgenden Jahres vereinigte sie 7,9 Prozent aller Stimmen auf sich. Trotz eines Rückschlages bei den Maiwahlen 1937 (4,2 Prozent) hatte sie dennoch mit vier Abgeordneten in die Zweite Kammer des Parlaments einziehen können. Mit Beginn der Okkupation hatte die NSB etwa 33.000 Mitglieder zu verzeichnen, Ende 1940 stieg die Zahl auf 50.000. - Die Gliederung der Partei entsprach der der NSDAP. Neben Mussert mit seinem eigenständigen Nationalsozialismus, der ein unabhängiges Niederland anstrebte, wünschte sein Gegenspieler in der Partei, Rost van Tonningen, das völlige Aufgehen der Niederlande im "Großgermanischen Reich". Während Mussert und seine Anhänger von der NSDAP (Schmidt/Ritterbusch und Bormann) gestützt wurden, erhielt Rost van Tonningen Rückendeckung von Seiten der SS (Rauter und Himmler). Vgl. N. K. C. A. in't Veld, Not. Nr. 130, a.a.O., S. 12 ff. W. Warmbrunn, The Dutch under German Occupation, a.a.O., S. 83-96.

Bevölkerung werde stützen können[57]. Hitlers Intentionen im Hintergrund dieser "Versprechungen" waren dabei keineswegs auf eine, wenn auch begrenzte staatliche Unabhängigkeit der "germanischen" Niederlande gerichtet, vielmehr sollte ihm die NSB wie die "Nasjonal Samling" (Norwegen) und die "Dansk National Socialistike Arbejder Parti" (Dänemark) ausschließlich als Instrument "zur Verwirklichung eigener Ziele" dienen, als Objekt, das es "zu kontrollieren und zu beherrschen" galt[58].

Wie naiv Mussert dem Führungsprinzip Hitlers gegenüberstand, sollte sich bereits in den ersten Monaten der Besatzungszeit erweisen: Verärgert über die nationalen Konzentrationsbestrebungen und die Einsetzung seiner Parteirivalen als Stillhaltekommissare, legte er im Juni 1940 eine öffentliche "Solidaritätsbezeugung" für Hitler ab, plädierte in zahlreichen Parteiversammlungen für die "nationalsozialistische Revolution" in Europa sowie für seinen "germanischen Staatenbund"[59] und präsentierte dem Reichskommissar im August 1940 einen sogenannten Staatsratsplan[60], nach dem ein niederländischer "Führerstaat" unter seiner Regentschaft errichtet werden sollte.

In der Hoffnung, durch sein "Entgegenkommen" das Vertrauen und die Anerkennung Hitlers zu gewinnen, wohl auch, um der SS-Richtung in der eigenen Partei unter Rost van Tonningen entgegenzu-

---

57) Seyß-Inquart traf mit Mussert am 5. Juni 1940 zusammen. Vgl. das Musserttagebuch vom selben Datum. RvO, A'dam. Zwar schätzte Seyß-Inquart Mussert nicht sehr hoch ein, - in seinem ersten Bericht an Hitler charakterisierte er ihn als "liberalen Nationalisten mit dem Versuch faschistischer Methoden, der letztlich vor dem Großdeutschen Reich Angst hat. Seine politischen Qualitäten dürften die eines durchschnittlichen Gauleiters im Reich nicht erreichen" - jedoch hatte er nach eigenen Angaben vom "Führer" den Befehl, "zu geeigneter Zeit nach Möglichkeit eine nationalsozialistisch orientierte Regierung in Holland bilden zu lassen." Vgl. RvO, A'dam. FOSD 2190 472779-82. Vortragsnotiz Unterstaatssekretärs Luther an Ribbentrop vom 25. Mai 1940.

58) A. Hillgruber, Hitlers Strategie, a.a.O. S. 77.

59) Vgl. K. Kwiet, Die Einsetzung der deutschen Zivilverwaltung, a.a.O., S. 188 ff. Diesem Bund sollte unter Führung Deutschlands das niederländische, schwedische, norwegische, dänische und schweizer Volk angehören. Mussert unterbreitete Hitler diesen Plan am 27. August 1940.

60) Ebd., S. 191.

wirken, legte der "Leider" der NSB bald darauf das "Wohl des niederländischen Volkes" ganz in die Hand seines "Germanischen Führers". Auf Anraten Schmidts beschloß Mussert Anfang September 1940, daß Hitlers "Entscheidungen und Befehle letzten Endes auch zum Wohl des niederländischen Volkes" seien[61]. Als Mussert am 23. September 1940, für seine "freiwillige" Unterwerfung belohnt[62], in Berlin empfangen wurde, versicherte ihm Hitler persönlich, daß der Reichskommissar die Aufgabe habe, den Weg für seine Machtübernahme zu ebnen.

In den Niederlanden galt der Empfang des NSB-Chefs in Berlin als Zeichen für seine baldige Ernennung zum Ministerpräsidenten. Von diesem Moment an war die Kluft zwischen NSB und einheimischer Bevölkerung unüberbrückbar geworden. Falls Mussert tatsächlich an die Macht komme, hieß es in den SD-Meldungen vom 8. Oktober 1940[63], würde die Reaktion mit einem "Fiasko" und einem "Blutbad" enden.

Schließlich erbrachten die Arbeiterunruhen Ende Februar 1941, nach einigen Widerstandsäußerungen in den Monaten zuvor[64], den deutlichsten Beweis für den Fehlschlag aller bisherigen Nazifizierungsversuche des Reichskommissars und seiner Hilfsorgane: Im sogenannten Februarstreik[65], der als erster akti-

---

61) Vijf notas van Mussert aan Hitler over de samenwerking van Nederland en Duitsland in een Bond van Germaanse Volkeren 1940-1944. Serie Bronnenpublicaties Nr. 3, s'Gravenhage 1947. S. 12-14.

62) Mussert hatte neben seinen Solidaritätsbekundungen und Anerkennungserklärungen inzwischen auch die Zustimmung zur Errichtung der "Nederlandse SS" gegeben. Vgl. K. Kwiet, Die Einsetzung der deutschen Zivilverwaltung, a.a.O., S. 198.

63) Ebd., S. 201. SD-Meldung Nr. 16.

64) Zu einer symbolischen Protestdemonstration der niederländischen Bevölkerung kam es am 28. Juni 1940, dem Geburtstag des Prinzen Bernhard von Lippe-Biesterfeld. Vgl. W. Warmbrunn, The Dutch under German Occupation, a.a.O., S. 104.

65) Vgl. hierzu die bereits zitierte umfassende Studie von B. A. Sijes, De Februari-Staking. Der von der kommunistischen Parteiführung organisierte Streik konzentrierte sich auf Amsterdam und Umgebung. Vorangegangen war der Zusammenstoß einer jüdischen Widerstandsgruppe mit WA-Männern (Weerafdeling, der SA vergleichbare Einheit der NSB), bei dem ein Gefolgsmann Musserts ums Leben kam. Dieser demonstrative Pro-

ver Widerstand in einem von Nationalsozialisten besetzten Gebiet in die Geschichte eingegangen ist, erhielt die deutsche Besatzungsmacht u. a. die Antwort der Niederländer auf die seit Herbst beginnende Judenverfolgung - angefangen vom Registrierzwang für den nichtarischen Bevölkerungsteil bis hin zum Straßenterror von Musserts schwarzen Schlägerkolonnen.

Nach den harten Strafmaßnahmen als Folge des Februarstreiks verschärfte sich der Konflikt zwischen der Besatzungsmacht und der niederländischen Bevölkerung erheblich. Der deutsche Überfall auf die Sowjetunion im Sommer 1941 sowie die Kriegserklärung an die Vereinigten Staaten im Winter desselben Jahres radikalisierten zudem die Besatzungspolitik von außen[66]. In dieser zweiten Phase der Okkupation erreichte der Nazifizierungsprozeß der deutschen Besatzungsmacht seinen Höhepunkt: Von der NSDAP und ihrem niederländischen Vertreter, Schmidt, angeregt und gesteuert, wurden der niederländischen Bevölkerung zunehmend nicht nur die Ideen, sondern auch die Institutionen des Dritten Reiches aufgezwungen[67]. Um die von Hitler avisierte Machtübernahme Musserts voranzutreiben, konzentrierte sich Schmidt seit Herbst 1940 immer stärker auf die NSB, auch wenn die niederländischen Nationalsozialisten weiter ohne breite Anhängerschaft in der niederländischen Bevölkerung blieben.

→ test gegen die "abscheuliche Judenverfolgung" konnte von den völlig überraschten deutschen Instanzen erst nach zwei Tagen mit bewaffnetem Polizei- und SS-Einsatz beendet werden. Vgl. auch W. Warmbrunn, The Dutch under German Occupation, a.a.O., S. 106-111. L. de Jong, De Bezetting I, a.a.O., S. 190-208.

66) Die Lebensmittelrationierung und die Registrierung der Arbeitslosen verschärfte sich, die Konzentration und Deportation der jüdischen Bevölkerung wurde intensiviert: Von rund 140.000 Juden, die 1940 in den Niederlanden lebten (davon ungefähr 15.000 Flüchtlinge aus Deutschland und Österreich), wurden 110.000 nach Osteuropa verschleppt und bis auf wenige tausend ermordet. Zahlenangaben nach Warmbrunn (S. 67 f.) und De Jong (S. 108 f.).

67) Vgl. W. Warmbrunn, The Dutch under German Occupation, a.a.O., S. 12.

Als einzige für förderungswürdig befundene NS-Bewegung in den Niederlanden sollte sie weitgehend in den Verwaltungsapparat eingeschaltet werden[68]. Da sich die übrigen faschistischen Parteien im Laufe der folgenden Monate entweder auflösten[69], spalteten[70] oder mit der NSB fusionierten[71], die "bürgerlichen" Parteien im Juli und die "Unie" im Dezember 1941 verboten wurden[72], erschien die NSB zum zehnten Jahrestag ihres Bestehens, am 14. Dezember 1941, als einzige von deutscher Seite zugelassene Partei. Obwohl sie auch jetzt die Verwaltung des Landes nicht in eigener Regie übernehmen durfte, griff man bei der Besetzung von Verwaltungsposten doch immer häufiger auf politisch zuverlässige NSB-Funktionäre zurück[73]. Neben Ämtern von Generalsekretären, Bürgermeistern, Richtern, Schuldirektoren usw. erhielten sie Posten in den neu errichteten NS-Organisationen, etwa in der niederländischen "Arbeidsfront" oder im "Volksdienst"[74].

Im Dezember 1942 wurde Mussert von den Deutschen formal zum "Führer des niederländischen Volkes" ernannt, ohne daß damit allerdings eine Minderung der deutschen Machtbefugnisse verbunden gewesen wäre[75]. Am 30. Januar 1943 durfte der NSB-Chef schließlich eine Art beratendes Kabinett, das "Staatspolitiek Sekretariaat" der NSB bilden[76]. Alle weiteren Versuche Musserts,

---

68) Vgl. K. Kwiet, Die Einsetzung der deutschen Zivilverwaltung, a.a.O., S. 205.

69) Nationaal-Front und van Rappard-Flügel der NSNAP.

70) NSNAP.

71) VERDINASO und Kruyt-Flügel der NSNAP.

72) Vgl. Chronologisch Overzicht, a.a.O. S. 784 f.

73) In Norwegen dagegen wurde im Februar 1942 eine "Nationalregierung" gebildet, jedoch blieb Ministerpräsident Quisling auch hier dem deutschen Reichskommissar Terboven unterworfen. Vgl. L. Gruchmann, Der Zweite Weltkrieg, a.a.O., S. 209.

74) Vgl. A. E. Cohen, Not. Nr. 16, a.a.O., S. 10.

75) Da im Frühjahr 1942 Niederländisch-Indien an die Japaner verloren ging, konnte die Rücksichtnahme auf die Antipathie der Mehrheit der niederländischen Bevölkerung gegenüber der NSB aufgegeben werden.

76) VOBL. Niederlande. VO vom 30. Januar 1943.

von Hitler eine bindende Äußerung über das künftige Verhältnis der Niederlande zum Reich zu erhalten, blieben jedoch vergebens[77].

Anders als die SS-Führung unter Rauter, die überzeugt war, daß der Nationalsozialismus allein unter Ausschaltung der NSB, insbesondere ihres Parteiführers, auf die Niederlande übertragen werden könne, hielt Schmidt an Mussert fest, um dessen Partei als Hauptinstrument für die Bildung des niederländischen "Volkswillens" einzusetzen[78]. Er spekulierte darauf, daß die Bevölkerung letztlich die Herrschaft der Deutschen einem Regime des verhaßten Mussert als das kleinere Übel vorziehen würde[79].

Als die Erfolglosigkeit der Nazifizierungspolitik Schmidts immer deutlicher wurde, begann sich die Parteikanzlei von ihm zu distanzieren. Sein Nachfolger Wilhelm Ritterbusch, ein "farbloser Parteifunktionär" ohne eigene politische Ambitionen, war geeignet, die Position Rauters und seiner SS-Vertreter zu stärken[80].

---

77) Vgl. Vijf notas van Mussert aan Hitler, a.a.O., Denkschriften vom 17. Mai 1943, 26. Oktober 1943 und 17. November 1944.

78) A. E. Cohen, Not. Nr. 26, a.a.O., S. 9. Vgl. Schema GKzbV und HSSPF im Anhang.

79) Welches Doppelspiel Schmidt mit Mussert trieb, belegt ein Dokument des AA, in dem USS Luther am 8. Oktober 1942 notierte: "Schmidt ist ein alter Anhänger der Idee, Mussert an die Macht zu berufen. Er erzählte mir aber ... , daß es nicht in seiner Absicht läge, Mussert auf die Dauer an der Macht zu belassen. Die Holländer würden ihn auch nicht sehr lange ertragen. Schmidt ist der Ansicht, daß einige Jahre Mussert-Herrschaft genügen würden, den Holländern zu zeigen, daß der direkte Anschluß an Deutschland das kleinere Übel sei und er glaubt demgemäß, daß es in 6 bis 10 Jahren möglich sein wird, die Holländer von sich aus zum direkten Anschluß zu bewegen". RvO, A'dam. Berlin Branch Tübingen. 4851 A. Vgl. auch das Faksimile in L. de Jong, De Bezetting II, a.a.O., S. 49.

80) W. Warmbrunn, The Dutch under German Occupation, a.a.O., S. 32 f. Schmidt stürzte im Juni 1943 aus einem fahrenden Zug. Bis heute blieb ungeklärt, ob es sich dabei um einen Unglücksfall, um Mord oder Selbstmord handelte. - Ritterbusch, 1892 in Werdau (Kreis Torgau) geboren, seit 1923 NSDAP-Parteimitglied, war bis zum Herbst 1940 Kreisleiter in Merseburg. Nach der Okkupation der Niederlande wurde er als Beauftragter des RKS von Noord Brabant in den Dienst des Reichskommissariats übernommen. Seit 9. Juli 1943 übernahm Ritterbusch als Nachfolger Schmidts das GKzbV. RvO, A'dam. Persoonsdossier Ritterbusch.

323 Rauter: Die Fiktion einer pangermanischen SS-Ordnung

Der Höhere SS- und Polizeiführer Rauter[81], ein "brutaler, fanatischer Soldat"[82], vertrat im Gegensatz zu Schmidt mit seinem "kleingermanischen" (deutschen) Anschlußdenken die Ideenwelt seines Vorgesetzten Himmler. Auf seine Machtinstrumente, die Sicherheitspolizei, den SD, die Ordnungspolizei und die Waffen-SS gestützt, war Rauter bemüht, die "germanische Politik" des Reichsführers-SS in den Niederlanden zu verwirklichen. Er versuchte die Niederländer für ein "Großgermanisches Reich" zu interessieren, in dem sie als gleichberechtigte "Germanen" neben den Deutschen und anderen "germanischen" Europäern ihre Aufgaben erfüllen sollten[83]. Rauters Konzept sah die Auflösung der nationalen Einheit der Niederlande und ihre Rückgliederung in Volksstämme vor. Der eher faschistisch-nationalen als nationalsozialistischen NSB-Linie Musserts galt daher seine Abneigung[84]. Rauter, der den NSB-Rivalen Musserts, Rost van Tonningen, förderte, hatte bereits unmittelbar nach seiner Ankunft in Den Haag im Sommer 1940 für die Waffen-SS und die Errichtung

---

81) Hanns Albin Rauter, 1895 in Klagenfurt geboren, begann nach dem Abitur in Graz sein Studium an der Technischen Hochschule am Ort, das er nach zehn Semestern ohne Abschlußprüfung abbrach. Nach dem ersten Weltkrieg, in dem er als Freiwilliger gedient hatte, schloß sich Rauter freikorpsähnlichen Studentenwehren an. Bereits 1921 wurde er zum Stabsleiter des "Steierischen Heimatschutzes" befördert, 1930 zum ersten Bundesstabsleiter des Gesamtverbandes der österreichischen Heimatwehren. 1933 ging Rauter nach München und vertrat in der Parteileitung der NSDAP die Interessen seines "Wehrverbandes". Bald darauf begann seine Karriere in der SS: 1935 wurde Rauter SS-Oberführer, 1938 Stabsführer der SS im Oberabschnitt "Südost" (Breslau), 1939 SS-Brigadeführer und am 23. Mai 1940 Höherer SS- und Polizeiführer beim Reichskommissar für die besetzten niederländischen Gebiete. BDC. SS-Personalamt. Akte Hanns Albin Rauter. Vgl. Het Proces Rauter, a.a.O. K. Kwiet, Die Einsetzung der deutschen Zivilverwaltung, a.a.O., S. 116-122.

82) L. de Jong, Die Niederlande im zweiten Weltkrieg, a.a.O., S. 12.

83) Vgl. A. E. Cohen, Not. Nr. 26, a.a.O., S. 9.

84) Vgl. A. E. Cohen, Not. Nr. 80a, a.a.O., S. 8.

einer niederländischen SS zu werben begonnen, ohne die von Seyß-Incuart und Schmidt verfolgte Nazifizierungspolitik zu beachten[85]. Mit der "Nederlandse"- und später "Germaanse"-SS besaßen Himmler und sein Vertrauensmann in den Niederlanden eine eigene weltanschulich zuverlässige Organisation, die zum Sammelbecken aller radikalen und "völkischen" Nationalsozialisten, vor allem der NSB, werden sollte.

Seyß-Inquart begann die SS-Richtung im Laufe der Jahre aus politisch-taktischen Gründen zu bejahen, da er seine schwache Position innerhalb der Partei mit Hilfe Himmlers zu stärken hoffte und ihm außerdem die SS-Nachkriegsziele für die Niederlande vielversprechender erschienen als die der NSDAP und NSB[86]. Zwar war das politische Konzept Seyß-Inquarts nicht identisch mit dem der SS, und beide Gruppen arbeiteten mit unterschiedlichen Mitteln, in ihren Bestrebungen herrschte jedoch Übereinstimmung[87].

Je mehr sich die Kriegslage 1942/43 nach den deutschen Niederlagen im Mittelmeerraum und bei Stalingrad zuspitzte, desto doktrinärer und radikaler entwickelte sich die Besatzungspolitik in den deutschbesetzten Gebieten Europas. Da nahezu alle Nazifizierungsversuche fehlgeschlagen waren, konnte auf jede weitere Indoktrination der "germanischen" Bevölkerung mit vergleichsweise gemäßigten Methoden verzichtet werden. Zur "ideologischen Gleichschaltung", wie sie mit der Diskriminierung, Verschleppung und Ausrottung des europäischen Judentums bereits prakti-

---

85) Am 25. Mai 1940 hatte Hitler die Aufstellung der SS-Standarte "Westland" befohlen, die mit den "besten niederländischen Freiwilligen" besetzt werden sollte. Während die ersten Niederländer für die Waffen-SS gewonnen, gemustert und nach Deutschland zur "Ausbildung" geschickt worden waren, wurde in den Niederlanden der Aufbau einer niederländischen SS vorbereitet. Auf Drängen Himmlers, Rauters und Seyß-Inquarts erklärte sich Mussert schließlich im September 1940 bereit, die "Nederlandse SS" zu errichten. 1942 wurde sie in "Germaanse SS in Nederland" umbenannt. Vgl. Documentatie. Status en werksamheid van organisaties ein instellingen uit de tijd der Duitse bezetting van Nederland, A'dam 1947, S. 340.

86) Vgl. A. E. Cohen, Not. Nr. 80a, a.a.O., S. 5 f.

87) Ein Beispiel für die Politik Seyß-Inquarts in "völkischer" Richtung zeigte sich bei der von ihm initiierten Einrichtung des "Nederlandse Kultuurraad".Vgl. S. 194 f. dieser Arbeit.

ziert wurde[88], kamen nunmehr verschärfte Repressalien gegen alle Bevölkerungsteile der entsprechenden Länder. Ständig zunehmender Polizeiterror, wachsende wirtschaftliche Ausbeutung und Zwangsrekrutierung von Arbeitskräften wurden Hauptaufgaben der Besatzungsverwaltungen[89]. Damit offenbarte sich die utilitaristische Seite der nationalsozialistischen "Germanenideologie" immer deutlicher.

Je intensiver aber die Kriegführung auf die Ausbeutung der besetzten Gebiete angewiesen war, je rücksichtsloser die Gewaltherrschaft der Nationalsozialisten folglich ausgeübt wurde, um so stärker formierte sich der Widerstand der unterdrückten Völker in Europa. Die wohl größte Demonstration dieses Widerstandes fand Ende April 1943 in den Niederlanden statt, als der Wehrmachtsbefehlshaber, General Christiansen, 300.000 niederländische Militärveteranen zum Arbeitseinsatz an den Atlantikwall und nach Deutschland beorderte[90]. Rund eine Million Streikende und Demonstranten (zumeist Industriearbeiter und Bauern) erhoben sich in tagelangem Aufruhr gegen die deutsche Besatzungsmacht. Erst durch unmittelbare Abschreckungsmaßnahmen - mit Hilfe von Standgerichten wurden etwa 80 Exekutionen durchgeführt - vermochte Rauter den Streik einzudämmen[91]. Der illegale Wider-

---

88) Vgl. L. Gruchmann, Nationalsozialistische Großraumordnung, in: Schriftenreihe der VJHZG, Stuttgart 1962, S. 113.

89) In den Niederlanden wurden während der fünf Besatzungsjahre rund 3.000 Menschen hingerichtet. (1941: 35 Personen, 1945: 1.560 Personen). 20.600 Niederländer starben in Gefängnissen und KZs. - 1945 wurden die Gesamtkosten der deutschen Okkupation auf 11,4 Milliarden Gulden geschätzt. - Bei Kriegsende befanden sich 200.000 bis 300.000 Niederländer im "Arbeitseinsatz" in Deutschland; sie waren teilweise von der Straße weg verschleppt worden. Vgl. W. Warmbrunn, The Dutch under German Occupation, a.a.O., S. 60, 78, 77.

90) Auf Anraten Himmlers gab Hitler den Befehl zu dieser Aktion, die bei Seyß-Inquart wenig Anklang fand, da dieser Folgen befürchtete. Vgl. L. de Jong, De Bezetting IV, a.a.O., S. 38 f.

91) L. de Jong, De Bezetting IV, a.a.O., S. 55. J. Meulenbelt, De duitse tijd. Vijf jaar Vaderlandse Geschiedenis. Utracht 1955, S. 184 ff. Vgl. auch P. J. Bouman, De April-Mei-stakingen van 1943, s'Gravenhage 1950.

stand wurde allerdings durch diese Maßnahmen nur gestärkt. Hunderttausende von "Untertauchern" wurden in den folgenden Wochen und Monaten zumeist von der Landbevölkerung versteckt und über die Besatzungszeit hinweg gerettet.

Obwohl sich die innenpolitische Lage zunehmend verschlechterte, konnten die Gewährsleute Himmlers ihren Einflußbereich erheblich vergrößern - in "germanisch-völkischen" Belangen die Partei sogar weitgehend ausschalten. Nachdem der Reichsschatzmeister der NSDAP (Schwarz) im Januar 1942 verfügt hatte, daß alle von der Partei bereitgehaltenen Mittel für die "germanische Arbeit" über das zuständige SS-Büro in den Niederlanden[92)] laufen sollten, erhielt Himmler einige Monate später so weitreichende Kompetenzen[93)], daß der Reichskommissar sogar in zivilen Fragen seine Entscheidungen mit dem Reichsführer- SS über dessen Verbindungsmann Rauter absprechen mußte.

Zwar blieb die Nazifizierungspolitik der SS - durch den Kriegsverlauf beeinträchtigt - in den Ansätzen stecken, jedoch übernahmen die "Germanischen Leitstellen" Himmlers immer mehr Funktionen der NSDAP-Stäbe, insbesondere im Bereich der "Volkstumsfragen" und der "Nachwuchserziehung". Daneben lag ihre Hauptaufgabe in den Werbeaktionen für die Waffen-SS: Als Rekrutierungsreservoir lieferten sogenannte Ergänzungsstellen in den besetzten Gebieten das notwendige "Menschenmaterial" als Kanonenfutter an die deutsche Front[94)].

Die niederländische Bevölkerung wartete unterdessen auf den Tag der alliierten Invasion. Als die amerikanischen Truppen schließ-

---

92) Das SS-Hauptamt als Ergänzungsamt der Waffen-SS errichtete in den "germanischen" Ländern sogenannte Ersatzkommandos. Seit Juli 1941 hießen diese SS-Büros im besetzten Ausland "Germanische Freiwilligen Leitstellen". H. - D. Loock, Zur "Großgermanischen Politik", a.a.O., S. 57 ff.

93) Die Führungsrolle der SS im "germanisch-völkischen" Bereich wurde im August 1942 in einer Anordnung von Reichsleiter Bormann und in einem Erlaß des Reichskanzlei-Chefs Lammers vom Februar 1943 festgelegt. Ebd.

94) Ebd., S. 60. Vgl. Schema GKzbV und HSSPF im Anhang.

lich im Herbst 1944 über Frankreich und Belgien nach Norden vorstießen, gelang ihnen zwar die Befreiung der südlichen Provinzen der Niederlande. Der Norden des Landes aber mußte bis zum Kriegsende unter dem deutschen Besatzungsterror ausharren.

4 Voraussetzungen und Beginn der propagandistischen Einflußnahme

Die Vorstellung von der kriegsentscheidenden Bedeutung der Propaganda war in der Zeit zwischen den beiden Weltkriegen in Deutschland durchaus verbreitet. In historischen und militärwissenschaftlichen Analysen nationaler bzw. nationalsozialistischer Färbung wurde u. a. behauptet, daß die militärische Niederlage von 1918 weder dem deutschen Heer noch der deutschen Regierung anzulasten sei, sondern eher aus der überlegenen Propagandaführung der Alliierten resultiert habe[1].

Eine solche Überbewertung der britischen Weltkriegspropaganda trug zur besonderen Aufmerksamkeit bei, mit der sich die Nationalsozialisten der Propaganda zuwandten. Sie manifestierte sich nicht zuletzt im konsequenten Aufbau des Goebbelschen Propagandaministeriums. Diesem straff organisierten Apparat - nach der Machtübernahme zur Konsolidierung des NS-Regimes erfolgreich eingesetzt - kam in den folgenden Jahren die Aufgabe zu,

---

1) Vgl. E. Stern-Rubarth, Die Propaganda als politisches Instrument, Berlin 1921. A. Hitler, Mein Kampf, Bd. I, Kap. 6. H. Thimme, Weltkrieg ohne Waffen. Die Propaganda der Westmächte gegen Deutschland, ihre Wirkung und Abwehr. Stuttgart 1932. Die theoretische Auseinandersetzung mit der britischen Propagandaführung während des I. Weltkrieges nahm im Dritten Reich immer schärfere Formen an und fand in den Jahren 1939-1941 ihren Höhepunkt: H. Wanderscheck, Die englische Propaganda im Weltkrieg gegen Deutschland 1914-1918, Berlin 1935. E. H. Lehmann, Wie sie lügen. Beweise feindlicher Hetzpropaganda, Berlin 1939/1940. H. Dietz, Agitation und Massenhysterie in England. Propagandamethoden historisch gesehen, Essen 1941. G. Krause, Die britische Auslandspropaganda. Organisation, Methoden und Inhalt, 1914-1940, Berlin 1940. Tatsächlich kann die britische Propaganda während des I. Weltkrieges als Grundlage für die moderne psychologische Kriegführung gewertet werden, da erstmals wissenschaftliche Methoden angewandt und eine zentrale Leitung der Propaganda organisiert wurden. Vgl. dazu L. Fraser, Propaganda, London 1957, S. 32 f.

alle weiteren Aktionen Hitlers im Rahmen seiner "dynamischen" Außenpolitik propagandistisch vorzubereiten und zu unterstützen. In erster Linie galt es, die deutsche Öffentlichkeit auf die kommenden militärischen Auseinandersetzungen "auszurichten" und die politische Aktivierung der Bevölkerung im Sinne einer fortgesetzten seelischen Mobilisierung zu erwirken. Daneben aber mußte der künftige Gegner beruhigt bzw. eingeschüchtert, seine psychologische Kriegführung für den "Ernstfall" vorauskalkuliert und berücksichtigt werden.

Um einerseits die notwendige propagandistische Offensive ins Ausland und andererseits die Abschirmung der eigenen "Volksgenossen" zu gewährleisten, waren daher durch die Propagandaführung besondere legislative und organisatorische Maßnahmen zu treffen[2)].

Obwohl Goebbels' Machtposition bei Kriegsausbruch schwächer war als je zuvor[3)], entwickelte sich das bis dahin bewußt klein gehaltene "Reichsministerium für Volksaufklärung und Propaganda" (RMVP) zu einem umfangreichen Führungsapparat, zu einer Art

2) Bereits vor dem Krieg wurden sogenannte "Greuelzeitungen" aus dem Ausland und andere mißliebige publizistische Organe verboten. Daneben wurde die ausländische Publizistik in gesteuerten Pressekampagnen kontinuierlich bekämpft. Als konsequenteste "Demonstration" der Anwendung totalitärer Machtmittel erwies sich schließlich die am 1. Sept. 1939 erlassene "Verordnung über außerordentliche Rundfunkmaßnahmen" des "Ministerrates für die Reichsverteidigung" (RGBLI 1683), nach der das Abhören jedes ausländischen Senders bei schärfster Strafandrohung untersagt wurde. - Wie sehr die NS-Propagandaführung die gegnerische Rundfunkpropaganda fürchtete, zeigte sich zudem in der gründlichen technischen Vorbereitung von Störsendern, die als Ergänzung zum Abhörverbot sogleich nach Kriegsbeginn in Betrieb genommen werden konnten. Vgl. dazu W. Hagemann, Publizistik im Dritten Reich. Ein Beitrag zur Methodik der Massenführung, Hamburg 1948. S. 223 f. B. Wittek, Der britische Ätherkrieg gegen das Dritte Reich. Die deutschsprachigen Kriegssendungen der BBC, Studien zur Publizistik, 3, Münster 1962, S. 21-28.

3) Die Ursache seines Prestigeverlustes lag in der vorangegangenen Baarova-Affäre, vgl. dazu H. Heiber, Joseph Goebbels, München 1965, S. 251 f.

"Überministerium"[4], das sich um so stärker ausdehnte, je mehr der NS-Propagandakrieg als Folge der militärischen Kriegsausweitung verstärkt werden mußte[5]. Während die geschlossene Propagandaführung der deutschen Öffentlichkeit bereits in der Vorkriegszeit ausreichend institutionalisiert worden war, erfolgte mit Kriegsausbruch die Ressortexpansion vor allem in den politischen Abteilungen und Referaten des RMVP, die mit Auslandsaufgaben betraut waren.

Die "Propagandaabteilung" war künftig in ihrer auf das Ausland bezogenen Tätigkeit für die Propagandaführung in den besetzten ausländischen Gebieten zuständig, mit Ausnahme der Länder Frankreich, Griechenland und Serbien, in denen die "Auslandsabteilung" des RMVP als Weisungs- und Kontrollinstanz der dortigen Propaganda-Dienststellen auftrat[6]. In ihrer eigentlichen Funktion als Werbeinstitut für den Nationalsozialismus[7] erfuhr die "Auslandsabteilung" seit Kriegsausbruch die wohl stärkste Ausdehnung[8]. Als zentrale Lenkungsinstanz war sie zuständig für die

---

4) W. A. Boelcke, (Hrsg.) Kriegspropaganda 1939-1941, Geheime Ministerkonferenzen im Reichspropagandaministerium, Stuttgart 1966, S. 138 f.

5) Die Anzahl der Abteilungen des RMVP erhöhte sich von 9 im Jahre 1935 auf 15 im Jahre 1940. Im ersten Kriegsjahr erweiterte sich der Personalstand um 400 Personen auf 1356 Arbeiter, Angestellte und Beamte des RMVP. Ebd. S. 138.

6) Ebd., S. 186.

7) Über ihre Tätigkeit in dieser Funktion schreibt Boelcke: Sie war "an den Rundfunksendungen für das Ausland beteiligt, sie wirkte an für das Ausland vorbereiteten Veröffentlichungen mit, sorgte in diesem Zusammenhang für die Herausgabe und Verteilung von Büchern und Broschüren, Flugblättern und Plakaten, von Korrespondenzen und Schallplatten und schaltete sich maßgeblich bei der Organisierung von Theater-, Konzert- und sonstigen Kulturveranstaltungen (Vorträge) ein. Sie hatte ferner alle Ausländer mit Ausnahme der ausländischen Pressevertreter im Reichsgebiet zu betreuen und übte vor allem merklichen Einfluß auf die zahlreichen zwischenstaatlichen Verbände und deren Tätigkeit aus." Ebd. S. 142.

8) Die Abteilung "Auslandspresse" und das Referat "Auslandsrundfunk" des RMVP wurden ebenfalls erweitert. Neu eingerichtet wurde 1939 die "Rundfunkkommandostelle" als Befehlszentrale für den Rundfunkkrieg und das "Mobilmachungsreferat", das in Zusammenarbeit mit den zuständigen Wehrmachtsstellen u. a. den Einsatz von "Geheimsendern" zu steuern hatte. Ebd. S. 157.

"politische Ausrichtung" der gesamten auslandspropagandistischen Tätigkeit der Abteilungen des Ministeriums wie aller sonstigen an der Auslandspropaganda beteiligten Dienststellen oder Organisationen[9]. Hierzu zählten u. a. die korrespondierenden Stellen des Auswärtigen Amtes, der Wehrmachtspropaganda, des Reichswirtschaftsministeriums, des Reichssicherheitshauptamtes und die Auslandsorganisation der NSDAP[10].

Propagandistische Außenposten in den Niederlanden hatten sich sowohl das Auswärtige Amt als auch das RMVP bereits vor der Okkupation geschaffen. So existierte seit September 1939 in der deutschen Gesandtschaft in Den Haag eine Presseabteilung mit englischem und niederländischem Referat, die die deutsche Kriegspropaganda in den Niederlanden unterstützen sollten[11]. Goebbels und sein Ministerium wurden durch einen eigens dafür bestellten Presseattaché vertreten.

Das nach außen hin perfekte Bild einer zentral gelenkten, straff organisierten Propagandainstanz läßt jedoch bei näherer Betrachtung gerade im Bereich der Auslandspropaganda einige schwache Stellen erkennen. Insbesondere das Auswärtige Amt (AA), aber auch das Reichskriegsministerium (RKM) suchten ihre Einflußsphären im Feld der Propagandaführung auszudehnen. So war Goebbels' Machtbereich während der ersten Kriegsmonate trotz der beträchtlichen Fülle von Dienststellen und Einrichtungen unter seinem unmittelbaren bzw. mittelbaren Befehl weit weniger souverän als es den Anschein hatte[12]. Hatte noch die "Führer-Verordnung" vom 30. Juni 1933[13] - wenn auch keineswegs präzise abgegrenzt - u. a. die Herauslösung des Nachrichten- und Informationswesens aus dem Geschäftsbereich des AA zugunsten des RMVP

9) G. W. Müller, Das Reichsministerium für Volksaufklärung und Propaganda, Berlin 1940, S. 19.

10) Welche Rolle die "Auslandsorganisation" der Partei als Propagandaträger speziell in den Niederlanden spielen sollte, erwies sich in den Maitagen 1940 am Phänomen der "deutschen Fünften Kolonne".

11) Vgl. Documentatie, a.a.O., S. 319.

12) Von der im Oktober 1939 erweiterten, nunmehr täglich einberufenen "Ministerkonferenz" als zentrale Befehlsbühne einmal abgesehen.

13) RGBL. I, 1933, S. 449.

bestimmt, so erfolgte mit Kriegsbeginn eine gründliche Revision dieses Beschlusses: Nach heftigen Auseinandersetzungen und Kompetenzstreitigkeiten beider Behörden in der Vorkriegszeit entschied der von Ribbentrop erwirkte "Führer-Befehl" vom 8. September 1939[14], daß künftig weder die Inlands- noch die Auslandspropaganda allein durch das RMVP bestimmt werden sollte. Für die "Führung" und "geistige Ausrichtung" im Innern seien fortan die zuständigen Stellen der Innenpolitik verantwortlich, mit denen sich das RMVP abzustimmen habe. Für die direkte und indirekte Auslandspropaganda erteile allein der Reichsaußenminister seine Richtlinien und Weisungen. Zur praktischen Durchführung seiner Propagandaprojekte könne sich dieser des vorhandenen Propagandaapparates im RMVP bedienen[15].

Ohne daß diese Weisungen Hitlers auch nur annähernd in die Praxis umgesetzt wurden, erfuhr Goebbels doch eine Kompetenzbeschneidung durch das AA, dessen Propagandaabteilungen zunehmend als Konkurrenzunternehmen für seine eigenen Dienststellen aufzutreten pflegten.

Da die Nationalsozialisten jedes eroberte Land, das sie im Laufe des Krieges besetzen sollten, sogleich auch zum Schauplatz ihrer internen Auseinandersetzungen machten, tauchten die angedeuteten Rivalitäten zwischen Goebbels und Ribbentrop - wie später auszuführen sein wird - auch in den besetzten niederländischen Gebieten auf.

Ähnlich ungenaue bzw. übergangene Zuständigkeitsregelungen erschwerten die Zusammenarbeit des RMVP mit den Propagandastellen des RKM, die sich in den Vorkriegsjahren ebenfalls (wenn auch weniger intensiv) mit vorbereitenden Planungen zur psychologi-

---

14) Documents on German Foreign Policy, 1918-1945, series D, Vol. VIII, (The War Years, 1939-1940) No. 31, S. 30/31, (zit. DGFP).

15) Ungeachtet dessen bauten beide Behörden ihre eigenen Abteilungen für Auslandspropaganda aus, um möglichst unabhängig voneinander arbeiten zu können. So entstand "in der Wilhelmstraße eine Art Propagandaministerium für Auslandspropaganda und am Wilhelmplatz begann sich ein Auswärtiges Amt im Miniaturformat zu entwickeln". W. A. Boelcke, Kriegspropaganda, a.a.O., S. 126.

schen Kriegführung beschäftigt hatten. Wichtigstes Ergebnis dieser Zusammenarbeit war die Aufstellung von militärischen Propagandatruppen, die im Westfeldzug ihrer Organisation nach als "Reichspropagandaämter für besetzte Gebiete" mitmarschierten und später den Grundstock für die militärischen und zivilen Propagandaabteilungen in den besetzten Gebieten bilden sollten.

41 Propagandatruppen im Rahmen der militärischen Dispositionen des Westfeldzuges

Eine besondere, den Bedingungen und Erfordernissen der psychologischen Kriegführung angepaßte Form der Propaganda wurde von den Nationalsozialisten mit der Aufstellung von militärischen Propagandatruppen angewandt.

Gestützt auf die publizistischen Erfahrungen während der außenpolitischen Krisen im Frühjahr 1938, war sich die Propagandaführung endgültig klar geworden, daß im "Ernstfall" anstelle der privaten Berichterstattung, wie sie noch im Ersten Weltkrieg gehandhabt wurde, die "unmittelbare Einschaltung in das Kampferlebnis" treten müsse[16]. Ein neuer Typ von Frontpropagandisten sollte nunmehr in das Kriegsgeschehen eingeschaltet werden, um eine möglichst effektvolle propagandistische Darstellung der erwarteten deutschen Siege zu gewährleisten. Als personelle, organisatorische und technische Voraussetzung empfahl daher das RMVP 1938 die Aufstellung von "Kriegsberichter-Einheiten". Der Vorschlag wurde vom "Reichsverteidigungsrat"[17] gebilligt und

16) H. v. Wedel, Die Propagandatruppen der deutschen Wehrmacht, Neckargmünd 1962, S. 20.

17) Dieser hatte für den Mobilmachungsfall koordinierende Maßnahmen im gesamten Staatswesen zu treffen. 1939 wurde der Reichsverteidigungsrat zum "Ministerrat für die Reichsverteidigung" umgebildet. Ständige Mitglieder waren danch: Generalfeldmarschall Göring als Vorsitzender, der Stellvertreter des Führers, die Generalbevollmächtigten für die Reichsverwaltung und für Wirtschaft, der Reichsminister und Chef der Reichskanzlei sowie der Chef des Oberkommandos der Wehrmacht. Vgl. Erlaß des Führers zur Bildung eines Ministerrats für die Reichsverteidigung vom 30. August 1939. RGBL. I, 1539.

dem Referat "Reichsverteidigung"[18] im RMVP zur weiteren Förderung übertragen.

411 Aufbau und Funktion der Propaganda-Kompanien

Bereits 1936 waren - nach Meinungsverschiedenheiten zwischen RMVP und RKM über grundsätzliche Fragen eines künftigen Propagandakrieges - die besonderen Probleme der Kriegsberichterstattung erörtert worden. Beide Instanzen beanspruchten damals den Einsatz eigener Berichter-Einheiten mit weitgehend ziviler bzw. militärischer Ausbildungsform[19].

Trotz des schwebenden Kompetenzstreites baute das RMVP - das zu diesem Zeitpunkt bereits wesentliche Vorarbeiten zur technischen Ausrüstung der geplanten Einheiten vorweisen konnte - aus eigener Initiative eine sogenannte "Propaganda-Einsatzstelle" auf, um die Möglichkeiten und Grenzen ziviler Berichterstattung vorerst im Rahmen von Wehrmachtsmanövern zu überprüfen. Da sich das RKM gegen eine solche außermilitärische Lösung des Propaganda-Einsatzes im Kriegsfall zur Wehr setzte, wurde nach längerem Tauziehen um die organisatorische Eingliederung der Berichtertruppen zugunsten der Wehrmacht entschieden: Nach den "Richtlinien für die Zusammenarbeit zwischen Wehrmacht und RMVP in Fragen der Kriegspropaganda"[20] wurde die Kriegsberichterstattung als militärische Einheit organisiert und dem RKM disziplinarisch unterstellt. Dahinter aber stand anfangs weiter das Personal, die technische Ausrüstung und die Propaganda-Konzeption des RMVP[21].

---

18) Das sogenannte RV-Referat bearbeitete Abwehrangelegenheiten, UK- und Sicherstellungen, Kraftfahrzeugsbelange und Luftschutzfragen. Vgl. hierzu W. A. Boelcke, Kriegspropaganda, a.a.O., S. 127.

19) Vgl. H. v. Wedel, Die Propagandatruppen, a.a.O., S. 17 ff.

20) Richtlinien vom 3. Mai 1938. Vgl. W. A. Boelcke, Kriegspropaganda, a.a.O., S. 127.

21) Der Mangel an militärisch ausgebildeten Propaganda-Fachleuten wurde durch eine kurze militärische Grundausbildung zu beheben versucht, so daß die "Ungedienten" dem Ansehen der neuen Propagandatruppen nicht allzusehr schaden konnten.

Während Goebbels der deutschen Öffentlichkeit jede Diskussion über die künftige deutsche Kriegspropaganda vorenthielt[22], nahm hinter den Kulissen der geplante Kampf mit "geistigen Waffen" bereits verwaltungstechnische Formen an. Da die Zusammenarbeit während des Krieges zwischen dem RVMP und den zuständigen Stellen der Wehrmachtpropaganda naturgemäß besonders eng verzahnt werden sollte, entsandte das Oberkommando der Wehrmacht (OKW) einen Verbindungsoffizier[23] in Goebbels' Behörde. Als Leiter des Referats "Reichsverteidigung" und zugleich militärischer Berater Goebbels' wurde ihm der Auftrag erteilt, die ersten "Propaganda-Kompanien"[24] zunächst provisorisch aufzubauen.

Auf Weisung des OKW begann das Heer im August 1938 als erste Wehrmachteinheit mit der Aufstellung von vier Propaganda-Kompanien[25], deren Anzahl für das Jahr 1939 verdoppelt werden sollte. Nachdem in den folgenden Monaten auch die Oberbefehlshaber der Luftwaffe und der Kriegsmarine ihre Anordnungen zur Aufstellung von eigenen Propaganda-Kompanien getroffen hatten, waren mit Kriegsbeginn dreizehn Einheiten einsatzbereit[26].

Nach ersten positiven "Erfahrungsberichten" über die Tätigkeit der schreibenden und filmenden Soldaten im Einsatz[27], erfuhr die neue Einrichtung der Propaganda-Kompanien im Winter 1938/39 grundsätzliche Regelungen. In einem vom OKW (Keitel) und RMVP

---

22) Vgl. die Presseanweisung vom 7. Februar 1938: "Veröffentlichungen über die Notwendigkeit, die Aufgaben und Wege der eigenen Kriegspropaganda haben unbedingt zu unterbleiben." Zit. nach W. Hagemann, Publizistik im Dritten Reich, a.a.O., S. 203.

23) Major der Luftwaffe, Bruno Wentscher, Flugzeugführer im I. Weltkrieg, in den zwanziger Jahren Chef vom Dienst des "Berliner Lokalanzeigers", 1933 Eintritt in die NSDAP, 1936 Flugzeugführerausbilder bis zu seiner Versetzung ins RMVP. W. A. Boelcke, Kriegspropaganda, a.a.O., S. 103 f.

24) Den Begriff "Propaganda-Kompanien" führte Wentscher für die bisherigen "Propaganda-Einsatzstellen" ein. Ebd. S. 127.

25) Vgl. H. v. Wedel, Die Propagandatruppen, a.a.O., S. 20 f.

26) Davon unterstanden sieben dem Heer, vier der Luftwaffe und zwei der Kriegsmarine. Ebd. S. 26

27) Beim Einmarsch ins Sudetenland wurden die Propaganda-Kompanien erstmalig eingesetzt. Ebd. S. 21.

(Goebbels) unterzeichneten "Abkommen über die Durchführung der Propaganda im Kriege"[28] wurde festgelegt, daß die Kriegspropaganda als dem "Waffenkrieg gleichrangiges Kriegsmittel" von Goebbels' Ministerium verantwortlich geführt werden sollte. Dies habe im Heimatgebiet völlig selbständig, im Operationsgebiet nach Absprache mit dem OKW zu geschehen. Das OKW besorge im Mobilmachungsfall gemeinsam mit dem RMVP die Aufstellung von Propaganda-Kompanien, die im Krieg als Armeetruppe unmittelbar den betreffenden Armee-Oberkommandos unterstellt seien.

Die Aufgabenbereiche der Propaganda-Kompanien gliederten sich in "Heimatpropaganda", "Frontpropaganda" und "Feindpropaganda", in der Terminologie der Zeit zumeist als "Kriegsberichterstattung", "geistige Betreuung" der eigenen Truppe und "Aktivpropaganda", später "Kampfpropaganda", angeführt[29].

Die Struktur der Propaganda-Kompanien entsprach den gestellten Aufgaben: Nach dem Stand von 1939 verfügte jeder Kompanieführer über zwei leichte "Kriegsberichter-Züge" (mit Presse- und Bildberichterstattern), über einen schweren "Kriegsberichter-Zug" (mit zusätzlichen Rundfunk- und Filmtrupps), einen Propaganda-Zug" (mit Lautsprecher- und Filmvorführtrupp und Redaktionsstäben für Flugblattherstellung und Truppennachrichten) sowie zwei "Zügen" für die technische Abwicklung und Auswertung des Propagandamaterials. Das benötigte Personal wurde in den ersten Kriegsjahren vorzugsweise vom RMVP oder den zuständigen Parteiinstanzen gestellt, die in langwierigen Auswahlverfahren vor allem die politische Zuverlässigkeit der Propagandisten-Anwärter überprüften[30].

Lagen die propagandistischen Arbeiten in Wort und Bild vor, dann schaltete sich die Militärzensur ein, die das anfallende Propa-

---

28) Der Wortlaut dieses Abkommens ist nicht erhalten, sein Inhalt wurde in den wichtigsten Punkten vom Chef der Wehrmachtspropaganda, Hasso von Wedel, aus der Erinnerung aufgezeichnet. Ebd., S. 22 f.

29) Ebd., S. 28.

30) Vgl. dazu W. A. Boelcke, Kriegspropaganda, a.a.O., S. 129.

gandamaterial nach Weisungen der Abteilung "Wehrmachtspropaganda"[31] im OKW überprüfte, redigierte und erst danach an das RMVP weiterleitete. Nach der politischen Zensur, wie sie für die Wortberichterstattung von der "Presseaufnahmestelle" für PK-Berichte wahrgenommen wurde, konnte das Material schließlich an die verschiedenen publizistischen Medien verteilt werden[32].

412 Einrichtung und Funktion der Propaganda-Staffeln

Schon bald nach Beginn des Polenfeldzuges zeichnete sich ab, daß die Propaganda-Kompanien als Fronteinheiten weder technisch noch personell ausreichend gerüstet waren, um die Bevölkerung des besetzten Hinterlandes propagandistisch "betreuen" zu können. Versehentlich war dieser Aufgabenbereich vom OKW unberücksichtigt geblieben. Das RMVP aber hatte, ohne Beteiligung des OKW, für diesen Fall vorgesorgt und eine zivile "Propaganda-Staffel" bereitgestellt. Diese wurde unverzüglich in die besetzten polnischen Gebiete delegiert und begann die Propagandaaufgaben für die rückwärtigen Gebiete in eigener Regie durchzuführen[33].

Gestützt auf diese Erfahrungen, hatte die Abteilung Wehrmachtpropaganda im OKW für den Feldzug im Westen die nötigen Vorbereitungen zur Koordinierung beider Propagandaeinheiten getroffen: Der Heeresgruppe Nord, die gegen die Niederlande vorstieß, wurden zwei Propaganda-Kompanien und eine Propaganda-Staffel zugeteilt[34]. Letztere glich in ihrer Organisation von Anbeginn

31) Die Abteilung Wehrmachtpropaganda wurde einige Monate vor Kriegsausbruch eingerichtet und anfangs der Amtsgruppe "Abwehr" unterstellt. Vgl. E. Murawski, Der deutsche Wehrmachtbericht 1939-1945. Ein Beitrag zur Untersuchung der geistigen Kriegführung, Boppard a. R. 1962, S. 26.

32) Zur besonderen politisch-journalistischen Überwachung der PK-Arbeiten fungierten seit Ende 1939 sogenannte "Fachprüfer". W. A. Boelcke, Kriegspropaganda, a.a.O., S. 130.

33) H. v. Wedel, Die Propagandatruppen, a.a.O., S. 71.

34) Zur Heeresgruppe Nord gehörten die 18. und die 6. Armee mit den Propagandakompanien 621 aus Wien und 637 aus Breslau. Im Rahmen des Westfeldzuges waren die drei Propaganda-Staffeln Holland, Belgien und Frankreich zusammengefaßt, die ihrem Hauptziel entsprechend "Staffel Paris" genannt wurden.

einem "Reichspropagandaamt für besetzte Gebiete". Nach den Weisungen des OKW hatte sie lediglich Aufgaben zu erfüllen, für die das RMVP zuständig war[35]. Ein sogenannter "Voraustrupp" der "Propaganda-Staffel Holland" war direkt an der Front eingesetzt, um vorbereitende Sonderaufgaben für die stationäre Propaganda möglichst rasch zu erledigen. Dazu gehörte u. a., daß die Rundfunksender besetzt, die "Hauptpresse" in Gang gebracht und die einheimische Bevölkerung durch Lautsprecher- und Flugblattaktionen vom ganzen Umfang ihrer militärischen Niederlage in Kenntnis gesetzt wurde.

Zum Zeitpunkt des Westfeldzuges stand das für die Propagandatruppen zuständige Referat "Reichsverteidigung"[36] im RMVP unter der Leitung von Major der Schutzpolizei, Walter Titel[37]. Nachdem Hitler am 18. Mai 1940 verfügt hatte, daß die besetzten niederländischen Gebiete unter einem Reichskommissariat verwaltet werden sollten[38], war Titel maßgeblich daran beteiligt, die ursprünglich als Wehrmachtsformation aufgestellte "Propaganda-Staffel Holland" in eine zivile Propagandaabteilung umzubilden. Ebenso wie in Böhmen und Mähren, Polen und Norwegen sollte nun auch in den Niederlanden eine "selbständige Abteilung für Volksaufklärung und Propaganda" beim Reichskommissar eingerichtet werden[39].

---

35) RvO, A'dam. Collectie Duitse Instellingen, Promistukken 28011. (zit. CDI).

36) Vgl. Anm. 18.

37) Major Titel, gleichzeitig Leiter des sogenannten "Kriegsführungsstabes" im RMVP, wurde Anfang 1940 Nachfolger von Bruno Wentscher. Vgl. W. A. Boelcke, Kriegspropaganda, a.a.O., S. 104.

38) Vgl. S. 20 dieser Arbeit.

39) Müller (Leiter der Personalabteilung im RMVP) an Goebbels: Brief vom 20. Mai 1940. RvO, A'dam. CDI, Promistukken 28003. Im Reichsprotektorat war die Außenstelle des RMVP unter der Bezeichnung "Abteilung Kulturpolitik (IV)" eingegliedert. Beim "Generalgouverneur" in Krakau und beim Reichskommissar in Oslo existierten bereits die "Abteilungen für Volksaufklärung und Propaganda". Allein in Dänemark mußte das RMVP zurückstehen, da der dortige "Reichsbevollmächtigte" ausschließlich an die Richtlinien Ribbentrops gebunden war. Vgl. W. A. Boelcke, Kriegspropaganda, a.a.O., S. 185 f.

Nach Absprache Titels mit dem Chef der Propagandatruppen beim OKW, Oberstleutnant des Generalstabes Hasso von Wedel, wurde für den Umbau der semi-militärischen Propaganda-Staffel in eine zivile Propagandaabteilung folgende Regelung getroffen[40]: Sobald Seyß-Inquart seine Tätigkeit als "Reichskommissar für die besetzten niederländischen Gebiete" aufgenommen hatte, sollte ihm das Personal der "Propaganda-Staffel Fink"[41] teilweise überlassen werden - einschließlich der technischen Ausrüstung, die vom RMVP gestellt worden war. Das Wehrmachtspersonal dagegen und die wehrmachteigenen Fahrzeuge sollten beim Heer verbleiben. Falls das RMVP zusätzlich Sonderkräfte einzusetzen wünsche, z. B. für Rundfunk oder Presse, sei dies nur über den Reichskommissar für die besetzten niederländischen Gebiete möglich.

Zugleich schlug Titel seinem Minister vor[42], der militärisch organisierten Propaganda-Staffel Fink umgehend den zivilen Charakter eines "Reichspropagandaamtes für besetzte Gebiete" zu geben. Dem Reichskommissar "unmittelbar" unterstellt, sollte diese ihre fachlichen Weisungen danach direkt vom RMVP erhalten.

Hatte man im RMVP anfangs noch damit gerechnet, daß in den Niederlanden die geplante Militärverwaltung eingerichtet werden würde und aus diesem Grunde auch die Propaganda-Staffel Fink als Wehrmachtsformation aufgestellt wurde, so brachte Hitlers Entscheidung, die Militärverwaltung zugunsten eines zivilen Reichskommissariats aufzulösen, eine äußerst günstige Situation für Goebbels und sein Ministerium mit sich[43]. Unter diesen Umständen konnte der Reichspropagandaminister vom Beginn der Besetzung an auf einen eigenen "Geschäftsbereich in den Niederlanden" reflektieren und damit seinen politischen Machtbereich erneut ausweiten.

---

40) Bericht Titels an Goebbels vom 21. Mai 1940. RvO, A'dam. CDI, Promistukken 28007-28008.
41) Oberregierungsrat Fink, der bereits im Polenfeldzug eingesetzt worden war, leitete einen Abschnitt der "Propaganda-Staffel Paris" (Niederlande, Belgien, Frankreich), der ausser den Niederlanden noch zwei Drittel von Belgien umfaßte.
42) Weiterer Bericht Titels an Goebbels vom 21. Mai 1940, RvO, A'dam. CDI, Promistukken 28011-28012.
43) RvO, A'dam. CDI, Promistukken 28003.

Mit welcher Genugtuung diese Entscheidung dann auch im RMVP aufgenommen wurde, geht aus dem Bericht Titels vom 21. Mai 1940 hervor[44], in dem er Goebbels die Vorgänge um die im Westen aufgestellten Propaganda-Staffeln resümiert und neue Verfahrensvorschläge zur "Wahrung unseres Geschäftsbereiches in den Niederlanden" unterbreitet. Danach hat es den Anschein, als habe der Propagandaminister selbst bei Hitler interveniert, um die Ablösung der Militärverwaltung durch ein Reichskommissariat zu erwirken. Diese Vermutung gründet sich auf folgende Eingangspassage des Titel-Berichtes: "Durch die Ernennung des Reichsministers Dr. Seyß-Inquart[45] zum Reichskommissar für die Niederlande ist eine Situation entstanden, die von uns stets angestrebt wurde. Dieser Entwicklung ist aber vom Oberkommando der Wehrmacht und auch vom Auswärtigen Amt bisher entgegengearbeitet worden."

Goebbels, der hier nur indirekt genannt wird, begrüßte offenbar einerseits die Niederlage seiner Konkurrenten (der Wehrmacht und des Auswärtigen Amtes), zum anderen versprach er sich vermutlich bessere Chancen für die künftige propagandistische Beeinflussung der niederländischen Bevölkerung, wenn nicht nur der notwendige Apparat (Personal und Ausrüstung), sondern auch die Richtlinien und Weisungen direkt aus seiner Behörde kamen und ohne den Umweg über eine Militärbehörde an die zuständige Propaganda-Filiale geleitet werden konnten.

42 Die deutsche "Fünfte Kolonne" als taktische Propagandawaffe und die Ansätze der Konsolidierungspropaganda in den Maitagen 1940.

Die NS-Propagandakonzeption für die Niederlande in den Maitagen 1940 kann sowohl aus den Anweisungen der geheimen "Ministerkonferenzen" als auch aus den geheimen Presserundschreiben des RMVP rekonstruiert werden. Was sich vor der Westoffensive, während der Kampfhandlungen in den Niederlanden und kurz nach der Kapitulation der niederländischen Streitkräfte in diesen Quel-

---

44) Vgl. Anm. 42.

45) Im Original: "Seiss-" statt "Seyß".

len als propagandistische Tendenz widerspiegelt, läßt sich in zwei Formen der psychologischen Kriegführung fassen: Als "taktische" Propaganda vor und während der militärischen Auseinandersetzungen sowie als beginnende "konsolidierende" Propaganda während der Schlußphase der militärischen Auseinandersetzungen und nach ihrer Beendigung[46].

Die taktische Propaganda gegen die Niederlande war nicht nur gegen die feindlichen Truppen und die Zivilbevölkerung unmittelbar hinter den feindlichen Linien gerichtet, sondern gegen die niederländische Bevölkerung insgesamt. Sie zielte vor allem darauf ab, emotionale Äußerungen aus momentaner physischer Unsicherheit zu steigern, um so den vorhandenen Widerstandswillen mit Hilfe künstlich erzeugter Panik und nachfolgenden Affekthandlungen zu mindern, wenn nicht gar zu brechen.

Die Intention, den militärischen Gegner zu beunruhigen und damit seine Kampfmoral zu schwächen, richtete sich während des Westfeldzuges verständlicherweise gegen alle beteiligten Staaten in Westeuropa - nicht allein gegen die Niederlande. Die Ausgangssituation war günstig, da alle Aktionen der Nationalsozialisten, wenn auch ungewollt, bereits seit 1933 bei vielen Europäern ein Gefühl des Unbehagens und der Angst hervorgerufen hatten[47]. Man fürchtete zunehmend die dunklen Geschäfte

---

46) Die Begriffe "taktisch" (combat propaganda) und "konsolidierend"(consolidation propaganda) entstammen der englisch-sprachigen Literatur zur psychologischen Kriegführung. Vgl. u. a. W. E. Daugherty, in collaboration with M. Janowitz, A Psychological Warfare Casebook, Baltimore 2. Aufl. 1960, S. 558. D. Lerner, Sykewar. Psychological Warfare against Germany, New York 1949, S. 400. P. M. A. Linebarger, Schlachten ohne Tote. Psychological Warfare, Frankfurt/M. 1960, S. 61 f.

47) Bei der Betrachtung einer taktischen Propagandaaktion muß der kumulative Effekt der strategischen Propaganda, die der aktuellen Situation voranging, mit einbezogen werden. Im Fall der deutschen Westoffensive war der Widerstandswillen der Gegner bereits unterminiert, noch ehe der eigentliche militärische Angriff erfolgte. Vgl. die Analyse von P. W. Blackstock, German Use of Psychological Warfare in 1940, in: W. E. Daugherty and M. Janowitz, A Psychological Warfare Casebook, a.a.O., S. 418-424

deutscher Agenten und die Wühlarbeit nationalsozialistischer Parteimitglieder im Ausland, auch als "NS-Diplomaten" sich noch in starkem Maße der Sprache der "Einschläferung"[48)] bedienten und ihre grundsätzliche Friedensliebe lautstark proklamierten.

421 Realität und Fehleinschätzung

Ausgangspunkt für jene späteren psychose-bedingten Vorstellungen über die deutsche "Fünfte Kolonne"[49)] im Ausland, die als riesige Verschwörung aller Reichsdeutschen, Volksdeutschen, einheimischen Nationalsozialisten und Faschisten angesehen wurde, war u. a. die im Mai 1931 erfolgte Gründung der sogenannten "Auslandsorganisation der NSDAP" (AO)[50)], die für die Werbung

---

48) W. Hagemann, Publizistik im Dritten Reich, a.a.O., S. 211. Hagemann unterscheidet die Sprache der Einschläferung (1934-1937) und die Sprache der Einschüchterung (1937-1945). Ebd. S. 211-222.

49) Vgl. dazu die grundlegende Studie von L. de Jong, Die deutsche Fünfte Kolonne im Zweiten Weltkrieg, Stuttgart 1959. Der Begriff "Fünfte Kolonne" stammt vermutlich aus dem spanischen Bürgerkrieg, in dem General Mola Ende September 1936 mit vier Kolonnen gegen Madrid marschierte und eine fünfte "unsichtbare" im Innern des Regierungsviertels ankündigte, die den Angriff einleiten würde. In dem Begriff "Fünfte Kolonne" wurde alles zusammengefaßt, "was man als unvereinbar mit einer normalen und anständigen Kriegführung ansah: Spionage großen Umfangs, die Anwerbung von Mitläufern und das Anlegen militärischer Vorräte in dem Land, das man erobern wollte. Während des eigentlichen Angriffs auch die Täuschung des Gegners durch Benutzung seiner eigenen Uniformen oder durch Operationen von Militär in Zivilkleidung oder auch durch Angriffe nicht nur an der Front, sondern auch dahinter, indem man Fallschirmjäger zu Tausenden abwarf. Schließlich auch, indem man durch Vergiftung von Nahrungsmitteln eine Panik auslöste und durch falsche Befehle, Falschmeldungen und Gerüchte Verwirrung stiftete." Ebd.S.77 f.

50) Vgl. IMT, Bd. X, S. 20. Daneben agierte Rosenbergs relativ bescheidenes "Außenpolitisches Amt der NSDAP" als Public-Relation-Organ, Presseausschnittbüro und Auslands-Informationsdienst. Andere Träger der deutschen "Fünften Kolonne" kamen aus dem politischen Geheimdienst (um 1937 beschäftigte der Sicherheitsdienst des Reichsführers SS zwischen 3000 und 4000 Agenten), dem militärischen Geheimdienst (dem Amt Auslandsabwehr beim OKW gehörten bei Kriegsausbruch ebenfalls 3000 bis 4000 Offiziere an) und in begrenztem Umfang aus den offiziellen deutschen Missionen im Ausland. Vgl. L. de Jong, Die deutsche Fünfte Kolonne, a.a.O., S. 260 f.

gerten Vorstellungen von ihrer "geheimnisvollen Allmacht" in keinem angemessenen Verhältnis zu den tatsächlichen Aktionen der Hitler-Anhänger und Kollaborateure[56]. In den Niederlanden schienen sich diese übertriebenen Vorstellungen von einer reibungslos funktionierenden Untergrundarbeit der Fünften Kolonne durch einige Vorfälle im Herbst 1939 und Frühjahr 1940 zu bestätigen: z. B. war ein im Grenzland lebender Niederländer, dessen Vater NSB-Mitglied war, entdeckt worden, als er einige Koffer mit niederländischen Uniformen nach Deutschland zu schmuggeln versuchte. Lichtsignale, die in allen Provinzen des Landes beobachtet wurden, konnten nicht identifiziert werden. Zahlreiche Spionagefälle von Ausländern, zumeist Deutschen, steigerten die allgemeine Nervosität[57]. Dazu kam, daß man wenige Tage, nachdem Dänemark und Norwegen überfallen worden waren, in der Nähe von Den Haag eine an die AO in Berlin adressierte Dokumentenmappe fand, deren Inhalt sich als Spionagematerial erwies. Die Atmosphäre der Spannung und Unsicherheit nahm unter diesen Umständen ständig zu[58].

422 Propagandistische Nutzung

Was nicht nur die Bevölkerung der Niederlande, sondern auch andere demokratische Nationen Europas in den ersten Kriegsmonaten immer stärker beunruhigte, wurde von den Nationalsozialisten erkannt und nutzbringend für die eigene psychologische Kriegführung verwendet: Wo die Furcht vor einem überlegenen Deutschland bereits vorhanden war, hatte die NS-Propaganda eine vergleichsweise einfache Aufgabe zu erfüllen. In diesen Monaten schaltete sich Hitler selbst in die Propagandaführung gegen den Westen ein. So teilte Goebbels auf der geheimen Ministerkonferenz vom 25. April 1940[59] "den Wunsch des Führers mit, daß der Begriff 'Fünfte Kolonne' in Zukunft

---

56) Ebd., S. 9.

57) Vgl. L. de Jong, Die Niederlande im zweiten Weltkrieg, a.a.O., S. 7.

58) Ebd., S. 71 f.

59) Anw. 2 der geheimen Ministerkonferenz vom 25. April 1940. W. A. Boelcke, Kriegspropaganda, a.a.O., S. 330, (zit. geheime MK).

ruhig in der deutschen Presse auftauchen und behandelt werden soll, um die Furcht in den Feindländern zu stärken." Tatsächlich war die AO der NSDAP in den Niederlanden, die zum Zeitpunkt der deutschen Invasion vermutlich 3000 Mitglieder zählte, unter der Leitung von Dr. Butting[60] an Spionagediensten für die Vorbereitungen des deutschen Überfalles beteiligt, da die deutsche militärische Nachrichtenagentur zu wenig Personal in den Niederlanden stationiert hatte[61].

Andererseits konnte jedoch von den 52.000 Reichsdeutschen, die zu dieser Zeit in den Niederlanden lebten, nachträglich in keinem einzigen Fall bewiesen werden, daß diese während der Kriegshandlungen zwischen dem 10. und 15. Mai 1940 als Partisanen oder Saboteure aufgetreten wären[62]. Auch gibt es mit einer Ausnahme keinerlei Anzeichen, daß die NSB eine aktive Rolle bei den militärischen Aktionen der Deutschen zu spielen hatte[63].

Trotzdem kannte die Panik unter der niederländischen Bevölkerung in den Maitagen 1940 keine Grenzen. Obwohl 2.300 verdächtige Reichsdeutsche und Niederländer kurz nach dem Einmarsch der deutschen Truppen inhaftiert wurden und alle anderen Deutschen oder Ausländer deutscher Herkunft - darunter Zehntausende von Juden und anderen politischen Flüchtlingen - unter Hausarrest standen, konnte die Furcht vor der deutschen Fünften Kolonne nicht gebannt werden[64].

---

60) Attaché Butting war Leiter der "Reichsdeutschen Gemeinschaft" in den Niederlanden. Vgl. L. de Jong, Die deutsche Fünfte Kolonne, a.a. O., S. 73.

61) Da Butting eifriger Nationalsozialist war, verlangte er von den örtlichen Funktionären seiner "Reichsdeutschen Gemeinschaft" (wie die organisierten NSDAP-Mitglieder sich nannten, nachdem die AO 1934 in den Niederlanden verboten worden war), daß sie ihm alle militärisch bedeutenden Informationen übermittelten, die er dem Verbindungsoffizier der deutschen Abwehr im Büro der AO weiterreichte. Ebd., S. 184.

62) Vgl. L. de Jong, Die deutsche Fünfte Kolonne, a.a.O., S. 183.

63) Ungefähr 100 bis 200 in Deutschland lebende NSBer beteiligten sich allerdings bei den Überraschungsangriffen im südlichen Teil der niederländischen Grenze.

64) Die drei ersten Kriegstage bedeuteten für die Bevölkerung des dicht besiedelten Westens eine Art Alptraum. Vor allem →

Während die Presse in Deutschland den Auftrag erhielt, über das beginnende "Ringen" im Westen mit aller Zurückhaltung zu berichten[65], und der deutschen Öffentlichkeit die Überzeugung zu vermitteln, "daß Holland und Belgien tatsächlich die Neutralität gebrochen haben"[66], erhielt der Auslands-Sprachendienst des deutschen Rundfunks am 11. Mai 1940[67] die Direktive, "Holland und Belgien klar zu machen, daß jeder Widerstand gegen uns zwecklos ist." Zwar sollte die Behauptung, die Deutschen hätten niederländische Uniformen in die Niederlande mitgebracht, vor der Auslandspresse dementiert werden[68], gleichzeitig aber wurde der Sprachendienst angewiesen[69], "sofort eine umfassende Zersetzungspropaganda nach Holland und Belgien hereinzutragen. Dabei ist die materialistische Einstellung der Holländer zu berücksichtigen, und am Beispiel Polens ist beiden Ländern klarzumachen, wie unsinnig es ist, wenn sie sich selbst ihr Land zerstören."

Während die als anti-nationalsozialistisch bekannten niederländischen Journalisten in Berlin nach Beginn des Westfeldzuges im Kaiserhof arrestiert wurden, schaltete sich eine Reporterin der NSB in den Propagandakrieg gegen die Niederlande ein: Als eine Art "Lady Haw-Haw" saß diese seit dem 10. Mai 1940 in den Berliner Rundfunk-Studios, um die NS-Propaganda-Lügen in ihrer eigenen Landessprache zu verbreiten[70].

→ in den Städten kam es zu bewaffneten Auseinandersetzungen, bei denen sich nervöse Streifenposten gegenseitig beschossen. Vgl. L. de Jong, Die Niederlande im zweiten Weltkrieg, a.a.O., S. 7.

65) Anw. 2 der geheimen MK vom 10. Mai 1940, W. A. Boelcke, Kriegspropaganda, a.a.O., S. 344.

66) Daneben wurden belehrende Kurzberichte über die Niederlande, Belgien und Luxemburg angeordnet, wobei Goebbels nach Möglichkeit einen Volkslieder-Nachmittag einzuschieben wünschte. Ebd., Anw. 9, der geheimen MK vom 11. Mai 1940, S. 347.

67) Ebd., Anw. 8 der geheimen MK, S. 346.

68) Ebd., Anw. 1 der geheimen MK vom 12. Mai 1940, S. 347.

69) Ebd., Anw. 3 der geheimen MK vom 12. Mai 1940, S. 347.

70) Vgl. W. L. Shirer, Berlin Diary. The journal of a Foreign Correspondent 1934-1941. New York, 1941, S. 336 f.

Der Berliner Presse wurde unterdessen in der Pressekonferenz vom 12. Mai 1940 mitgeteilt, daß in den nächsten Tagen im Ausland Enthüllungen über die Untergrundarbeit der Fünften Kolonne publiziert werden würden. Über derartige Meldungen solle geschwiegen und dem Ausland alle weiteren Kommentare überlassen werden[71]. Am 13. Mai 1940 suchte Goebbels die öffentliche Meinung im Ausland weiter zur Überschätzung der deutschen Kriegspotenzen anzuregen[72]: "Presse und drahtloser Dienst sollen keinerlei Dementis gegen all die Auslandsmeldungen bringen, die von neuen deutschen Waffen, von der Gefährlichkeit unserer Fallschirmtruppen usw. berichten. Die in Holland und Belgien um sich greifende Panikstimmung soll nach Möglichkeit gefördert werden." Damit erreicht die aggressive taktische Propaganda der Nationalsozialisten gegen die Niederlande ihren Höhepunkt.

Als nämlich der Sieg der deutschen Truppen nach den ersten Tagen des Kampfes abzusehen war, tauchten in den allgemeinen Richtlinien zur Propagandaführung neben den "zersetzenden" Tendenzen erstmals Merkmale der Konsolidierung auf. So erhielt die deutsche phonographische Industrie bereits am 11. Mai 1940 den Auftrag, umgehend eine "gute Platte" vom Altniederländischen Dankgebet herzustellen[73], vermutlich um die gemeinsame "germanische" Kultur zwischen Deutschen und Niederländern zu belegen. Am gleichen Tage wurde angeordnet, daß bei der Berichterstattung über die deutsche Kriegführung gegen die Niederlande "keinerlei Annexionsabsichten" anklingen durften[74]. Außerdem sollte von Anfang an verhindert werden[75], "daß auf der anderen Seite

---

71) Vgl. <u>W. A. Boelcke,</u> Kriegspropaganda, a.a.O., S. 353.

72) Ebd., Anw. 1 der geheimen MK vom 13. Mai 1940, S. 348. Zugleich erhielt der Rundfunk den Auftrag (Anw. 3), die Ansage des Brüsseler und des Hilversumer Senders aufzunehmen, "damit gegebenenfalls die Stimme der regulären Sprecher verwandt werden kann, wenn wir uns in Sonderfällen auf die feindliche Welle setzen."

73) Ebd., Anw. 6 der geheimen MK vom 11. Mai 1940, S. 346. Bis Kriegsende wurde das "Altniederländische Dankgebet" von Goebbels und Hitler propagandistisch eingesetzt.

74) Ebd., Anw. 8 der geheimen MK vom 11. Mai 1940, S. 347.

75) Ebd., Anw. 2 der geheimen MK vom 13. Mai 1940, S. 348.

in Belgien und Holland ein Nationalmythos wiederaufersteht". Wo Ansätze dazu vorhanden seien, sollten diese - nach Goebbels - "vernichtet" bzw. "okkupiert" werden. Die Konsolidierung der Niederlande im Sinne der nationalsozialistischen Ideologie von der "germanischen Verwandtschaft" verlangte außerdem die Verbreitung altniederländischer Landsknechts- und Geusenkampflieder: Während die Schlacht um die Niederlande noch im Gange war, wurden die vorrätigen Platten aus den Rundfunkarchiven geholt und gesendet[76], um diese besondere Musikkultur "als Bestandteil des deutschen Volksgutes zu charakterisieren".

Weitere Merkmale der Konsolidierungstendenzen, wie sie bereits während der Kampfhandlungen gegen den Westen auftauchten, fanden sich im Zusammenhang mit Weisungen zum Thema "Wilhelmina der Niederlande" und "niederländische Nationalsozialisten". In beiden Fällen scheint man aus propagandistischen Erwägungen auf die Gefühle der niederländischen Bevölkerung Rücksicht genommen zu haben. So lauteten die entsprechenden Direktiven vom 14. Mai 1940, die "holländische Königin trotz ihrer Flucht" aus der Debatte zu lassen, stattdessen gegen die "holländische Regierung" zu polemisieren[77]; die "holländische Innenpolitik" einstweilen nicht zu beachten sowie die "Männer der Mussert-Bewegung" vorerst nur als Handlanger zu beschäftigen, nicht

---

76) Ebd., S. 348.

77) Ebd., Anw. 5 der geheimen MK vom 14. Mai 1940. "Dagegen soll im Sprachendienst dementiert werden, daß wir die Königin hätten bombardieren wollen." Im "Völkischen Beobachter" (VB) erschien allerdings trotz dieser Direktive ein glossierendes Foto des niederländischen Königspaares, auf einem Tandem fahrend. Unter dem Titel "Auf nach London" lautete der Bildtext: "Hoffentlich haben der Prinzgemahl und seine Gattin das Tandem nach London mitgenommen. Sie werden es bei den dort herrschenden Benzineinschränkungen sicher für eine weitere Flucht gut gebrauchen können. " Vgl. VB, Berliner Ausgabe, Nr. 140 vom 19. Mai 1940, S. 3.

in Belgien und Holland ein Nationalmythos wiederaufersteht". Wo Ansätze dazu vorhanden seien, sollten diese - nach Goebbels - "vernichtet" bzw. "okkupiert" werden. Die Konsolidierung der Niederlande im Sinne der nationalsozialistischen Ideologie von der "germanischen Verwandtschaft" verlangte außerdem die Verbreitung altniederländischer Landsknechts- und Geusenkampflieder: Während die Schlacht um die Niederlande noch im Gange war, wurden die vorrätigen Platten aus den Rundfunkarchiven geholt und gesendet[76], um diese besondere Musikkultur "als Bestandteil des deutschen Volksgutes zu charakterisieren".

Weitere Merkmale der Konsolidierungstendenzen, wie sie bereits während der Kampfhandlungen gegen den Westen auftauchten, fanden sich im Zusammenhang mit Weisungen zum Thema "Wilhelmina der Niederlande" und "niederländische Nationalsozialisten". In beiden Fällen scheint man aus propagandistischen Erwägungen auf die Gefühle der niederländischen Bevölkerung Rücksicht genommen zu haben. So lauteten die entsprechenden Direktiven vom 14. Mai 1940, die "holländische Königin trotz ihrer Flucht" aus der Debatte zu lassen, stattdessen gegen die "holländische Regierung" zu polemisieren[77]; die "holländische Innenpolitik" einstweilen nicht zu beachten sowie die "Männer der Mussert-Bewegung" vorerst nur als Handlanger zu beschäftigen, nicht

76) Ebd., S. 348.

77) Ebd., Anw. 5 der geheimen MK vom 14. Mai 1940. "Dagegen soll im Sprachendienst dementiert werden, daß wir die Königin hätten bombardieren wollen." Im "Völkischen Beobachter" (VB) erschien allerdings trotz dieser Direktive ein glossierendes Foto des niederländischen Königspaares, auf einem Tandem fahrend. Unter dem Titel "Auf nach London" lautete der Bildtext: "Hoffentlich haben der Prinzgemahl und seine Gattin das Tandem nach London mitgenommen. Sie werden es bei den dort herrschenden Benzineinschränkungen sicher für eine weitere Flucht gut gebrauchen können. " Vgl. VB, Berliner Ausgabe, Nr. 140 vom 19. Mai 1940, S. 3.

aber selbständig an die Arbeit zu lassen[78]. Ebenfalls konsolidierend kann die Anweisung vom selben Tage gedeutet werden, nach der die Inlandspresse ebenso wie der Auslands-Sprachendienst aufgefordert wurden, noch stärker als zuvor und "präzisiert" herauszuarbeiten[79], "daß es England[80] war, das uns den Krieg erklärt hat, und das alles, was jetzt geschieht, die Zerstörung von Städten und alles Unglück, das in Belgien und Holland über Land und Menschen hereinbricht, eine Folge dieser leichtfertigen Kriegserklärung ist." Mit dieser Argumentation wurde einerseits der deutsche Überfall auf die Niederlande und Belgien zu rechtfertigen versucht - rund zwei Stunden bevor das Zentrum von Rotterdam durch einen deutschen Bombenangriff dem Erdboden gleichgemacht wurde[81] - zum anderen ergab die Anklage Englands die Möglichkeit, nunmehr auf Anschuldigungen der Niederlande wegen des angeblichen "Neutralitätsbruches" zu verzichten und damit die erwünschte Solidarisierung zwischen Sieger und Besiegtem anzubahnen. Allerdings war die Tendenz der Nationalsozialisten, England als "Hauptschuldigen" für alle militärischen Aktionen der NS-Führung verantwortlich zu machen, schon lange vor dem Westfeldzug in propagandistischem Gebrauch. Als z. B. in den Niederlanden und in Belgien die Sorge über einen möglichen deutschen Überfall Ende 1939 immer größer wurde, vermeldete ein für beide Länder bestimmtes DNB-Pressetele-

---

78) Ebd. Anw. 6 der geheimen MK vom 14. Mai 1940. Es stellt sich die Frage, wie die Bemerkung über den Einsatz der NSB zu verstehen ist, da diese einer politischen Anweisung gleicht. Vermutlich galt der Hinweis der Verwendung von Mussert-Anhängern als Publizisten und Propagandisten. Ein Hinweis in diese Richtung findet sich in der Absage der Militärverwaltung einige Tage später, Mussert selbst über den Rundfunk sprechen zu lassen. Vgl. hierzu ADAP, Serie D, Bd. IX, Nr. 274, S. 308 f.

79) Ebd., Anw. 1 der geheimen MK vom 14. Mai 1940, S. 349.

80) Im Original "England" kursiv.

81) Die Bombardierung Rotterdams begann am 14. Mai 1940 um 13 Uhr, die Ministerkonferenz fand seit dem 25. April 1940 täglich um 10.30 Uhr statt, die angeführte Direktive wurde als erste ins Protokoll übernommen.

gramm[82], daß derlei Gerüchte allein der "gewissenlosen" Propaganda Großbritanniens zuzuschreiben seien.

Nachdem die niederländischen Truppen am 15. Mai 1940 endgültig geschlagen waren und die taktische Zersetzungspropaganda von nun an gegen Frankreich gerichtet wurde[83], zeigten sich die Konsolidierungsbestrebungen der Nationalsozialisten den besetzten Niederlanden gegenüber immer eklatanter. So erschienen in den folgenden Tagen für nationalsozialistische Verhältnisse zurückhaltende, teilweise sogar wohlwollende Propagandaanweisungen, die sich allein aus dem rassistischen Konzept für eine gemeinsame Zukunft der "germanischen Brudervölker" in einem "Großgermanischen Reich deutscher Nation" erklären lassen[84]. Bemerkenswert ist dabei der Versuch der NS-Presseführung, eine Rehabilitierung der niederländischen Bevölkerung mit Hilfe psychologischer und rassistischer Argumente zu erzielen. Im "geheimen Presserundschreiben" des RMVP vom 18. Mai 1940 werden jene Argumente zur journalistischen Behandlung der niederländischen Frage wie folgt angeboten[85]: "Bei der Berichterstattung und in Betrachtungen über Holland darf keinesfalls das holländische Volk angegriffen, getadelt oder geringschätzig behandelt werden. Es ist zu bedenken, daß dieses Volk unabläs-

---

82) RvO, A'dam, FOSD 413 536974.

83) W. A. Boelcke, Kriegspropaganda, a.a.O., S. 353. Anw. 1 der geheimen MK vom 17. Mai 1940. Für die Frankreich-Propaganda wurden Geheimsender eingesetzt, die die Aufgabe hatten, "mit allen Mitteln Panikstimmung in Frankreich zu schaffen." Insbesondere sollten dort kursierende Gerüchte aufgegriffen und ausgebaut, neue Gerüchte ausgestreut und vor den Gefahren der deutschen Fünften Kolonne gewarnt werden. Hierzu gehörten nach dieser Propagandadirektive zweifellos alle Emigranten und deutschen Juden, die nichts anderes als Agenten Deutschlands seien.

84) Vgl. S.11 dieser Arbeit.

85) Institut für Publizistik, Berlin, Geheimes Presserundschreiben vom Reichspropagandaamt Berlin, zT. Nr. 71/40 Sta. Berlin 02, den 18. Mai 1940, Presserundschreiben Nr. 296/40, Anw. 5. (zit. IfP, FU Berlin).

sig dem Einfluß der Hetze gegen Deutschland ausgesetzt war, und daß blutsmäßig sowie kulturell ein festes Band zwischen dem deutschen und dem holländischen Volk besteht. Das darf nun aber nicht dahin führen, daß irgendwelche Anbiederungsartikel geschrieben werden. Vielmehr ist bei der schon in den letzten Tagen eingehaltenen Linie zu verbleiben: Die englandhörige holländische Regierung trägt die Schuld an der jetzigen Entwicklung, unter der das holländische Volk zu leiden hat. Selbstverständlich kann auch darauf eingegangen werden, in welchen Verhältnissen das holländische Volk unter den auch in den Niederlanden bestimmenden plutokratischen und unsozialen Methoden gelebt hat. Dabei soll jedoch die Mussert-Bewegung vorläufig nicht erwähnt werden. Auch das Königshaus muß - wie schon wiederholt gesagt wurde - außerhalb jeder Diskussion bleiben."

43 Erste Maßnahmen der deutschen Besatzungsmacht im Bereich der Publizistik nach der Kapitulation der Niederlande

Vom ersten Tag der Okkupation an ergoß sich ein Strom von Propaganda über die Niederlande. Schon der Einzug der deutschen Truppen als Siegerarmee eines sogenannten Blitzkrieges konnte als Propagandaaktion gewertet werden: Sei es die "martialische Haltung und Ausrüstung der Soldaten", seien es die "geschmückten Panzer" oder die hie und da auftretenden Grüppchen jubelnder Reichsdeutscher, in allem lag bereits propagandistische Intention der Nationalsozialisten[86].

Vom ersten Tage der Okkupation an wurde die niederländische Presse der neuen Situation, d. h. den Wünschen der Siegermacht angepaßt. Auf Geheiß des deutschen Wehrmachtsbefehlshabers[87]

86) J. B. Th. Spaan, Pers en Propaganda, in: Onderdrukking en Verzet, a.a.O., S. 127.

87) General von Falkenhausen, der als Militärbefehlshaber für die Niederlande und Belgien eingesetzt war, reiste allerdings erst nach seiner offiziellen Nominierung am 20. Mai 1940 mit einem "Vorkommando" nach Den Haag. Vgl. K. Kwiet, Die Einsetzung der deutschen Zivilverwaltung, a.a.O., S. 52-57.

veröffentlichten alle Tageszeitungen, die nach der Kapitulation erschienen, folgenden Passus zur Lage der niederländischen Presse[88]: "Die niederländischen Tageszeitungen erscheinen während der Dauer der Besetzung der Niederlande durch die deutsche Militärverwaltung ohne Vorzensur. Diese entgegenkommende Haltung bringt selbstredend eine absolut loyale Haltung der verantwortlichen Verleger und Redakteure mit sich." Daß eine solche "entgegenkommende Haltung" ein propagandistischen Zwecken untergeordneter Euphemismus war, zeigten die hinter den Kulissen erteilten Direktiven der deutschen Besatzungsmacht. In der ersten streng vertraulichen Weisung des Wehrmachtsbefehlshabers[89] erfuhren die niederländischen Redaktionen von der Notwendigkeit, daß aus rein "strategischen", nicht "politischen" Gründen die Berichterstattung der Presse in gewissen Bereichen eingeschränkt werden müsse. Die näheren Instruktionen in Form von Verboten und Geboten lauteten sodann, daß keinerlei Artikel, Berichte und Mitteilungen zu publizieren seien, "die auf welche Weise auch immer der deutschen Politik oder der deutschen Wehrmacht schaden können". Informationen über die deutsche Wehrmacht allgemein waren verboten, daneben solche verkehrstechnischer, geographischer und metereologischer Art, ebenso Berichte aus englischen, französischen, belgischen oder sonstigen ausländischen Quellen, sobald diese eine feindliche Haltung gegenüber Deutschland zeigten[90]. Andrerseits wurde der niederländischen Presse auferlegt, den täglichen Wehrmachtbericht des OKW[91] zu über-

---

88) J. B. Th. Spaan, Pers en Propaganda, a.a.O., S. 140.

89) Vertrauliche Presseanweisungen des deutschen Militärbefehlshabers in den Niederlanden. RvO, A'dam, Do. II. 616, undatiert, vermutlich Anweisungen, die auf der ersten Pressekonferenz am 16. 5. 1940 verlesen wurden.

90) Außerdem sollte künftig der Druck von chiffrierten Anzeigen unterbleiben.

91) Der Wehrmachtbericht hatte neben der Aufgabe der Benachrichtigung auch die der Beeinflussung. Da er im Inland und im Ausland gelesen wurde, mußte in ihm allen Rezipienten - auch der Bevölkerung in den besetzten Gebieten - propagandistisch Rechnung getragen werden. Vgl. E. Murawski, Der Wehrmachtbericht, a.a.O., S. 38.

nehmen, ebenso die Nachrichten des Deutschlandsenders, die Kommuniques und Anweisungen der deutschen Militärverwaltung und solche der übrigen deutschen Instanzen in den Niederlanden.

Um an der Gültigkeit dieser Vorschriften keinen Zweifel zu lassen, waren die Verlage angewiesen, je drei der ersten 100 Exemplare der Auflage unverzüglich bei der nächsten Ortskommandantur einzureichen. Bei Verstoß gegen Inhalt oder Geist der ersten Presseverordnung der deutschen Besatzungsmacht sollte das betroffene Blatt verboten werden.

431 Erste Pressekonferenzen, Gleichschaltung des Allgemeen Nederlandsch Persbureau, Errichtung der Presseabteilung

Daß diesen allgemeinen Richtlinien zur Presseführung in den besetzten niederländischen Gebieten alsbald tiefergreifende Aktionen folgen würden, war abzusehen. Während die "Propaganda-Staffel Holland" in den ersten Tagen nach der Kapitulation im Pressebereich nur in der Provinz in Erscheinung trat[92], fand die deutsche Militärführung um so größere Unterstützung bei der deutschen Gesandtschaft in Den Haag. So standen einerseits die vom Gesandten Aschmann[93] im September 1939 eingerichtete Presseabteilung mit den Unterabteilungen "England" (unter Legationssekretär von Rantzau) und "Niederlande" (unter Willy Janke), zum anderen der vom RMVP in die Gesandtschaft delegierte "Attaché für Propaganda und Presse in Holland" (ORR Hushahn) zur Verfügung[94]. Aufbauend auf die bereits geleistete Arbeit der Presseabteilung der deutschen Gesandtschaft, konnte mit ihrer Hilfe unmittelbar nach dem Einzug der deutschen Truppen in

92) Ein Grund für die Zurückhaltung der "Propagandastaffel" in den ersten Tagen der Besetzung kann in der Tatsache liegen, daß ihr Leiter neben den Niederlanden gleichzeitig zwei Drittel Belgiens zu "betreuen" hatte.

93) Im Dritten Reich wurden in die "Mittelstaaten" sogenannte Gesandte delegiert, die im Range eines Botschafters tätig waren, ohne allerdings direkten Kontakt zum Staatsoberhaupt zu besitzen. Gottfried Aschmann war von 1933-1939 Leiter der Presseabteilung des AA. 1939 erhielt er seinen "Spezialauftrag" für Den Haag und Brüssel. Vgl. DGFP S. 972.

94) Der Reichskommissar hatte nach eigenen Angaben von Hitler →

Den Haag ein "organischer Kontakt" zur niederländischen Presse hergestellt werden[95].

Das geschah in erster Linie durch die am 16. Mai 1940 im "Hotel des Indes" einberufene "Pressekonferenz", in der sich Aschmann und Janke - aus der vorübergehenden Internierung während des Kriegsgeschehens befreit - den niederländischen Pressevertretern als Mittler und Interpreten der Pressepolitik der deutschen Militärverwaltung vorstellten. Neben den bereits genannten Bedingungen, unter denen die Presse des besetzten Landes "ohne Vorzensur" weiter erscheinen sollte, wurde mitgeteilt, daß die militärische Aufklärung und Berichterstattung im Vordergrund stehen solle. Die deutsche Besatzungsmacht habe keinerlei Absichten, sich in die alltäglichen niederländischen Belange einzumischen[96]. Von diesem Tage an fanden täglich Pressekonferenzen unter der Leitung von Willy Janke statt, die - den Konsolidierungsbestrebungen des RMVP adäquat - die propagandistische Beeinflussung unter dem Motto der "loyalen Zusammenarbeit" zwischen deutscher Führung und niederländischer Presse einleiteten. Wie funktionstüchtig die "in den Niederlanden bisher unbekannte Einrichtung"[97] einer Pressekonferenz seit Beginn ihrer Einberufung war, zeigten die in den folgenden Tagen veröffentlichten Bildreportagen, die gemäß den deutschen Direktiven - ein idyllisches Miteinander von deutschen und niederländischen Soldaten und einheimischer Bevölkerung vortäuschten. So konnte die "Verbrüderungskampagne" der Nationalsozialisten ihre ersten Erfolge registrieren[98].

→ den Auftrag, "das in den holländischen Dingen eingearbeitete Personal der Gesandtschaft in seiner Behörde weitgehend zu beschäftigen." Vgl. den Bericht über die Besichtigung der "Hauptabteilung Volksaufklärung und Propaganda" beim Reichskommissar für die besetzten niederländischen Gebiete vom 16. September 1940. CDI Promistukken 28171.

95) Vgl. E. W. Kuyper, Het contact tusschen pers en overheid, in: H. A. Goedhart, De pers in Nederland, Amsterdam 1943, S. 56. Vgl. auch Documentatie, a.a.O., S. 319.

96) J. C. A. Coucke, De Nederlandse Pers tijdens de Bezetting, 's-Gravenhage, o.J., S. 4.

97) W. Janke, Regungen des neuen Geistes, a.a.O., S. 50 f.

98) J. B. Th. Spaan, Pers en Propaganda, a.a.O., S. 141.

Zum selben Zeitpunkt, als die erste Pressekonferenz von Aschmann und Janke am Tage nach der Kapitulation in Den Haag einberufen worden war, übernahm Goebbels' Presseattaché Hushahn in Amsterdam die Aufsicht über die niederländische Nachrichtenzentrale, das "Algemeen Nederlandsch Persbureau" (ANP)[99], in dessen Räumen sich der Fernschreiber für Inlands- und Auslandsinformation für die gesamte niederländische Presse befand. Die Berichte der englischen und amerikanischen Pressebüros wurden umgehend gesperrt. Die ausländische Nachrichtengebung erfolgte fortan in der Hauptsache durch das offizielle "Deutsche Nachrichtenbüro" (DNB)[100]. Durch diesen Eingriff, als die wohl schärfste Maßnahme der deutschen Instanzen im Bereich der Publizistik während der ersten Stunden der Besetzung, wurde eine vormals freie demokratische Presse ihrer eigentlichen Substanz beraubt. Hushahns Aufgabe lautete vor allem, beim ANP "für eine weitgehende personelle und reorganisatorische Umstellung, in deren Zuge der jüdische Einfluß beseitigt" werden sollte, zu sorgen[101]. Das geschah bald darauf durch die Einsetzung zweier neuer Chefredakteure: des deutschfreundlichen P. J. van Megchelen in der Zentrale Amsterdam und des NSB-Funktionärs H. W. van der Vaart Smitt bei der Den Haager Zweigstelle.

Ähnliche Vorgänge ereigneten sich bei verschiedenen Zeitungsbetrieben, namentlich bei den "marxistischen Verlagsunternehmen", in deren Redaktionen "sofortige Eingriffe" erfolgten "zur Ausmerzung notorischer Deutschenhetzer"[102]. Andrerseits wurden die von der niederländischen Regierung erlassenen Verbote na-

---

99) Das ANP war 1934 vom Verein der niederländischen Zeitungsverleger ("De Nederlandsche Dagbladpers") gegründet worden, nachdem mit den bis dahin existierenden Pressebüros "Nederlandsch Correspondentiebureau voor Dagbladen" (der ältesten niederländischen Einrichtung) und dem "Persbureau Vaz Dias" vertragliche Abmachungen über eine Fusion getroffen waren. Vgl. F. C. A. Wiesenhaan, Het Nieuwsbureau, in: H. A. Goedhart, De Pers in Nederland, a.a.O., S. 178 f. "Die holländische Presse", RvO, A'dam. Doc. II 616, Pers, S. 12 f.

100) Vgl. L. de Jong, De Bezetting III, a.a.O., S. 60.

101) W. Janke, Regungen des neuen Geistes, a.a.O., S. 50. Tatsächlich wurde das gesamte jüdische Personal des ANP umgehend entlassen.

102) Ebd., S. 50.

tionalsozialistischer Presseorgane wie der Tageszeitung "Het Nationale Dagblad" und der Wochenschrift "Volk en Vaderland" umgehend rückgängig gemacht[103].

Bereits einen Tag bevor die Militärverwaltung unter General von Falkenhausen offiziell von Seyß-Inquarts Reichskommissariat abgelöst wurde, erhielt Janke am 27. Mai 1940 von diesem den Auftrag, in seiner neuen Behörde eine Presseabteilung zu organisieren und später zu leiten[104].

Mit diesem am 1. Juni 1940 etablierten Aufsichts- und Kontrollorgan erhielt die Pressekonferenz alsbald einen festgefügten institutionellen Rahmen, von dem aus es sich leichter "regieren" ließ. Die Presseabteilung wurde wenig später der neuerrichteten "Hauptabteilung für Volksaufklärung und Propaganda" beim Generalkommissar zbV unterstellt.

432 Errichtung der Rundfunkbetreuungsstelle

Anders als im Bereich der Presse nahmen die Rundfunkpropagandisten und -techniker der "Propaganda-Staffel Holland" in der Heeresgruppe B sofort nach der Kapitulation der niederländischen Armee ihre Arbeit auf: Die 22 Mann starke "Propaganda Gruppe Rundfunk I"[105] erschien am 15. Mai 1940 vor dem Studio der "Algemeen Vereniging Radio-Omroep" (AVRO)[106] in Hilversum, um die Kontrolle sämtlicher Rundfunkstationen der Niederlande zu

---

103) "Het Nationale Dagblad" wurde 1937, "Volk en Vaderland" 1933 gegründet. Vgl. I. Iben, The Germanic press of Europe. An aid to research. Studien zur Publizistik Bd. 5, Münster 1965, S. 53.

104) Vgl. E. W. Kuyper, Het contact tusschen pers en overheid, a.a.O., S. 56. Vgl. auch Documentatie, a.a.O., S. 319 f.

105) Notiz der Rundfunkbetreuungsstelle vom 1. Juni 1940. RvO, A'dam, Archiv-GKzbV 46c.

106) Eine der vier großen niederländischen Rundfunkvereinigungen.

übernehmen[107]. Versehen mit einer kompletten technischen Ausrüstung für den Fall, daß die niederländischen Rundfunk-Installationen während der Kriegshandlungen zerstört worden wären[108], richteten die Sonderführer[109] Freudenberg und Taubert unverzüglich eine "Rundfunksbetreuungsstelle" ein. Als einzige Wehrmachtseinheit von der "Rundfunkkommandostelle" innerhalb der Rundfunkabteilung im RMVP nach Hilversum abkommandiert, übernahm Freudenberg die propagandistischen, Taubert die technisch-organisatorischen Aufgaben.

Obwohl die Propaganda-Staffel des RMVP mit vorproduzierten Rundfunk-Programmen in niederländischer Sprache für zwei Wochen sowie den dazugehörigen Programmverzeichnissen ausgestattet war, entschloß sich die deutsche Rundfunkbesatzung auf Tonkonserven zu verzichten und stattdessen die niederländischen Sprecher in ihrer Funktion zu belassen. Jegliche Musik englischer, französischer und jüdischer Herkunft wurde verbannt, alle Nachrichtensendungen wurden für einige Tage eingestellt. Nach deren Wiederaufnahme gestattete man den niederländischen Ansagern volle Freizügigkeit - mit bewaffneten deutschen Wachen im Rücken[110].

Bereits am 14. Mai 1940 wurde in der geheimen Ministerkonferenz des RMVP die Anweisung erteilt, den Sender Hilversum so rasch wie möglich wieder in Betrieb zu nehmen[111]. Von hier ist auch

107) Die AVRO, KRO, NCRV und VARA bildeten das sogenannte Säulensystem des niederländischen Rundfunks, in dem die verschiedenen parteipolitischen und religiösen Gruppierungen ihre eigene Programmorganisation hatten. Es handelte sich dabei um liberale (AVRO), katholische (KRO), niederländisch-christliche (NCRV) und sozialdemokratische (VARA) Vereinigungen. Vgl. W. Janke, Regungen des neuen Geistes, a.a.O., S. 55.

108) J. B. Th. Spaan, Pers en Propaganda, a.a.O., S. 182.

109) Der "Sonderführer" wurde bei den Propagandakompanien und Propagandastaffeln als halbmilitärischer Rang eingeführt. Vgl. H. v. Wedel, Die Propagandatruppen, a.a.O., S. 25.

110) So berichtete Onno Liebert, einer der Chefansager des Hilversumer Senders, nach seiner Flucht ins Ausland. C. J. Rolo, Radio goes to War, London 1943, S. 51.

111) Anw. 7 der geheimen MK vom 14. Mai 1940. W. A. Boelcke, Kriegspropaganda, a.a.O., S. 350.

die Devise der deutschen "Rundfunkbetreuer" zu verstehen, nach der in Hilversum "weitergemacht" werden sollte wie bisher, vorausgesetzt daß antideutsche Propaganda unterbleibe[112]. Nationalsozialistische Propaganda war auf der anderen Seite ebenfalls nicht gefragt, da der Nationalsozialismus kein Exportartikel sei. So wurde der NSB, die sich über den Sender von der Anklage des Landesverrates befreien wollte, der Zugang zu den Rundfunkstudios verwehrt[113].

Am 10. Mai 1940 hatten sich die vier großen und die bedeutenste der kleineren Rundfunkvereinigungen der Niederlande zu einem Sender vereinigt. Nach der Kapitulation nahm die deutsche Besatzungsmacht nicht nur den Sender Hilversum (I und II) in Beschlag, sondern auch den Kurzwellensender Kootwijk, der hauptsächlich für den deutschen Fremdsprachendienst requiriert wurde. Während der niederländische Kurzwellensender zunächst von Berlin aus besprochen wurde[114], erhielten die einheimischen Rundfunkvereinigungen den Auftrag, für die musikalische Umrahmung der Nachrichtensendungen zu sorgen. Außer den Lenkungs- und Kontrollfunktionen im Bereich des niederländischen Rundfunks übernahm die Propaganda-Staffel Holland sogenannte Aufbauarbeiten im Rahmen des niederländischen Filmwesens und des Provinzialpressewesens[115].

Als erste Maßnahme im Bereich des Rundfunks erließ der Wehrmachtbefehlshaber für die besetzten niederländischen Gebiete am 17. Mai 1940 ein Abhörverbot für alle ausländischen Sender, soweit sie gemeinschaftlich oder öffentlich gehört wurden[116].

---

112) J. B. Th. Spaan, Pers en Propaganda, a.a.O. S. 180.

113) Vgl. W. A. Boelcke, Kriegspropaganda, a.a.O., S. 164.

114) Anw. 5 der geheimen MK vom 15. Mai 1940, ebd., S. 351. Neben der Aufgabe, in die niederländischen Kolonien zu senden, sollte er vor allem das deutsche Kurzwellennetz verstärken.

115) Bericht des Leiters der HAVP Fink an Seyß-Inquart und Schmidt vom 4. Juni 1940. RvO, A'dam, CDI Promistukken 28045.

116) Vgl. J. B. Th. Spaan, Pers en Propaganda, a.a.O., S. 180.

433 Exkurs: Die deutsche Zeitung in den Niederlanden

Neben vornehmlich lenkenden und kontrollierenden Maßnahmen der deutschen Besatzungsmacht im Bereich der niederländischen Publizistik erfolgte am 5. Juni 1940 als neue Initiative zur Propagandaführung die Gründung der "Deutschen Zeitung in den Niederlanden" (DZN)[117].

Dieses Unternehmen des Eher-Verlages unter Max Amann[118] muß im Rahmen der gesamten deutschsprachigen Presse in den deutschbesetzten Gebieten betrachtet werden[119]. Insgesamt

117) Alle Jahrgänge der DZN vom 5. Juni 1940 bis zum 5. Mai 1945 sind im RvO archiviert. Daneben findet sich die DZN im Instituut voor Perswetenschap an der Universiteit van Amsterdam sowie im Institut für Zeitgeschichte (München). Das IfP an der Freien Universität Berlin besitzt vier Jahrgänge der DZN von 1942 bis 1945.

118) Amann war als Generaldirektor der "Franz Eher Nachfolger-Verlag GmbH", dem Zentralverlag der NSDAP, der mächtigste Verlags- und Pressefunktionär im Dritten Reich.

119) Mit jedem Gebiet, das die deutsche Wehrmacht im Laufe des Krieges auf dem europäischen Kontinent eroberte, erweiterte der "NS-Partei-Trust" sein publizistisches Feld. Ähnlich wie die Propaganda-Staffeln des RMVP als Nachhut der Front in die besetzten Gebiete einrückten, erschienen aus dem Eher-Verlag rekrutierte Redaktionsstäbe, um die einheimische Zivilbevölkerung mit einer neugegründeten Tageszeitung in deutscher Sprache zu"betreuen". Unabhängig von den Truppenzeitungen, die die Propagandakompanien für die jeweiligen Armee-Einheiten herausgaben, erhielten diese zumeist den Charakter von Provinz- oder Heimatblättern. Allerdings trifft diese Kennzeichnung nicht auf die DZN zu. (O.J. Hale, Presse in der Zwangsjacke 1933-45. Düsseldorf 1965, S. 278 ff.) Während die ins deutsch-besetzte Polen abkommandierten Verleger und Redakteure in den ersten Wochen und Monaten als "Herolde des Ostens" auftraten und so gesehen "Pionierarbeit" im Dienste der NS-Kriegspropaganda leisteten, stritten die zuständigen Presseführer im Reich um die Chefkompetenzen in diesem Ressort. Insbesondere Amann und Goebbels bemühten sich um die Vorrechte im Bereich der Ostpublizistik. Der Propagandaminister unterlag und Amann herrschte seit Beginn 1940 unangefochten über das deutsche Pressewesen in den besetzten Gebieten. Vgl. hierzu R. Sparing, Herolde des Ostens. In: Zeitungs-Verlag, 40. Jg., Nr. 48 v. 2. Dezember 1939, S. 651 f. H.G. Seraphim, (Hrsg.) Das politische Tagebuch Alfred Rosenbergs, München 1964, S. 116 f. Notiz vom 19. Januar 1940.

27 deutsche Besatzungszeitungen erschienen während des Zweiten Weltkrieges über Europa verstreut[120]), von der "Europa Verlags GmbH" unter Stabsleiter Rolf Rienhardt herausgegeben[121]). Als Tochterunternehmen des Eher-Verlages hatte diese neugegründete Holdinggesellschaft in Amanns "Verwaltungsamt" schon bald beträchtliche Gewinne verzeichnen können. Nicht nur die Besatzungspresse im "Generalgouvernement" erwies sich von Beginn an als rentables Unternehmen, auch die auf Anregung Reichskommissars Terboven gegründete "Deutsche Zeitung in Norwegen" war bald so lukrativ, daß bei allen weiteren Eroberungszügen Hitlers nicht zuletzt aus diesem Grund deutsche Zeitungsgründungen in den neu besetzten Gebieten erfolgten.

Nach den ersten improvisierten Einrichtungen im besetzten Polen wurden alle weiteren Verlags-Neugründungen vom Europa-Verlag etabliert. Rienhardt "requirierte Redaktions- und Verlagspersonal aus den Eher-Zeitungen innerhalb Deutschlands, traf Vereinbarungen mit den Wehrmachtdienststellen, sorgte für Telefon-, Fernschreibe- und Funkverbindungen und beschaffte aus deutschen Beständen die nötigen drucktechnischen Einrichtungen"[122]).

Die DZN gehörte zu den ersten Objekten des neuerrichteten Europa-Verlages. Da sich Rienhardt Ende Mai 1940 in den besetzten niederländischen Gebieten aufhielt, ist anzunehmen, daß er selbst die Gründungsvorbereitungen der DZN überwachte[123]).

Bereits vor der Besetzung der Niederlande hatte das Presseamt der AO für die dort lebenden Deutschen die "Reichsdeutschen

---

120) Vgl. Handbuch der deutschen Tagespresse, 1944, S. XXI. Die dort angeführten deutschen Zeitungen umfassen auch solche in nicht besetzten ausländischen Gebieten. Allein im "Generalgouvernement" erschienen vier Blätter: Die "Krakauer Zeitung", die "Warschauer Zeitung", die "Lodzer Zeitung" und der "Ostdeutsche Beobachter". Vgl. auch O. J. Hale, Presse in der Zwangsjacke, a.a.O., S. 279 und S. 340.

121) Rienhardt war als "Stabsleiter" im "Verwaltungsamt des Reichsleiters für die Presse der NSDAP" Amann untergeordnet. Sein Europa-Verlag gehörte zum "Eher-Trust". Vgl. O. J. Hale, Presse in der Zwangsjacke, a.a.O., S. 340.

122) Ebd., S. 280.

123) RvO, A'dam. Archiv-GKzbV la, Schmidts Vormerkbuch. Dort verzeichnete dieser ein Treffen mit Rienhardt am 28. Mai 1940.

Nachrichten in den Niederlanden" herausgegeben[124]. Anders als eine solche Randerscheinung im ausländischen Pressewesen sollte die DZN vom Beginn ihres Erscheinens an eine bedeutendere Rolle spielen[125]. So war die deutsche Schriftleitung vom ersten Tage an bemüht, in Konkurrenz zur niederländischen Presse zu bestehen. Neben der "Nieuwe Rotterdamsche Courant", dem "Algemeen Handelsblad" und dem "Telegraaf" sollte die DZN nach dem Willen ihrer Gründer einen "Platz an der Sonne" des niederländischen Zeitungswesens gewinnen, da "eine deutsche Zeitung nur dann Existenzberechtigung hat, wenn sie in der Leistung ihren 'eingeborenen Schwestern' nichts" nachgibt[126]. Mit diesen Ansprüchen vertrat das Amannpersonal anfänglich einen schweren Stand, da die verlegerische und redaktionelle Arbeit trotz der organisatorischen Vorleistungen des Europa-Verlages mit vielen Schwierigkeiten verbunden war: Verlag, technischer Betrieb und Schriftleitung waren in verschiedenen Häusern untergebracht. Ohne Fernschreiber und Telefon, mit einem behelfsmäßigen Funkapparat ausgestattet und auf einen deutschen Postkurier angewiesen, besaß die DZN in den ersten Tagen und Wochen nur "primitivste Arbeitsmöglichkeiten", die zuweilen zu "peinlichste(n) Mißhelligkeiten" führten. Dazu kamen Verständigungsschwierigkeiten mit dem technischen Personal, das allein aus niederländischen Druckereien rekrutiert worden war[127].

Auch die DZN war wie die "Reichsdeutschen Nachrichten" in erster

---

124) Daneben publizierte das Presseamt der AO seit Juli 1936 wöchentlich den "NS-Dienst für auslandsdeutsche Blätter" und seit Januar 1939 den "Kulturbrief für auslandsdeutsche Blätter" als Parteipressedienste. Vgl. Handbuch der Zeitungswissenschaft, I, 1940, S. 281 f.

125) Die erste Ausgabe der DZN, am 5. Juni 1940, erschien bereits eine Woche nach der offiziellen Ernennung Seyß-Inquarts zum Reichskommissar für die besetzten niederländischen Gebiete.

126) Vgl. den ausführlichen Aufsatz des stellvertretenden Hauptschriftleiters der DZN, E. Frotscher, Bilanz einer jungen Zeitung. Vier Monate "Deutsche Zeitung in den Niederlanden", in: Zeitungs-Verlag, 41 Jg. Nr. 42 vom 19. Oktober 1940, S. 361 ff. (zit. ZV).

127) Ebd., S. 361.

Linie für die in den Niederlanden ansässigen Deutschen, vor allem für die dort stationierten deutschen Soldaten, bestimmt. Daneben aber erhielt sie vom Reichskommissar persönlich die Aufgabe, als "Verbindungsträger der deutschen Verwaltung zur gesamten Bevölkerung" zu wirken[128]. Als "wichtiger Beitrag zur Neugestaltung der Meinungsbildung in den Niederlanden"[129] hat die DZN schließlich nationalsozialistische Pressegeschichte gemacht.

4331 Funktion und Selbstverständnis

Der Leitartikel der ersten Ausgabe der DZN[130] mit dem Titel "Brückenschlag - Die Aufgabe unserer Zeitung" stellte die Funktionen und Ziele des neuen Blattes folgendermaßen dar:

1. Die DZN als Tageszeitung für den deutschen Soldaten in den Niederlanden, als "Brücke" zwischen "Front" und "Heimat"[131].
2. Die DZN als Organ der in den Niederlanden ansässigen Deutschen, denen mit einer deutschen Tageszeitung "ein sehnlicher Wunsch" erfüllt wurde.
3. Die DZN als Sprachrohr des Reichskommissars und zugleich als Podium der deutschen Schriftleiter, der "publizistischen Vorkämpfer" für einen "Brückenschlag von Volk zu Volk"[132].
4. Die DZN als "äußerster publizistischer Vorposten gegen England"[133].

---

128) Grußworte Seyß-Inquarts zur 1. Ausgabe der DZN vom 5. Juni 1940. Vgl. DZN, Nr. 1 vom 5. Juni 1940, S. 1. Vgl. auch "Nieuwe Rotterdamsche Courant", 97. Jg. Nr. 250 vom 5. Juni 1940, S. 1.

129) RvO, A'dam, Archiv-GKzbV HAVP 22 c. Rückblick: Zwei Jahre Pressepolitik im Reichskommissariat.

130) Vgl. DZN vom 5. Juni 1940. S. 1/2.

131) Ebd.;"Eine unserer vornehmsten Aufgaben wird es sein, dieser Mittierschaft lebendigen Ausdruck zu geben. Das Blatt wird dem Soldaten von der Heimat berichten und ihrem unerschütterlichen Siegeswillen, es wird der Heimat erzählen von deutschen Soldaten in der Ferne."

132) Ebd.: ".... Verflechtungen politischer, kultureller und wirtschaftlicher Art, die Notwendigkeit in einem zusammengehörigen Raum, den uns die Vorsehung zuwies, nebeneinander und miteinander friedlich zu leben .....".

133) Ebd.: "Diese geographische Lage würde nichts bedeuten, wenn wir ihr nicht ihren kämpferischen Sinn geben würden."

Diese "Mission" der DZN "mitten im Kriegsgeschehen" war damit einerseits (Punkt 1 und 2) als strategische Propaganda mit konstruktivem Akzent an die deutsche Öffentlichkeit in den Niederlanden (Soldaten und Zivilisten) gerichtet und zum anderen (Punkt 3 und 4) als konsolidierende Propaganda für die niederländische Bevölkerung bestimmt. Im letzten Fall zeigte sich ein stark "kämpferisches" Moment, mit dem einerseits die gegenseitige "Verbrüderung" von Deutschen und Niederländern (Punkt 3), andererseits die Loslösung der Niederländer von den überkommenen Bindungen an England angestrebt wurde (Punkt 4).

Während deutsche und niederländische Leser in dieser Darstellung gleichberechtigt nebeneinander gesehen wurden, charakterisierte Emil Frotscher die Funktionen der DZN wenige Monate später in einer für die deutsche Fachzeitschrift "Zeitungs-Verlag" bestimmten Rückschau[134] als eindeutig auf die einheimische Leserschaft zugeschnitten: Die Auseinandersetzung mit der niederländischen Bevölkerung stand danach "vom ersten Tage an" im Zentrum der redaktionellen Zielsetzungen[135]. Neben der Funktion einer "Soldatenzeitung"[136] hatte die DZN vornehmlich die Aufgabe, ein "bedeutsames Sprachrohr" für die deutsche Führung zu sein. Außer der Veröffentlichung von alltäglichen Mitteilungen der Besatzungsbehörden pflegte das Blatt vor allem die journalistische "Behandlung" und "Ausdeutung" der politischen Maßnahmen des Reichskommissars sowie des Wehrmachtsbefehlshabers. In diesem Sinne erfüllte es die Funktion eines "Regierungsbulletins" der deutschen Besatzungsmacht in den besetzten niederländischen Gebieten.

---

134) E. Frotscher, Bilanz einer jungen Zeitung, a.a.O., S. 361 f.

135) Ebd., S. 362.

136) Dieser Aufgabenstellung wurde in dreifacher Form Rechnung getragen: "Einmal durch Reportagen aus dem Leben des deutschen Soldaten in den Niederlanden, dann durch weitgehende Veröffentlichung von Nachrichten aus allen deutschen Gauen, und schließlich in Feldpostbriefen aus der Heimat", ebd., S. 362.

Im ideologischen Bereich waren die Aufgaben der DZN als Propaganda-Instrument einer "rassisch" orientierten Besatzungspolitik[137] weit komplizierter. Einmal verstand sich die Zeitung, laut Frotscher, als Werbeorgan für den Nationalsozialismus, mit dem das in den Niederlanden entstandene "Zerrbild" vom deutschen Nachbarn korrigiert und abgebaut werden sollte, zum anderen als Agitationsorgan gegen England: Im Propagandakrieg über den Kanal sollten "Ideale" und "Illusionen" zerstört werden, die sich bei den Niederländern mit der Vorstellung von England verbanden.

Nach außen hin firmierte die DZN allerdings weniger unter ideologischen als informatorischen Gesichtspunkten

1. als "Aktuelles interessantes Nachrichtenblatt",
2. als "Spiegel des deutschen Lebens" und
3. als "Mittler der wirtschaftlichen Verflechtungen zwischen Deutschland und den Niederlanden"[138].

Ein Jahr später, am 5. Juni 1941, charakterisierte die Schriftleitung der DZN ihre Zeitung als "getreuen Helfer" derjenigen Niederländer, "die ehrlich gegen das eingewurzelte und überalterte Denken rangen, um die Grundgesetze der neuen europäischen Ordnung zu erkennen und zu begreifen"[139]. Zu keiner Stunde und bei keiner Gelegenheit sei es ihre Absicht gewesen, "dem niederländischen Volke eine Meinung aufzudrängen, die dieses Volk nicht von selbst erfaßte". Vielmehr habe sie der Parole des ersten Tages treu bleibend, "Mittler zwischen zwei verwandten Völkern" sein wollen.

Der propagandistische Rechenschaftsbericht verzeichnete außerdem ein Jahr "schöner, verantwortungsreicher und auch harter Arbeit", in der die "Künder der großen Idee des Führers" dem niederländischen Volk die "Wirklichkeit" des Nationalsozialis-

---

137) Vgl. S. 13 dieser Arbeit.

138) RvO, A'dam. Verlagskollektion-DZN U 21. Brief zur Abonnenten- bzw. Anzeigenwerbung von Verlagsdirektor Biedermann an J. Vermeeren vom 26. Oktober 1940.

139) W. Liske, Nach einem Jahr. DZN vom 5. Juni 1941, S. 1. Liske war zu diesem Zeitpunkt stellvertretender Hauptschriftleiter der DZN.

mus näher zu bringen suchten. Und obwohl der sogenannte Februarstreik[140] von 1941 längst die erste große Absage der Niederländer an die deutsche Besatzungsmacht dokumentiert hatte, vermeinte die DZN mit "Stolz und Freude" feststellen zu können, "daß das artverwandte Blut immer lauter seine Stimme" erhebe, daß das "Ringen um die Seele des Niederländers" auch künftighin Erfolge verzeichnen werde. Damit belegte die Schriftleitung der DZN die illusionistische Einschätzung ihrer Wirkungsmöglichkeiten, wie sie sich in der Gesamtkonzeption des Blattes spiegelte.

4332 Erscheinungsweise, Gliederung, Aufmachung

Die DZN (Einzelpreis 9 Cent, in "Großdeutschland" 20 Rpf.) erschien seit dem 5. Juni 1940 sechsspaltig, im Format 60 mal 44,5 cm, täglich nachmittags, am Sonntag morgens, im Verlagshaus des bürgerlichen Massenblattes "De Telegraaf" in Amsterdam. Eine Zweigstelle in Den Haag sorgte für den direkten Kontakt zum Reichskommissariat. Weitere Filialen befanden sich in Rotterdam und Berlin.

Die erste Nummer der DZN hatte zwölf Seiten Umfang, davon waren achteinhalb Seiten redaktioneller Teil, dreieinhalb Seiten Anzeigenteil[141]. Der redaktionelle Teil gliederte sich in drei Seiten Politik (Seite 1, 2, 4)[142], "Die Seite des Tages" (Seite 3), "Volk und Kultur" (Seite 5), "Aus den Niederlanden" (Seite 6), "Wirtschaft und Arbeit" (Seite 7, 8), "Sport und Spiel" (Seite 9), "Bilder vom Tag" (Seite 12)[143]. Die Wahl der Themen erfolgte vornehmlich unter dem Gesichtspunkt der Stabilisierung der Lage sowie der deutsch-niederländischen Beziehungen: Seien es die Aufsätze "Gemeinsamer Blutstrom- gemeinsamer Kulturwille"

140) Vgl. S. 38/39 dieser Arbeit.

141) Im Laufe der ersten Wochen pendelte sich die Seitenzahl auf wochentags 8, sonntags 12 bis 14 Seiten ein.

142) Auf Seite 2 befand sich zusätzlich unter dem "Strich" ein Feuilletonteil.

143) Anzeigen fanden sich auf den Seiten 8 bis 12.

oder "Das Vorbild des Reichsmuseums" im Feuilleton, der Bericht "Rückkehr zum gewohnten Alltag" im Lokalteil, die Beiträge "Die Niederlande vor neuen Aufgaben" und "Über den Ausbau der Wirtschaftsbeziehungen" im Wirtschaftsteil oder auch die Porträts der neuen "Führer" in den Niederlanden (Seyß-Inquart, Christiansen) auf der "Seite des Tages"[144] - immer gaben werbende Töne den Ausschlag für die Berichterstattung.

Der politische Teil des Blattes war durch einen Leitartikel, (Seite 1, 2) der das aktuelle Geschehen "von hoher Warte aus" behandelte, eine Glosse (Seite 1), die sich als sogenannte "Tagesstellungnahme" polemisch mit der gegnerischen Politik auseinandersetzte, und eine weitere Stellungnahme (Seite 2) zur niederländischen Innenpolitik geprägt. Das redaktionelle Aushängeschild war "Die Seite des Tages" (Seite 3), die als "besondere Schauseite" des Blattes mit viel Bildmaterial "journalistische Spitzenleistungen" anbot[145]. Dieser Teil war wie der Leitartikel oder die Glosse der ideologischen Auseinandersetzung vorbehalten. Der Lokalteil glich zumeist einem Reiseführer in Fortsetzungen: Die Beschreibungen von gegenwärtigen und historischen Sehenswürdigkeiten der Niederlande waren vermutlich für den kulturgeschichtlich interessierten deutschen Soldaten bestimmt.

Die DZN zeigte sich sprachlich, stilistisch und formal um eine Gediegenheit bemüht, die durchaus an das Erscheinungsbild der Wochenschrift "Das Reich" oder an die "Frankfurter Zeitung" erinnerte. Nicht, daß man die Absicht hatte, sich in der Struktur der deutschen Besatzungszeitungen bewußt an ausländische Vorbilder zu halten, schrieb Frotscher nach vier Monaten DZN, "denn dann hätte man der Idee und Aufgabenstellung der Zeitung nicht entsprochen, aber bei der Anlage der Blätter mußten gewisse Gestaltungsgrundsätze zur Anwendung kommen, die sich ... aus der besonderen Stellung des Blattes ergaben"[146]. Dementsprechend wurde in kurzer Zeit folgendes Konzept entworfen[147]: "Klare

---

144) Vgl. dazu auch, Die Deutsche Zeitung in den Niederlanden, in: ZV, 41. Jg. Nr. 24, vom 15. Juni 1940, S. 203.

145) Neben Artikelserien wurden Reportagen bevorzugt. Vgl. E. Frotscher, Bilanz einer jungen Zeitung, a.a.O., S. 362 f.

146) E. Frotscher, Bilanz einer jungen Zeitung, a.a.O., S. 361 ff.

147) Ebd., S. 362.

Übersichtlichkeit der Seiten, straffe Gliederung, gute Mischung von Meinungs- und Nachrichtenteil, stärkste Bebilderung usw... So wurde die niederländische Methode, Nachrichten aus dem Archivmaterial heraus zu illustrieren, ... mit Erfolg übernommen. Alles das trug zur Verlebendigung des Seitenbildes bei, ohne es zu unruhig zu machen. Reichlich Verwendung von Kartenskizzen vervollständigte die Illustrierung der einzelnen Teile." Für die inhaltliche Gestaltung galt als "oberstes Gesetz die Verpflichtung zu sorgfältiger, peinlich genauer Arbeit", da nach diesem "Gesetz" jede noch so kleine Unachtsamkeit nicht allein der DZN, sondern dem deutschen Ansehen überhaupt geschadet hätte. So kam es vor, daß Manuskripte zwei- oder dreimal zurückgingen, ehe sie für gut befunden wurden. Die Verantwortlichen hatten den Ehrgeiz, nicht nur Behauptungen aufzustellen, sondern die Leser von ihren Ansichten zu überzeugen. Demzufolge galt es, "behutsam" und "vorsichtig", "überlegen" und mit "wohlwollender Neutralität", in "Sachlichkeit und Unanfechtbarkeit" zu argumentieren[148).

Amann erklärte 1945 nach seiner Gefangennahme, er habe Wert darauf gelegt, den Besatzungszeitungen in Berichterstattung und Redaktionsprogramm mehr Freiheit einzuräumen als der Inlandspresse. Sein Stab habe für jene Blätter die besten Redakteure ausgewählt, und einige von ihnen seien in ernste Schwierigkeiten mit Dietrich und Goebbels geraten, da sie den Direktiven des Propagandaministeriums nicht immer Folge leisteten[149).

Parallelen zwischen dem "Reich" und der DZN hatten ihre Ursache vermutlich in der Person des Verwaltungschefs des Amannschen Verlagsimperiums; denn Rienhardt war sowohl an der Gründung und Gestaltung des wöchentlichen Renommierblattes in Deutschland als auch an der der deutschen Zeitung in den besetzten niederländischen Gebieten maßgeblich beteiligt. Und seine Pressepolitik erwies sich im Endergebnis erfolgreicher als die von Goebbels, da sich die Lenkung der Presse durch unauffällige verlags-

---

148) Ebd.

149) So Amann Oron J. Hale gegenüber am 22. August 1945. <u>O. J. Hale,</u> Presse in der Zwangsjacke, a.a.O., S. 281.

und personalpolitische Manipulationen, wie sie Rienhardt bevorzugte, in der Praxis leichter bewerkstelligen ließ als durch Schriftleitergesetz, Reichspressekonferenz und Nachrichtensteuerung[150]. Mit Rienhardts Idee einer "geistigen Vertiefung" des Nationalsozialismus lassen sich auch die verschiedenen Denkschriften und Interpellationen verstehen, in denen der Ghostwriter Amanns um die Qualität der deutschen Presseerzeugnisse im Dritten Reich rang[151].

4333 Organisation und Bedeutung

Für die Verlagsleitung der DZN zeichnete Verlagsdirektor Georg Biedermann[152], für die Hauptschriftleitung anfangs Emil Frotscher verantwortlich. Frotscher wurde am 8. Dezember 1940 von Hermann Ginzel und dieser am 1. Oktober 1941 von E. C. Privat in der Hauptschriftleitung abgelöst[153]. Das erste ausführliche Impressum vom 4. Februar 1942 verzeichnete einen Redaktionsstab von 10 Mitgliedern, die nahezu vollzählig bis Kriegsende beschäftigt blieben[154]. Neben der Kernredaktion besaß die DZN einen

---

150) Vgl. H. D. Müller, (Hrsg.) Facsimile Querschnitt durch das Reich. München 1964, S. 13.

151) Ebd., S. 8 f.

152) Biedermann war gleichzeitig Leiter des Sonderreferates Verlagswesen im Generalkommissariat zbV. Vgl. Geschäftsverteilungsplan der Dienststelle Schmidt. RvO, A'dam. Archiv-GKzbV 1a.

153) Vgl. das jeweilige Impressum der DZN.

154) Die Redaktion der DZN umfaßte unter dem Verlagsdirektor (Georg Biedermann), den Hauptschriftleiter (E. C. Privat), dessen Stellvertreter (Wilhelm Liske), den Verantwortlichen für Außenpolitik (Dr. Otto Pohl), für Innenpolitik (Karl H. Gerfertz), für Wirtschaft und Arbeit (Dr. Paul Schnadt), für Kulturpolitik (Georg Hüllen), für Theater und Musik (Dr. Erich Traumann), für Lokales und Provinz (Karl Brandts), für Sport und Seite des Tages (Hans Teichs). Chef vom Dienst und gleichzeitig für Bilder zuständig war Willy Muhrmann i. V., Anzeigenleiter war Dr. Fritz Ramjoué, alle Amsterdam. Die Berliner Zweigstelle unterstand Julius Domke, die Den Haager Dr. Horst Walther. - Als Liske ausschied, wurde Schnadt dessen Stellvertreter, daneben zeichnete er →

großen Kreis freier Mitarbeiter aus Deutschland, den Niederlanden und den übrigen deutschbesetzten Gebieten, die vor allem für die ausführlichen Leitartikel eingesetzt wurden. Wie beim "Reich" wurden als Autoren Historiker, Schriftsteller, Beamte und Militärs herangezogen[155]. Prominenteste Leitartikler waren u. a. Hans Friedrich Blunck[156], Dr. Otto Dietrich[157], Professor Dr. Walter Gross[158], Dr. Joseph Goebbels[159], Curt Hotzel[160] Dr. Fritz Hippler[161], Erich Hilgenfeldt[162], Professor Dr. Karl Haushofer[163], Otto Marrenbach[164], Dr. Julius von Medeazza[165], Dr. Arthur Seyß-Inquart[166] und Giselher Wirsig[167].

→ verantwortlich für Wirtschaftspolitik und Handel. Eine neue Redaktion für Schiffahrt, Verkehr und Übersee leitete E. W. Goldstein. Nachfolger von Domke in der Berliner Filiale wurde Dr. A. E. Ramminger. Am 7. September 1944 wurde E. C. Privat von Dr. A. Fr. Eickhoff abgelöst.

155) Vgl. H. D. Müller, Facsimile Querschnitt durch das Reich, a.a.O., S. 10.

156) Schriftsteller. Vgl. DZN vom 27. April 1941, S. 1/2.

157) Reichspressechef. Vgl. DZN vom 25. April 1941, S. 1/2.

158) Leiter des Rassenpolitischen Amtes der NSDAP. Vgl. DZN vom 15. April 1941 und vom 18. April 1941, S. 1/2.

159) Vgl. DZN vom 30. Juli 1942 und vom 15. März 1944, S. 1/2.

160) Hauptschriftleiter vom Kladderadatsch. Vgl. DZN vom 7. Dezember 1940 und vom 19. Januar 1945, S. 1/2.

161) Leiter der Filmabteilung im RMVP, Reichsfilmintendant. Vgl. DZN vom 8. Mai 1941 und vom 28. Juli 1942, S. 1/2.

162) Reichsbeauftragter für das Kriegswinterhilfswerk. Vgl. DZN vom 30. September 1941, S. 1/2.

163) Geopolitiker. Vgl. DZN vom 22. August 1944, S. 1/2.

164) Geschäftsführer der deutschen Arbeitsfront. Vgl. DZN vom 12. Mai 1941, S. 1/2.

165) Stellvertreter des Bevollmächtigten des Generalgouverneurs. Vgl. DZN vom 26. September 1941.

166) Vgl. DZN vom 12. März 1942, S. 1/2.

167) Publizist. Tatkreis. Vgl. DZN, 14. Feb. 1945, S. 1/2. Diese Prominentenliste ließe sich noch ausweiten, wollte man auch die militärischen Fachleute anführen, die regelmäßig in der DZN zu Wort kamen. Mit diesem Mitarbeiterstab gab sich die DZN den Anstrich der Gediegenheit und Sachkenntnis. Ein Flair der Wissenschaftlichkeit, in der die propagandistische Absicht hinter historischen oder militärstrategischen Ausführungen verborgen bleiben sollte, kennzeichnete die meisten Leitartikel der DZN. - Die Betrachtung und Auswahl der Namen erfolgte nach einem Sample, das jeden 5. Monat erfaßte.

Am 6. August 1940 wurde in der "Nederlandsche Staatscourant" bekanntgemacht, daß am 20. Juli 1940 eine Aktiengesellschaft mit dem Namen "N. V. Dagblad Deutsche Zeitung in den Niederlanden" errichtet worden war[168]. Die "Naamlooze Venootschap" (N. V. - Aktiengesellschaft) wurde auf Ersuchen Biedermanns gegründet und erhielt ihren Sitz in Amsterdam. Mit einem Startkapital von 50.000 Gulden verfolgte sie das Ziel, die DZN in eigener Regie zu drucken und zu verbreiten sowie Bücher, Illustrationen, Zeitschriften und andere Publikationen herauszugeben[169].

Die Auflage der DZN betrug nach dem Stand vom 26. Juli 1940 30.000 Exemplare. Die Maiauflage der Zeitung von 1942 wurde mit 54.500 Exemplaren angegeben[170]. Demnach hatte sich die Auflage der DZN in den ersten beiden Jahren der Okkupation nahezu verdoppelt.

Abgesehen von der wirtschaftlichen Rentabilität[171] stellt sich die Frage, welche Erfolgschancen sich die Verantwortlichen von dem Einsatz der DZN als Propagandamittel errechneten und welchen Erfolg das Blatt tatsächlich hatte.

---

168) Bijvoegsel tot de Nederlandsche Staatscourant van Dinsdag 6 Augustus 1940 No. 151. RvO, A'dam. Verlagskollektion-DZN U 21.

169) Die "N. V. Dagblad Deutsche Zeitung in den Niederlanden" war offensichtlich in der Absicht gegründet worden, zusätzliche Geldmittel für die Vergrößerung sowie druck- und vertriebstechnische Verselbständigung der DZN zu beschaffen. In den wenigen noch erhaltenen Akten der DZN werden Einzelheiten über die anderen Druckerzeugnisse nicht erwähnt. Am 23. September 1942 schickte die DZN allerdings eine Rechnung an den Wehrmachtsbefehlshaber in den Niederlanden über zweimal 10.000 Exemplare "Soldatenblätter". Vermutlich wurden diese (etwa die "Wacht im Westen") im DZN-Verlag gedruckt. RvO, A'dam. Verlagskollektion-DZN U 21.

170) Die Angaben sind einem Rechnungsschreiben des DNB/Berlin an die DZN vom 27. Juli 1942 entnommen. RvO, A'dam. Verlagskollektion-DZN U 21. Vgl. auch die Angaben Seyß-Inquarts in seinem "ersten Bericht über die Lage und Entwicklung in den besetzten niederländischen Gebieten", Berichtszeit vom 29. Mai bis 19. Juli 1940, IMT Bd. XXVI PS-997, S. 413-429. Allgemeine Angaben zur Auflagenhöhe der deutschen Besatzungspresse finden sich im Handbuch der deutschen Tagespresse, hrsg. vom Institut für Zeitungswissenschaft an der Universität Berlin, Leipzig 1944. S. XXI.

171) Die DZN hatte im Dezember 1942 etwa 1.100 Anzeigenkunden. Kundenliste der DZN. RvO, A'dam. Verlagskollektion-DZN U 21.

Noch bevor die erste Nummer des offiziellen deutschen Besatzungsorgans erschienen war, traf Generalkommissar zbV Schmidt mit Dr. Walther von der Haager Filiale der DZN zusammen[172]. Am 20. Juni 1940 fand eine Zusammenkunft zwischen Schmidt und Chefredakteur Frotscher statt, am 26. Juli 1940 zwischen Schmidt, Frotscher und Walther, am 13. September 1940 zwischen Schmidt und Verlagsdirektor Biedermann und am 26. November 1940 zwischen Schmidt, Biedermann und dem stellvertretenden Chefredakteur Liske. Die Treffen des Generalkommissars zbV mit den Redakteuren der DZN häuften sich im Dezember 1940[173]. Was in diesen Unterredungen abgesprochen wurde, ist nicht bekannt. Jedoch läßt sich vermuten, daß Schmidt auf die Tendenz des Blattes Einfluß nahm bzw. Korrekturwünsche anmeldete. Übereinstimmungen in den Intentionen zwischen Schmidt und der Amsterdamer Schriftleitung zeigten sich immerhin in der Frage der Behandlung der NSB. Schmidt wie die DZN gehörten von Beginn an zu den heimlichen, später offiziellen Protektoren der niederländischen Nationalsozialisten unter Mussert.

Allerdings hörte die Schriftleitung der DZN auch kritische Einwände. Vor allem in den geheimen Dienstbesprechungen bei Schmidt[174], an denen u. a. Vertreter des SS-Führers Rauter teilnahmen, wurde das Blatt häufig auf Fehler in der Berichterstattung hingewiesen und getadelt. Da keine Mitschriften, sondern nur Kurzberichte der Dienstbesprechungen vorliegen, bleibt unklar, von wem und von welcher Seite (Partei oder SS) die Kritik geübt wurde. Auch das RMVP klagte zuweilen über die DZN. Dabei handelte es sich vor allem um Kritik an einer Berichterstattung, die sich nicht immer an die Auflagen der Goebbels-Behörde hielt. So teilte der Leiter der Abteilung Deutsche Presse im RMVP, Fritzsche, am 17. Mai 1940 in der Ministerkonferenz mit, daß er die DZN in Deutschland beschlagnahmen und ihre Einfuhr ins Reich habe verbieten lassen, da sich die Zeitung verbotswidrig mit dem "Fall Heß" be-

---

172) Vgl. Schmidt's "Vormerkbuch" von 1940. RvO, A'dam. Archiv-GKzbV 1a.

173) Ebd., Eintragungen von Juni bis Dezember 1940.

174) RvO, A'dam. Archiv Höherer-SS- und Polizeiführer, 54 a. (zit. HSSPF).

schäftigt habe. Die DZN müsse selbst wissen, ob sie eine deutsche oder eine ausländische Zeitung sein wolle[175]. Auf den täglichen Pressekonferenzen in Den Haag dagegen wurden der niederländischen Presse Artikel der DZN zum Nachdruck empfohlen. Dadurch sollte u. a. der Mangel an eigener Initiative der einheimischen Redaktionen ausgeglichen werden, die nicht bereit waren, aus eigenem Antrieb nationalsozialistische Propagande zu betreiben[176].

Die von ihrer eigenen Presse enttäuschte niederländische Bevölkerung, der die DZN an den Verkaufsständen, in öffentlichen Gebäuden und Restaurationen begegnete, lehnte das Blatt von vornherein als Propagandaorgan ab[177]. Wenn Seyß-Inquart im Juli 1940 in seinem Lagebericht an Hitler[178] schätzte, daß die Hälfte der Bezieher der DZN Niederländer seien, so kam diese Zahl offensichtlich seinem Wunschdenken näher als der Wirklichkeit: Amann, als geschäftstüchtiger Verleger bekannt, war von den deutschen Verwaltungsbehörden die Abnahme von 30-40.000 Exemplaren aller neuen Besatzungszeitungen garantiert worden[179]. Da die DZN in den ersten Wochen und Monaten nicht über eine Auflage von 30.000 Exemplaren hinauskam, die vor allem in die deutschen Besatzungskanäle flossen, d. h. über die einzelnen Dienststellen, Ämter und Stäbe sowie in Kantinen und Offizierskasinos vertrieben wurden, kann als sicher gelten, daß die DZN die niederländische Bevölkerung so gut wie gar nicht erreichte.

Neben dem geringfügigen Vertrieb der DZN in Deutschland[180], be-

175) Anw. Nr. 4 der geheimen MK vom 17. Mai 1941. W. A. Boelcke, Kriegspropaganda, a.a.O., S. 738.

176) Vgl. Kollektion-Huyts, Persverslagen. RvO, A'dam. Anweisungen bzw. Hinweise auf gelungene DZN-Artikel finden sich verzeichnet in den Presseberichten vom 20. April 1941, vom 6. August 1941, vom 24. November 1941, vom 9. Februar 1942, vom 16. Februar 1943, vom 11. März 1943, vom 27. August 1943

177) Information aus Gesprächen mit J. C. H. de Pater und E. Groeneveld vom RvO, A'dam am 25. April 1967.

178) Vgl. Seyß-Inquarts 1. Bericht, a.a.O., S. 424.

179) Vgl. O. J. Hale, Presse in der Zwangsjacke, a.a.O., S. 280.

180) In der Anw. Nr. 8 der geheimen MK vom 27. Februar 1941 hieß es: "Der Minister hat nunmehr Zahlen über die Auflagen der in den besetzten Gebieten erscheinenden Zeitungen fürs →

saß die Zeitung einen bescheidenen außerdeutschen Leserkreis, der nicht ohne weiteres vermutet werden konnte. Nach Angaben Oron J. Hales wurden die deutschen Besatzungsblätter "auch von der alliierten Abwehr in London und Washington gelesen und waren für sie oft aufschlußreicher als die innerdeutsche Presse. Sie bildeten eine wichtige Informationsquelle über Aktionen und Absichten" der deutschen Zivil- bzw. Militärverwaltungen in den besetzten europäischen Gebieten[181].

Sechs Jahrgänge "Deutsche Zeitung in den Niederlanden" dokumentieren eine von vielen Richtungen der NS-Propaganda in den besetzten niederländischen Gebieten. Andere Richtungen wurden vertreten in niederländischen Presseorganen wie "De Zwaarte Soldaat" (Organ der Wehrabteilungen der NSB), "Storm" (Kampfblatt der niederländischen SS), "Arbeid" (Wochenschrift der gleichgeschalteten Gewerkschaften), "Het Nieuwe Volk" (Kampfblatt der NSNAP) sowie "Hamer" und "Volksche Wacht" (Organe zur Förderung der "germanischen" Stammesverwandtschaft). Ebenfalls in deutscher Sprache erschienen die Amsterdamer Wirtschaftszeitschriften "Niederlande" (Organ der deutschen Handelskammer für die Niederlande) und "Europa-Kabel"[182].

Nach einer großen Personalkrise am sogenannten Dollen Dinsdag 1944[183] - die Mehrzahl der Redaktionsmitglieder suchte sich

---

→ Reich erhalten. Insgesamt kommen danach etwa 10.000 dieser Zeitungen ins Reichsgebiet. Der Minister hält vorläufig ein Einschreiten nicht für notwendig:..." W. A. Boelcke, Kriegspropaganda, a.a.O. S. 627.

181) O. J. Hale, Presse in der Zwangsjacke, a.a.O., S. 281.

182) Vgl. W. Janke, Regungen des neuen Geistes, in: M. du Prel, Die Niederlande im Umbruch der Zeiten, Würzburg 1941, S. 52.

183) In den ersten Septembertagen 1944 schien die Befreiung der Niederlande in Sicht, als die West-Alliierten die niederländisch-belgische Grenze überschritten. Die deutsche Bevölkerung und vor allem die Besatzungsangehörigen versuchten vielfach gen Osten zu fliehen. Vgl. L. de Jong, De Bezetting. Bd. V, S. 53 ff. Vgl. auch den Bericht über die Situation der Septembertage in der DZN. RvO, A'dam. Verlagskollektion-DZN U 21.

ins Reich abzusetzen - erschien die DZN bis zum bitteren Ende: Die letzte Nummer, ein hektographiertes Din A 5 - Blatt, auf dem der Wehrmachtsbericht abgedruckt war, datiert vom 5. Mai 1945, dem Tag, als die Schlacht im Westen zu Ende ging.

5 Der deutsche Propagandaapparat

Die im Westfeldzug eingesetzten Propaganda-Staffeln waren von Beginn an als sogenannte Reichspropagandaämter für besetzte Gebiete aufgebaut[1] und hatten nach den Weisungen des OKW "lediglich Aufgaben zu erfüllen, für die das Propagandaministerium zuständig" war[2]. Nachdem sich die deutsche Militärverwaltung für die besetzten niederländischen Gebiete als Provisorium erwiesen hatte, da hier wie in Norwegen ein "Reichskommissar" ernannt worden war, sollte die ursprünglich als Wehrmachtseinheit aufgestellte "Propaganda-Staffel-Holland" sogleich in eine zivile Propagandaabteilung umgewandelt werden. Nach dem Beispiel Polens wurden sodann große Teile des Personals und der Ausrüstung der Staffel in die neuerrichtete "Hauptabteilung für Volksaufklärung und Propaganda" (HAVP) beim Generalkommissar zbV in Den Haag übernommen[3].

51 Die Hauptabteilung Volksaufklärung und Propaganda im Generalkommissariat zur besonderen Verwendung

Da das Goebbels-Ministerium von der Einrichtung der Zivilverwaltung in den Niederlanden überrascht worden war, ließen sich die legislativen, organisatorischen und personellen Fragen zum Aufbau der niederländischen Außenstelle erst mit einiger Verspätung lösen.

Mit seiner Verordnung über die "Ausübung der Regierungsbefugnisse" vom 29. Mai 1940[4] und seinem Erlaß über den "organisatorischen Aufbau der Dienststellen des Reichskommissariats" vom 3. Juni 1940[5] unterbreitete Seyß-Inquart nicht nur eine Art

1) Brief Titels an Goebbels, datiert vom 21. Mai 1940. RvO, A'dam, CDI Promistukken 28011.

2) Ebd., S. 1.

3) Dazu kamen, wie bereits erwähnt, einige Angehörige der aufgelösten deutschen Gesandtschaft in Den Haag.

4) VOBL. Niederlande VO 3/40.

5) VOBL. Niederlande VO 4/40. Die Verordnung und der Erlaß traten am Tage ihrer Verkündung in Kraft.

Pseudogrundgesetz für die Niederlande[6], er legte auch den Grundstein für die spätere "Meinungsbildung" in den besetzten niederländischen Gebieten. In dieser improvisierten Verfassung wurden u. a. die Funktionen der ihm unterstellten Exekutivorgane, insbesondere die der vier Generalkommissare, definiert: Ihr künftiger Aufgabenbereich sollte vor allem in der Kontrolle der niederländischen Behörden und in der Durchführung der Aufgaben des Reichskommissars liegen.

Nach den Richtlinien des Erlasses vom 3. Juni 1940 übernahm einer der vier "persönlichen Vertrauensmänner" des Reichskommissars, Fritz Schmidt, die Propagandaführung in den Niederlanden[7]. Als Generalkommissar zbV gehörten zu seinem Aufgabenbereich[8]:

1. "alle Fragen der öffentlichen Meinungsbildung und der nichtwirtschaftlichen Vereinigungen",
2. "diejenigen Aufgaben, die der Reichskommissar ihm auf Grund besonderer Entschließungen zuweist".

Dementsprechend war nicht Seyß-Inquart, sondern Schmidt der direkte Vorgesetzte der Goebbels-Filiale in Den Haag[9].

Im ersten Geschäftsverteilungsplan der "Dienststelle des Generalkommissars zbV"[10] gliederte sich die politische Behörde für "alle Fragen der öffentlichen Meinungsbildung" in drei Hauptabteilungen, eine Abteilung und vier Sonderreferate[11]:

---

6) K. Kwiet, Die Einsetzung der deutschen Zivilverwaltung in den Niederlanden, a.a.O., S. 110. Vgl. auch S. 29 f. dieser Arbeit.

7) Vgl. K. O. Rabl, Das Reichskommissariat, in: M. du Prel, Die Niederlande im Umbruch der Zeiten, a.a.O., S. 85.

8) VOBL. Niederlande VO 4/40 § 7.

9) Anfangs hatte man im RMVP noch die direkte Unterstellung der Propagandafiliale unter Seyß-Inquart angenommen. Vgl. J. C. H. de Pater, De Hauptabteilung für Volksaufklärung und Propaganda in het Rijkscommissariaat en het Promi in de eerste jaren der Bezetting, Maschinenschrift im RvO, A'dam. 1959, S. 8.

10) Geschäftsverteilungsplan. RvO, A'dam, Archiv-GKzbV 1 a.

11) Schmidt hatte einen persönlichen Referenten. Außerdem war ihm der Pressereferent des Reichskommissars (Hushahn) unterstellt.

1. Hauptabteilung Politischer Aufbau (Volkmar) mit den Referaten Privatkanzlei des Reichskommissars, Aufbaudienst, Information, Ausbildung, internationale Organisationen, Jugend.
2. Hauptabteilung Volksaufklärung und Propaganda (ORR Fink) mit der Abteilung Presse und den Referaten Truppenbetreuung, Film, Bildpresse, Zeitschriften, Schrifttum, Kultur.
3. Hauptabteilung Organisation mit der Abteilung Vereinswesen und dem Referat Wohlfahrt (Eftger).
4. Abteilung Arbeitnehmer- und Unternehmer-Verbände, Gewerkschaften (Dr. Hellwig).
5. Sonderreferat Auslandspresse (Dr. Wissmann).
6. Sonderreferat Kulturaustausch (Wickel).
7. Sonderreferat Wirtschaftsbeauftragter der Auslandsorganisation (Harms).
8. Sonderreferat Verlagswesen (Biedermann).

Die Konsolidierungspropaganda der deutschen Besatzungsmacht, die von den zuständigen Abteilungen und Referaten im Generalkommissariat zbV durchzuführen war, plante Schmidt in sogenannten geheimen Dienstbesprechungen[12] in Zusammenarbeit mit den Generalkommissariaten für das Sicherheitswesen (Rauter), für Verwaltung und Justiz (Wimmer) und für Finanz und Wirtschaft (Fischböck).

511 Wahl des Leiters

Entsprechend der in den besetzten niederländischen Gebieten eingeführten Untergliederung des Reichskommissariats in vier Generalkommissariate sollte die geplante HAVP dem Generalkommissar zbV, Fritz Schmidt, unterstellt werden.

Ehe jedoch die neue Abteilung im Juni 1940 ihre Lenkungs- und Kontrollaufgaben übernehmen konnte, waren die zuständigen Stellen in Berlin damit beschäftigt, die künftige Führungsposition für Den Haag auszuhandeln. Es herrschte durchaus keine Einigkeit über die Frage, wem nun eigentlich die Leitung der Propa-

12) Vgl. S. 211 f. dieser Arbeit.

ganda in den Niederlanden übertragen werden sollte, da man im RMVP von Hitlers politischer Entscheidung überrascht worden war, anstelle der militärischen eine zivile Verwaltung in den Niederlanden einzurichten[13].

Zwar war der Leiter des Referats "Reichsverteidigung" sowie des "Kriegsführungsstabes" im RMVP (Titel) bereits wenige Tage nach der Kapitulation bemüht, den Chef der "Propaganda-Staffel Holland", Oberregierungsrat (ORR) Fink, möglichst rasch zum Leiter der im Aufbau befindlichen Abteilung zu ernennen. Er fand jedoch seinen Kontrahenten im Leiter der Personalabteilung des RMVP, Ministerialdirigent Dr. Erich Müller, der seinerseits Wünsche bei der Besetzung des neuen Postens anmeldete. Dafür hatte er den "Attaché für Propaganda und Presse" in den Niederlanden, ORR Hushahn, vorgesehen.

Am 21. Mai 1940 rief Goebbels Müller und den Leiter der Propagandaabteilung im RMVP, Ministerialdirektor Leopold Gutterer, zu einer Besprechung der personellen Angelegenheit Fink/Hushahn zu sich, und entschied in "beiderseitigem Einverständnis" dahingehend, daß "zunächst" einmal ORR Fink die Leitung der HAVP in den Niederlanden übernehmen solle[14]. Mit dieser Entscheidung ging der "ausgesprochene Propagandist" - wie Müller Fink charakterisierte[15] - als Sieger im Rennen um die Propagandaführung in den Niederlanden hervor. Peter Fink[16] hatte sich bereits 1921 der NS-Bewegung angeschlossen und wurde 1926 offiziell in die NSDAP aufgenommen. Der spätere SA-Brigadeführer war bereits während der "Systemzeit" durch politische Vergehen hervorgetreten. Um die Übernahme seines neuen Amtes einzuleiten, soll-

---

13) Vgl. dazu <u>J. C. H. de Pater,</u> De Hauptabteilung für Volksaufklärung und Propaganda, a.a.O., S. 4 ff.

14) Vermerk Müllers 21. Mai 1940. RvO, A'dam, CDI, Promistukken 28004. Es wurde damit gerechnet, daß Fink später für eine andere Aufgabe bestellt würde und Hushahn dann die Abteilung übernehmen könne. Eine definitive Zusage von Goebbels konnte Müller jedoch nicht erwirken.

15) Brief Müllers an Goebbels vom 20. Mai 1940. RvO, A'dam, CDI, Promistukken 28003.

16) RvO, A'dam, Persoonsdossiers van het personeel van het Rijkscommissariaat, 1952. Personalakte Fink.

te zunächst mit Reichskommissar Seyß-Inquart Kontakt aufgenommen werden, alsdann sollte die Rechtsabteilung im RMVP wie im Falle Norwegens die rechtliche Grundlage zur Einrichtung der Abteilung vorlegen[17].

512 Organisation und Funktion

Aus der Gliederung des Generalkommissariats zbV, die im Laufe der ersten beiden Monate einige Änderungen erfuhr[18], läßt sich die Stellung der HAVP innerhalb der Schmidt-Behörde ablesen. Zwar besaß die Außenstelle des RMVP die größte Hauptabteilung, daneben aber gab es eine Reihe von Abteilungen und Referaten mit Propagandafunktionen, auf die das RMVP keinen direkten Einfluß besaß. Als "Überbleibsel" des AA beklagte Fink besonders das "Sonderreferat Auslandspresse" (5.) unter Dr. Wissmann, das "Sonderreferat Kulturaustausch" (6.) unter Gesandtschaftsrat Wickel und das kurzlebige "Referat Auslandsrundfunk", das in der angeführten Aufstellung bereits fehlt[19]. Außer einem ebenfalls nur vorübergehend eingerichteten "Sonderreferat Volkstum" unter Leitung von Dr. Oswald, der gewissermaßen ein Vertreter

17) Die Entscheidung Goebbels' schien nicht zu allen Beamten seines Ministeriums durchgedrungen zu sein; denn noch am 28. Mai 1940 meldete sein späterer persönlicher Referent, ORR Prinz zu Schaumburg-Lippe, personelle Wünsche für die Niederlande an. Er hatte andere Besetzungsvorschläge, da die Lage in den Niederlanden und Belgien den Einsatz der "besten propagandistischen Kräfte" erfordere. Diese müßten zwar mit den dortigen Verhältnissen vertraut sein, aber auch nicht Gefahr laufen, zu "verholländern". Hushahn, selbst halber Holländer, sei daher ungeeignet. Brief Schaumburg-Lippes an Müller. RvO, A'dam, CDI, Promistukken 28015.

18) Vgl. J. C. H. de Pater, De Hauptabteilung für Volksaufklärung und Propaganda, a.a.O., S. 11 f. Die erste Vorschlagsliste für die HAVP schickte Fink am 4. Juni 1940 nach Berlin, die zweite Aufstellung am 21. Juni 1940.

19) Brief Finks an Gutterer vom 22. Juni 1940, RvO, A'dam, CDI, Promistukken 28067/28069.

der SS im Generalkommissariat zbV war, hatte sich Reichsleiter Amann eine eigene Außenstelle mit dem "Sonderreferat Verlagswesen" unter Leitung von Verlagsdirektor Biedermann (DZN) gesichert.

Die HAVP, die ihrer Bedeutung entsprechend im prächtigen Juliana-Palais in Den Haag eingerichtet wurde, erhielt ihre definitive Gliederung und Besetzung am 11. Juli 1940, die Fink an Schmidt und Seyß-Inquart sandte. Hier zeigte sich, daß die HAVP in den besetzten niederländischen Gebieten im Prinzip nach dem Modell des RMVP[20] in zehn Referate gegliedert war:

1. Abteilungsleiter:	Fink
2. Stellvertretender Abteilungsleiter:	von Tiedemann
3. Presse:	Janke
4. Bildpresse:	Steinweg
5. Zeitschriften:	Himmel
6. Rundfunk	
(a) Sendebetreuung:	Freudenberg
(b) Fremdsprachendienst (Drahtloser Dienst):	von Radloff
7. Aktivpropaganda:	Fink
8. Truppenbetreuung:	von Monts
9. Film:	van Daalen
10. Kultur:	Wehofsich

Die später zu Abteilungen ausgebauten Referate Presse und Rundfunk waren mit je 21[21] und 28[22] Arbeitskräften am stärksten besetzt[23]. Ihnen fiel vor allem die Lenkung und Kontrolle der niederländischen Publizistik zu.

---

20) Das RMVP gliederte sich nach einer Aufstellung von 1938 in die Abteilungen Propaganda, Rundfunk, Presse (Inland, Ausland), Film, Theater, Abwehr, Schrifttum, Kunst, Musik, Volkskulturelle Arbeit. Vgl. G. Menz, Der Aufbau des Kulturstandes, in: Arbeit und Wissen 3, München 1938, S. 13 f. 1940 finden sich außerdem die Auslandsabteilung und Fremdenverkehrsabteilung verzeichnet. Vgl. dazu W. A. Boelcke, Kriegspropaganda, a.a.O., S. 141 und S. 181.

21) Lektoren, Dolmetscher, Militär-Zensoren der drei Wehrmachtseinheiten, Stenotypistinnen, Schreibkräfte.

22) Sendeleiter, Technischer Leiter und Oberingenieur, Dolmetscher, Programmdienstleiter, Verwaltungsführer, Programmreferent, Büroleiter, Toningenieure, Rundfunktechniker, Schreibkräfte, Kraftfahrer u. a.

23) Vgl. Personalliste der HAVP beim Reichskommissar (RK). RvO, A'dam. Archiv-GKzbV 19 a, Algemeen.

Die Aufgabe der HAVP lautete in einer Selbstbekundung vom 12. August 1940, von Fink als streng vertrauliches Rundschreiben an die Beauftragten des Reichskommissars für die Provinzen gesandt[24]: Sie (die HAVP) "bearbeitet nach den Weisungen des Generalkommissars z.b.V. alle Gebiete, die eine geistige Betreuung oder Beeinflussung der Bevölkerung umfassen, mit Ausnahme der unmittelbaren Erziehungsfragen, soweit sie in das[25] Bereich des Erziehungsministeriums fallen." Um die geistige "Betreuung" und "Beeinflussung" zu verdeutlichen, überreichte Fink gleichzeitig einen Arbeitsplan der HAVP, damit die Provinzbeauftragten bzw. deren Propagandareferenten[26] "vorkommendenfalls sich unserer Kräfte bedienen und in unsere Zuständigkeit fallende Anfragen nach hier weiterleiten können." Damit deutete der Leiter der HAVP die zentrale Funktion seiner Abteilung an und betonte weiter, daß diese in der Lage sei, "genau wie im Reich, jede großzügige Propagandaaktion auf jedem Gebiet durchzuführen".

5121 <u>Referat Aktivpropaganda</u>

Zum Aufgabenbereich des Referats Aktivpropaganda gehörten alle Propagandaaufgaben, die vom Generalkommissar zbV gestellt wurden, u. a. die Organisation und Gestaltung von Kundgebungen und Veranstaltungen, auch die der weniger routinierten niederländischen NS-Parteien. Andererseits mußten Kundgebungen anderer Richtungen, soweit sie noch existierten, überwacht werden. Auch die Propagandavorschläge gingen von dieser Abteilung aus. Geplante Propagandaaktionen aller Art wurden von hier aus durchgeführt. Schließlich gehörte das Ausstellungs- und Messewesen zum Arbeitsbereich der Aktivpropaganda, soweit es für eine propagandistische Ausgestaltung in Frage kam.

---

24) Ebd., 19 c, Circulaires. Vgl. auch Promistukken 28074 in: CDI, RvO, A'dam.

25) Fehler im Original.

26) Die Propagandareferenten saßen bei den Beauftragten in den Verwaltungshauptstädten der elf Provinzen sowie in A'dam und Rotterdam.

Das Referat Aktivpropaganda glich der Propagandaabteilung im RMVP; es war in sehr kleinem Maßstab auf die Belange der besetzten niederländischen Gebiete zugeschnitten. Bis Ende August 1940 wurde die Aktivpropaganda im wesentlichen von Fink selbst geleitet[27].

5122 Abteilung Presse

Der Presseabteilung fielen alle Arbeiten im Bereich der Tagespresse zu mit Ausnahme der Bildpresse. Im einzelnen gehörte dazu die Pressekonferenz als Lenkungs- und Kontrollzentrale, von ihr aus erfolgten Zensur (militärische), Verwarnungen und schließlich Zeitungsverbote, die Einrichtung von Nachrichtendiensten (allgemein, Inland, Ausland), die Nachrichtenauswertung, die "Betreuung" der Nachrichten- und Korrespondenzbüros und die Veröffentlichung von Erlassen und Verfügungen der Reichsdienststellen. Außerdem waren von dieser Stelle aus theoretische Vorarbeiten zu leisten in Presse-Gesetzgebungsangelegenheiten und Presse-Reorganisationsfragen[28].

Die organisatorische Stellung der "Abteilung Presse" war nach Ansicht des RMVP im Herbst 1940 noch nicht völlig geklärt, da Janke selbst und sein ganzer Apparat der ehemaligen Gesandtschaft entstammten und immer noch vom AA finanziert wurden[29]. Obwohl das AA keine Bedenken äußerte gegen die endgültige Überführung in die HAVP, zögerte Janke und betrachtete sich weiter als selbständig und nicht Fink, sondern dem Generalkommissar zbV unmittelbar unterstellt. Daher drängten die zuständigen Stellen des RMVP darauf, den Reichskommissar in dieser Angelegenheit zu einer klaren organisatorischen Entscheidung zu veranlassen, damit die Zuständigkeit der HAVP in Den Haag entsprechend den Gegebenheiten in Prag, Krakau und Oslo eindeutig geregelt würde[30].

---

27) Vgl. den Bericht über die Besichtigung der HAVP vom 16. September 1940. RvO, A'dam. CDI, Promistukken 28169-28176. (zit. HAVP-Bericht).

28) RvO, A'dam. Archiv-GKzbV HAVP 19 c, Circulaires.

29) HAVP-Bericht, S. 2.

30) HAVP-Bericht, S. 4

5123 Referat Rundfunk

Das Referat Rundfunk war einerseits für die technische Seite der "Senderbetreuung" zuständig, zum anderen für die "Programmbetreuung" aller niederländischen Sender. Die Programmbetreuung sah vor allem eine Programmüberwachung vor. Daneben mußte der deutsche Propagandadienst und der Rundfunknachrichtendienst (Drahtloser Dienst) für In- und Ausland ausgebaut werden. Außer der Umstrukturierung der Hörerorganisationen nach deutschem Beispiel lagen spezielle Aufgaben des Rundfunkreferates in der ausländischen "Rundfunklügenabwehr", im Sondereinsatz für Zwecke der Wehrmacht und im Abhördienst[31].

Das eigentliche Referat Rundfunk bestand lediglich aus dem Sendeleiter Freudenberg und dem technischen Leiter Taubert[32], während die Rundfunkbetreuungsstelle in Hilversum eingerichtet war. Beide gehörten hauptamtlich der Reichs-Rundfunk-Gesellschaft (RRG) an und waren in dieser Eigenschaft Leiter der Rundfunkbetreuungsstelle Hilversum; ihre Tätigkeit in der HAVP erfolgte somit nebenamtlich. Dasselbe galt auch für den Rundfunknachrichten- und Fremdsprachendienst in Amsterdam, der vom RRG-Angestellten von Radloff geleitet wurde[33].

5124 Referate Bildpresse, Zeitschriften, Schrifttum

Das Referat Bildpresse war vor allem mit der Neuorganisation des Bildberichterwesens, der Bildpresse und der Bildverwertung betraut. Neben dem Aufbau eines eigenen Bildarchivs mußte eine Bildzensur durchgeführt werden. Dem Objekt entsprechend, auf das sich das Referat konzentrierte, lag die Lenkungs- und Kontrollfunktion vornehmlich im Bereich der Illustrierten-Presse[34].

---

31) RvO, A'dam. Archiv-GKzbV, HAVP 19 c, Circulaires, S. 3.

32) Vgl. S. 76 dieser Arbeit.

33) Die Angestellten der Reicharundfunkgesellschaft waren bis zu diesem Zeitpunkt gegenüber den Angestellten des Reichskommissariats benachteiligt, da sie noch nicht in den Vorzug der vom Reichskommissar eingeführten Reglung der Abordnungsgebühren kamen. Vgl. HAVP-Bericht, S. 4.

34) RvO, A'dam, Archiv-GKzbV 19 c, Circulaires, S. 2.

Zum Referat Zeitschriften gehörte die Aufsicht über alle Zeitschriften, soweit sie nicht unter Bildzeitschriften fielen. Das waren alle Wochenschriften, Halbmonatsschriften, Monatsschriften und Jahreszeitschriften aller Art, auch die Kirchenzeitschriften[35]. Bildzeitschriften wurden in der HAVP definiert als Zeitschriften, die zu 50 Prozent ihres Umfanges aus Bildmaterial bestanden und außer einem kurzen Roman und Inseratenteil keine aktuellen und unterhaltenden Beiträge führten.

Das Referat Schrifttum kontrollierte alle Vorgänge auf dem Büchermarkt, insbesondere Neuerscheinungen politischen Inhalts. Die Kontrollmaßnahmen erfolgten durch Buchzensur. In den Aufgabenbereich des Referates fiel außerdem die organisatorische Vorbereitung von Buchausstellungen und die zentrale Werbung für "das deutsche Buch"[36].

5125 <u>Referat Truppenbetreuung</u>

Für die in den Niederlanden stationierten deutschen Soldaten wurden verschiedene Formen der Truppenbetreuung angewandt. Auf kulturellem Sektor erfolgte der Einsatz von Frontbühnen und die Organisation von Konzerten, Varietés und Filmveranstaltungen. Dazu gehörte auch die Einrichtung von Heeresbüchereien, von Zeitungs- und Zeitschriftendiensten. Neben der speziellen Aufgabe der Lazarettbetreuung wie der Vermittlung von Spenden aus der Heimat stand die Berichterstattung über die Arbeit nach Deutschland. Schließlich wurden Sondervergünstigungen für die Wehrmacht gegenüber der Zivilbevölkerung geschaffen[37]. Dem Leiter des Referats standen ein Vertreter der Reichsleitung "Kraft durch Freude" und der Reichspropagandaleitung, Amtsleitung Film, als Verbindungsleute zur Verfügung. Diese waren von ihrer Parteizentrale nach Den Haag delegiert und der HAVP nicht unterstellt[38].

---

35) Ebd., S. 3.

36) Ebd., S. 4.

37) Ebd., S. 3.

38) HAVP-Bericht, S. 5.

5126 Referat Film

In den Bereich des Referats Film fiel die "Betreuung und Überwachung" sowohl der Filmproduktion, des Filmverleihs, der Filmtheater als auch der Wochenschauen. Zu ihren Aufgaben gehörten außerdem der Aufbau eines Filmarchivs, die Filmzensur und ein spezieller Wochenschaueinsatz. Zielsetzungen waren die Umorganisation des Filmverleihs, der Filmtheater und der Wochenschaubetriebe. Das Referat arbeitete mit den deutschen "Spitzenfilmfirmen" zusammen[39].

5127 Referat Kultur und Volkstum

Das Referat Kultur und Volkstum, zuvor Referat Kultur[40], bearbeitete alle entsprechenden Aufgaben mit Ausnahme solcher, die das Gebiet der Erziehung betrafen. Dazu gehörten[41]

(a) die Fühlungnahme mit den führenden Persönlichkeiten des niederländischen Kulturlebens zur Schaffung einer Dachorganisation,

(b) die Organisation der Kunstschaffenden aller Sparten, insbesondere des Theaterwesens auch in den Bereichen Bühnenvermittlung, Kleinkunst, Varieté, circensische Angelegenheiten und Wanderbühnen.

Außerdem wurden Bühnenwerke geprüft und beurteilt, Fragen der bildenden Kunst und der Musik bearbeitet. Das Ausstellungswesen gehörte in dieses Ressort, soweit es nicht vom Referat Aktivpropaganda beaufsichtigt und für eine besondere propagandistische Ausgestaltung vorgesehen war. Schließlich wurde der Kulturaustausch zwischen Deutschland und den Niederlanden in Form von Bühnengastspielen oder Konzertreisen gefördert[42]. Damit übernahm das Referat Kultur und Volkstum in der HAVP/Den Haag Funktionen der Auslandsabteilung im RMVP, die sich vor der Kapitulation

39) RvO, A'dam. Archiv-GKzbV 19 c, Circulaires, S. 3 f.

40) RvO, A'dam. CDI, Promistukken 28079 vom 11. Juli 1940.

41) Vgl. Anmerkung 39.

42) RvO, A'dam, Archiv-GKzbV 19 c, Circulaires, S. 4.

nicht nur mit der Herausgabe und Verteilung von Büchern und Broschüren, der Verbreitung von Flugblättern, Plakaten, Korrespondenzen und Schallplatten hervorgetan hatte, sondern auch maßgeblich an der Organisierung von Theater-, Konzert- und sonstigen Kulturveranstaltungen im Ausland beteiligt war[43].

513 Stellung der Hauptabteilung Volksaufklärung und Propaganda im Reichskommissariat

Das Personal der HAVP setzte sich aus ehemaligen Angehörigen der deutschen Gesandtschaft in Den Haag zusammen, vor allem in der Presseabteilung und im Referat Kultur beschäftigt, aus einigen Angehörigen der Reichspropagandaämter und in der Mehrzahl aus Angestellten des RMVP. Diese waren insbesondere im Bereich des Rundfunks und Films direkt mit den deutschen Truppen als "Propaganda-Staffel-Holland" in die Niederlande eingezogen. Die übrigen RMVP-Angestellten wurden zusätzlich aus Berlin nach Den Haag abkommandiert[44].

Da neben der HAVP noch andere Propagandainstanzen im Generalkommissariat zbV existierten und die wichtigste Abteilung Presse nur formal unter Fink ressortierte, fühlte sich das RMVP in seinem dortigen Machtbereich eingeschränkt. Aus diesem Grunde sollte der von Gutterer nach Den Haag lancierte Fink dafür sorgen, daß sich der Geschäftsbereich Goebbels in den Niederlanden zur alleinigen Propagandazentrale entwickelte und dabei die "Überbleibsel" des AA langsam abgebaut wurden.

Doch so rasch wie Goebbels und sein Stab hofften, waren die organisatorischen und politischen Schwierigkeiten der Haager-Filiale nicht ausgeräumt. Seyß-Inquart z.B., von Hitler mit der höchsten Autorität ausgestattet, schien nicht daran zu denken, das gesamte kulturelle Leben in den Niederlanden durch das RMVP regeln zu lassen. Im Rahmen der ihm übertragenen Aufgabe, die

43) Vgl. W. A. Boelcke, Kriegspropaganda, a.a.O. S. 142.

44) RvO, A'dam. CDI, Promistukken 28048. Personalsliste der HAVP.

Niederlande für den Nationalsozialismus zu gewinnen, vertrat er Auffassungen über die Beeinflussung der okkupierten Bevölkerung, die nicht ohne weiteres mit der Organisation und den Arbeitsmethoden des RMVP in Einklang zu bringen waren. So standen die "kulturellen Planungen" des Reichskommissars von Beginn an in Konflikt mit denen des RMVP, das die Kultur- und Propagandainstanzen dem deutschen Modell getreu aufbauen wollte[45].

Ebenfalls enttäuscht war Goebbels von der Haltung Schmidts. Hatte man im RMVP Ende Mai 1940 noch mit der direkten Unterstellung der HAVP unter Seyß-Inquart gerechnet[46], so ergab sich mit Schmidts Ernennung zum politischen Vertreter der NSDAP in den Niederlanden eine neue Kompetenzverteilung im Bereich der Propagandaführung. Da Schmidt zu jenen Nationalsozialisten im deutschbesetzten Ausland gehörte, die von Beginn an ihre eigenen Ziele verfolgten, bemühte er sich zwar um ein gutes Einvernehmen mit dem RMVP, lehnte es jedoch ab, sich in Reibereien zwischen der Goebbels-Behörde und dem AA einzumengen. So waren die "Vorpostengefechte" des RMVP gegen das AA in den besetzten niederländischen Gebieten von Fink allein zu führen. Mit der Bitte um die "notwendigen Mitarbeiter" für die HAVP meldete dieser am 21. Juni 1940 nach Berlin[47]: "Wir haben hier ein schwieriges Gebiet zu bearbeiten auf dem Versagen sich doppelt ungünstig auswirken, zumal auf der anderen Seite der bekannte Gegner den Fortteil[48] hat, ausreichende Kräfte jederzeit in die Waagschale zu werfen."

Der "bekannte Gegner" verhinderte nach den Ausführungen Finks auch den zügigen Aufbau der HAVP. Allerdings sollte Berlin in

45) Seyß-Inquart hatte sich u. a. aus Wien den späteren Leiter des Kulturreferates, Prof. Wehofsich, als Vertrauensmann in kulturellen Fragen mitgebracht. Vgl. J. C. H. de Pater, De Hauptabteilung Volksaufklärung und Propaganda, a.a.O., S. 10 f.

46) RvO, A'dam. CDI, Promistukken 28003/4. Brief Müllers an Goebbels vom 20. Mai 1940.

47) RvO, A'dam. CDI, Promistukken 28067. Fink an Gutterer. Liste der HAVP vom 21. Juni 1940.

48) Orthographischer Fehler im Original.

dieser Angelegenheit nicht direkt eingreifen, da Fink selbst bei Schmidt intervenieren wollte, um die Stellung der HAVP in Den Haag "stark und breit" auszubauen[49]. Sein Ziel war, die auf Initiative des AA errichteten "Nebenapparate" im Generalkommissarat zbV, die sich außer der HAVP mit der Propagandaführung in den Niederlanden befaßten, insbesondere die Referate Auslandspresse und Kulturaustausch, der HAVP einzugliedern. Schon aus Prestigegründen sollten solche, dem Generalkommissar zbV direkt unterstellten, "Sondergruppen" in die Außenstelle des RMVP überführt werden[50]. Um die Stellung seines Ministeriums in den Niederlanden zu festigen, reiste Goebbels selbst nach Den Haag, wo er am 29. Juni 1940 mit Schmidt zusammentraf[51].

Obwohl sich die HAVP im Laufe der folgenden Monate vergrößern konnte[52], gingen die Machtkämpfe zwischen Goebbels' Amt und dem AA weiter. Aus diesem Grunde und einer dem RMVP abgenötigten politischen Zurückhaltung, die von Seyß-Inquart gefordert wurde, sollte auch die angestrebte organisatorische "Neuordnung" des niederländischen Kulturlebens nach deutschem Muster auf sich warten lassen.

---

49) RvO, A'dam. CDI, Promistukken 28042. Fink an Seyß-Inquart vom 13. Juni 1940.

50) RvO, A'dam. CDI, Promistukken 28068. Notizen Finks an Gutterer vom 21. Juni 1940.

51) RvO, A'dam. GKzbV, 1 a. Schmidts Vormerkbuch vom 29. Juni 1940. Näheres über das Treffen Goebbels/Schmidt ist unbekannt.

52) Das provisorische Reichskommissariat war bereits im September 1940 von einer ursprünglich geplanten kleinen Führungsgruppe von 200 Personen auf 800 Personen angewachsen. Vgl. RvO, A'dam, CDI, Promistukken 28169. Bericht über die Besichtigung der HAVP ..., a.a.O., S. 1.

52 Der Sonderstatus der Presseabteilung

521 Exkurs: Die niederländische Presse vor 1940

Entscheidend für die Entwicklung des traditionsreichen niederländischen Zeitungswesens[53] war das Jahr 1869, in dem der sogenannte Zeitungsstempel von 1674, eine von jedem verkauften Stück erhobene Steuer, abgeschafft wurde[54]. Erst jetzt konnte der Aufbau des modernen niederländischen Pressewesens eingeleitet werden. Die folgende Tabelle verdeutlicht den Zuwachs an Tageszeitungen von 1868 bis 1940[55]:

Tabelle I

Jahr	Anzahl Tageszeitungen
1868	9
1869	14
1890	54
1894	62
1940	90

53) Als 1938 in der Königlichen Bibliothek in Stockholm 1.300 niederländische Zeitungen wiederentdeckt wurden, datierten 139 dieser Zeitungen vor 1626. Die älteste bekannte Zeitung der Niederlande stammte danach vom 1. Juni 1618. - Europäische Bedeutung gewann das niederländische Zeitungswesen im 18. Jahrhundert, als es weitgehende Freizügigkeit von Seiten der Obrigkeit genoß. Vgl. Handbuch der Weltpresse. Eine Darstellung des Zeitungswesens aller Länder. Leipzig 1937, S. 285. Handbuch der Auslandspresse, Bonn 1960, S. 165. Zur Geschichte der niederländischen Presse. K. Baschwitz, De krant door alle tijden, A'dam o. J., 207-214. K. Baschwitz, The history of the daily press in the Netherlands, in: Bulletin of the International Committee of Historical Sciences. Vol. 10, Teil 1, Nr. 38, Januar 1938, S. 96-113. K. W. P. Klaassen, Van tijdinghe tot dagblad sowie Drie-kwart eeun dagbladwezen, in: H. A. Goedhardt, De pers in Nederland, a.a.O., S. 9-36. M. Schneider, De Nederlandse Krant van "Nieuwstijdinghe" tot dagblad, Amsterdam 1943, 2. Aufl. 1949. I. Iben, The germanic press of europe, a.a.O., S. 39-57.

54) Vgl. Handbuch der Weltpresse, a.a.O. S. 285.

55) I. Iben, The germanic press of europe, a.a.O., S. 42.

Vor der endgültigen Abschaffung des Zeitungsstempels existierten somit nur neun Tageszeitungen in den Niederlanden. Als erste entwickelte sich das in Amsterdam gegründete "Algemeen Handelblad" aus einem Schiffahrts- und Börsenkurier mit zweimal wöchentlicher Ausgabe (1828) im Jahr 1830 zur Tageszeitung. Die "Nieuwe Rotterdamsche Courant" (1843), als zweitälteste Tageszeitung, gab seit 1877 bahnbrechend neben der landesüblichen Abend- auch eine Morgenausgabe heraus. Nach Gründung der beiden liberalen Blätter in Amsterdam und Rotterdam brachten die folgenden Jahrzehnte die Entwicklung der Richtungs- und Parteipresse. Die liberale Tendenz vertraten außer dem "Algemeen Handelsblad" und der "Nieuwe Rotterdamsche Courant" die "Arnhemsche Courant", das "Utrechtsche Dagblad" sowie "Het Vaderland" (1868)[56]. In Reaktion auf den Rotterdamschen Liberalismus etablierte sich eine neue katholische Presse: Neben den "Limburger Kourier" (1845) und das im selben Jahr gegründete einflußreiche katholische Blatt "De Tijd" traten "De Gelderlander" (1848), "De Maasbode" (1868), "Het Centrum" (1884), "De Volkskrant" (1887) und "De Residentiebode" (1894). "De Standaard" (1872) als Hauptorgan der Anti-Revolutionären Partei und "De Nederlander" (1894) als offizielles Blatt der Christlich-Historischen Union vertraten die evangelische Meinung. Seit 1900 wurde außerdem mit "Het Volk" die erste bedeutende sozialdemokratische Zeitung gegründet, die ihre Vorgänger in Blättern wie "De Werkman", "Volksdagblad", "De Baanbreker", "Sociaal-Democraat" und "De Kroniek" hatte. Schließlich erschienen neben der sogenannten Gesinnungspresse eine Anzahl mehr oder weniger neutraler Blätter: u. a. "Het Nieuws van den Dag" (1870), "De Gooi en Eemlander" (1871), "Haagsche Courant" und "Haarlemsche Dagblad" (1883), "Nieuwsblad" (1885) und "De Telegraaf" (1893)[57]. Der in Amsterdam erscheinende "Telegraaf", ein rein kommerzielles Unternehmen, führte in den Niederlanden den Typ der Sensations-

56) Vgl. Handbuch der Weltpresse, a.a.O., S. 286. Handbuch der Auslandspresse, a.a.O., S. 166.

57) Ebd., Unterschiedliche Angaben der Gründungsdaten in den Handbüchern wurden mit denen der niederländischen Literatur (Baschwitz, Klaassen) verglichen und ausgewählt.

und Massenpresse ein, wie er in London bereits mit "Daily Mail" und in Paris mit "Matin" vertreten war[58].

Die aufsteigende Entwicklung des niederländischen Pressewesens hielt auch nach der Jahrhundertwende an. Mit dem Ersten Weltkrieg rückte erstmals das außenpolitische Geschehen auf die Titelseiten der Blätter, während man sich Jahrzehnte lang mit Auszügen aus der ausländischen Presse, mit Briefen, Korrespondenzen und Agentur-Telegrammen begnügt hatte[59].

Außerdem schuf die Entwicklung der Fotografie, des Films und des Rundfunks auch in den Niederlanden erst die Voraussetzung für die eigentliche Massenpresse des 20. Jahrhunderts[60]. Die verschiedenen politischen und religiösen Strömungen blieben dabei erhalten. Nach dem Stand von 1930 waren diese in den 78 niederländischen Tageszeitungen folgendermaßen repräsentiert[61]:

Tabelle II

	Überwiegende Tendenz	Prozentzahl der Tageszeitungen
(a)	römisch-katholisch	41.03
(b)	liberal	7.69
(c)	evangelisch	6.41
(d)	sozialdemokratisch	2.56
(e)	kommunistisch	1.28
(f)	neutral	41.03
		100.00

Zur Charakteristik der wichtigsten überregionalen Blätter in den Jahren 1930 bis 1940 seien einige Beispiele angeführt, die Erscheinungsweise, Auflagenhöhe und Bezieherkreis verzeichnen:

(a) "De Tijd" (Amsterdam) erschien zwölfmal wöchentlich als Morgen- und Abendausgabe mit einer Auflage von ca. 80.000. Sie wurde vornehmlich von der katholischen Bevölkerung im Abonnement bezogen. Als offizielles Organ des katholischen Klerus, des katholischen Episkopats sowie der Römisch-Katholischen Staatspartei erfolgte die Ernennung des Chefredakteurs

---

58) Vgl. K. Baschwitz, De krant door alle tijden, a.a.O., S. 212.

59) Vgl. K. W. P. Klaassen, Drie-kwart eeuw dagbladwezen, a.a.O., S. 29.

60) Vgl. I. Iben, The germanic press of europe, a.a.O., S. 41.

61) Ebd., S. 43.

allein mit Genehmigung des niederländischen Episkopats[62].

"De Maasbode" (Rotterdam) erschien zwölfmal wöchentlich, morgens und abends, mit einer Auflage von 48.000. Der Leserkreis bestand aus den Katholiken der Niederlande und Flanderns. Als eines der führenden Handelsblätter wurde "De Maasbode" auch von nicht katholischen Kreisen gelesen. Nach den Statuten des "integral katholischen" Blattes war der Hauptschriftleiter stets ein Geistlicher, der Verlagsdirektor ein Laie. Während "De Tijd" die intellektuellen Belange des Katholizismus vertrat, richtete sich "De Maasbode"[63] an alle Katholiken.

(b) "Algemeen Handelsblad" (Amsterdam) erschien zwölfmal wöchentlich, morgens und abends, mit einer Auflage von 50.000[64]. Das "Familienblatt" der wohlhabenden und gebildeten Kreise galt als Organ des Effekten- und Geldhandels sowie der Großkaufleute. Seine liberale Grundrichtung mit nationaler Tendenz wurde durch eine "Holding Companie zur Wahrung der Geisteshaltung der Zeitung" gewährleistet.

"Nieuwe Rotterdamsche Courant" (NRC; Rotterdam) erschien zwölfmal wöchentlich, morgens und abends, mit einer Auflage von 35.000. Das liberale Blatt mit nationalem Akzent wurde von Intellektuellen und Handelskreisen in den Niederlanden und in Flandern gelesen. Die NRC wurde auch im Ausland stark beachtet[65].

---

62) Die Angaben für "De Tijd" wie auch für die folgenden Blätter entstammen vor allem dem Handbuch der Weltpresse, a.a.O., S. 293. Vgl. auch I. Iben, The germanic press of europe, a.a.O., S. 52. Eine nationalsozialistische Charakteristik der niederländischen Presse um 1937 findet sich im RvO, A'dam. Doc. II 616, Pers.

63) Zum "Maasbode" gehörten fünf Nebenausgaben sowie 35 Kirchenblätter und eine Monatsschrift für Seefahrer.

64) Mittags erschien zusätzlich eine nur im Straßenverkauf erhältliche Ausgabe (Auflage: 3.000), die sich vornehmlich an Handels- und Börsenkreise wandte.

65) Die NRC verfügte über fünf Nebenausgaben für das Inland, sowie eine dreimal wöchentlich erscheinende Ausgabe für das Ausland, die vornehmlich für Niederländisch-Ostindien bestimmt war.

(c) "De Standaard" (Amsterdam) erschien sechsmal wöchentlich mit einer Auflage von 24.000. Das Hauptorgan der Anti-Revolutionären Partei wurde in erster Linie vom kalvinistischen Mittelstand gelesen. Es galt seit Jahrzehnten als das einflußreichste politische Blatt der Niederlande. "De Standaard" pflegte enge Beziehungen zum niederländischen Ministerpräsidenten Colijn, der vor Beginn seiner politischen Laufbahn langjähriger Chefredakteur des Blattes war.

(d) "Het Volk" (Amsterdam) erschien zwölfmal wöchentlich mit einer Auflage von 44.000. Das amtliche Organ der Sozialdemokratischen Arbeiterpartei wurde von Parteianhängern, vor allem Arbeitern und Angestellten, gelesen. Außerdem gab der Verlag besondere Ausgaben für Den Haag ("Het Haagsche Volk") und Rotterdam ("Voorwaarts") heraus. Der "Voorwaarts" erschien ebenfalls sechsmal wöchentlich mit einer Auflage von 45.000[66].

(e) "De Tribune" (Amsterdam) erschien sechsmal wöchentlich mit einer Auflage von 12.000 bis 15.000. Das führende Organ der kommunistischen Partei der Niederlande hatte seinen Leserkreis in den Parteimitgliedern bzw. -anhängern (Arbeitern, Angestellten, Intellektuellen).

(f) "De Telegraaf" (Amsterdam) erschien zwölfmal wöchentlich mit der zweit höchsten Auflage von 100.000 bis 120.000. Seine Volksausgabe "De Courant Het Nieuws van den Dag", ebenfalls zwölfmal wöchentlich erscheinend, verzeichnete die Spitzenauflage von 250.000. Das parteilich ungebundene Massenblatt "De Telegraaf" wurde von allen Bürgerkreisen, vornehmlich dem Mittelstand, gelesen; die Volksausgabe fand in breiten Volksschichten in Amsterdam (ein Drittel) und den Provinzen (zwei Drittel) Absatz.

(g) Schließlich kam seit 1936 eine nationalsozialistische Tageszeitung der NSB auf den Markt: "Het Nationale Dagblad" (Leiden) erschien sechsmal wöchentlich mit einer geschätzten

---

66) Außer einer illustrierten politischen Wochenschrift und einer Frauenzeitung gab der Verlag sechs kleinere sozialdemokratische Zeitungen und Flugblätter heraus.

Auflage von 30.000. Die Zeitung wurde von den Parteianhängern Musserts und anderen faschistisch orientierten Kreisen gelesen[67].

Der Nachrichtendienst der niederländischen Presse erfolgte seit 1934 über das "Algemeen Nederlandsch Persbureau", in dem die bis dahin bestehenden Büros ("Aneta-Holland", "Persbureau Vaz Dias", "Nederlandsch Correspondentie-Bureau voor Dagbladen" sowie "Nederlandsch Telegraaf Agentschap") auf Initiative der niederländischen Zeitungsverleger zu einer Nachrichtenzentrale zusammengeschlossen worden waren[68]. Die niederländischen Journalisten hatten sich im "Nederlandsche Journalistenkring" (75 Prozent) organisiert, die Zeitungsverleger im Verband "De Nederlandsche Dagbladpers"[69].

Als Verlagsform der niederländischen Presse herrschte Familienbesitz vor. Bedeutende Zeitungskonzerne waren daneben der "Nijgh-Konzern", "Holdert-Konzern", "Sijthoff-Konzern", die Druckerei- und Verlagsgesellschaft "De Arbeiderspers", "De Locale Pers", "De Katholieke Pers" sowie die Druckerei "De Spaarnestad"[70].

---

67) Seit 1933 existierte bereits eine Wochenzeitung der NSB, "Volk en Vaderland", mit einer Auflage bis zu 90.000.

68) Vgl. Handbuch der Weltpresse, a.a.O. S. 287.

69) Vgl. S. 135 f. dieser Arbeit.

70) Zu Nijgh, dem Direktor der NRC, gehörten sechs Blätter, zu Holdert die Massenblätter "De Telegraaf" und "De Courant Het Nieuws van den Dag", zu Sijthoff verschiedene Provinzblätter. "De Arbeiderspers" besaß außer "Het Volk" sieben Tages- und Wochenzeitungen und vier weitere kleine Kopfblätter, "De Locale Pers" ca. 25 der größten Provinzzeitungen sowie verschiedene Blätter Niederländisch-Ostindiens. "De Katholieke Pers" vereinigte nahezu alle katholischen Provinzzeitungen unter sich. Sie gehörte dem Konzern "De Spaarnestad" an, in dem außer der "Nieuwe Haarlemsche Courant" auch "De Tijd" herausgegeben wurde. Vgl. Die holländische Presse, a.a.O., S. 28 ff.

522 Besondere Funktionen der Presseabteilung - insbesondere die täglichen Pressekonferenzen

Wenige Tage nach der Kapitulation der niederländischen Truppen ging der gesamte organisatorische Apparat der ehemaligen Presseabteilung der deutschen Gesandtschaft in Den Haag in die neuerrichtete Presseabteilung (PA) im Generalkommissariat zbV über. Willy Janke, seit Jahren deutscher Pressefachmann für die Niederlande[71], hatte von Reichskommissar Seyß-Inquart am 27. Mai 1940 den Auftrag erhalten[72], eine der neuen Lage entsprechende Lenkungs- und Kontrollinstanz für das niederländische Pressewesen zu schaffen. Von dieser Maßnahme betroffen waren 120 Tageszeitungen, rund 1.000 Nachrichten- und Annoncenblätter[73] und rund 6.000 politische und allgemeine Zeitschriften, Fachblätter, Kirchenorgane und andere periodische Druckerzeugnisse[74].

Dem Leiter der PA fiel die Aufgabe zu[75], "eine Presse, die überwiegend deutschfeindlich gesinnt war und die außerdem nicht nur von Juden beherrscht, sondern abenfalls von deutschfeindlichen ausländischen Nachrichtenbüros mit dem wichtigsten Material versehen wurde, umzugestalten."

Die Deutschfeindlichkeit der niederländischen Presse wurde von den Nationalsozialisten bereits vor der Okkupation in "streng geheimen" Darstellungen hervorgehoben. Als zusätzliches Hintergrundmaterial zum Handbuch der Weltpresse von 1937 legte die Abteilung Auslandspresse des RMVP eine "Charakteristik der Aus-

---

71) Janke war bereits in den Vorkriegsjahren Korrespondent deutscher Presseagenturen (Wolffsches Nachrichtenbüro, später DNB), danach Pressereferent der deutschen Gesandtschaft in Den Haag. Vgl. H. A. Goedhardt, De Pers in Nederland, a.a.O., S. 56.

72) Ebd.

73) Ein-, zwei- oder dreimal wöchentlich erscheinend.

74) RvO, A'dam. Archiv-GKzbV HAVP 22 c. Tätigkeitsbericht der Presseabteilung über "Zwei Jahre Reichskommissariat". (zit. Tätigkeitsbericht der PA).

75) Ebd., S. 1.

landspresse"[76] für den internen Gebrauch des Ministeriums vor. Da ihr die schwierige Aufgabe zufiel, die ausländische Presse mit allen Mitteln im Sinne des nationalsozialistischen Deutschland zu beeinflussen, war als Voraussetzung hierfür die Weltpublizistik zu beobachten und zu analysieren[77]. Die zuständigen Länderreferate und -lektorate der Abteilung bemühten sich insbesondere, die politische Tendenz sowie "erkennbare fremde Einflüsse" in den einzelnen Presseorganen nachzuweisen. Dabei kam es weniger auf überprüfbare Daten und Fakten an als auf politische Werturteile und persönliche Mitteilungen von "Sachkennern" des In- und Auslandes[78].

Die genannte Charakteristik der überregionalen Presse der Niederlande hielt die negative Einstellung gegenüber Deutschland im einzelnen fest: Im "Algemeen Handelsblad" verfielen danach "die nationalsozialistische Kultur, die neuen Wirtschaftsmethoden und die Behandlung der Juden und der Kirchen einer ungehemmten Kritik", die "Haagsche Post" vertrete eine "stark antideutsche Tendenz", "De Maasbode" zeige eine "einzig dastehende Hartnäckigkeit der Ablehnung des nationalsozialistischen Deutschland auf allen Gebieten", die NRC lege nach vorübergehender Mäßigung erneut "das Schwergewicht der Beurteilung des neuen Deutschland auf die scharf verurteilte Juden-Behandlung und die Kulturpolitik". Im "Standaard" erscheinende Berichte eines "Briefschreibers aus Berlin" gehörten nach Beobachtungen der Abteilung Auslandspresse "zu den gehässigsten und deutschfeindlichsten Artikeln der holländischen Presse". Der "Telegraaf" schließlich ermögliche "ein Nebeneinander begeisterter Schilderungen über bestimmte Vorgänge des nationalsozialistischen Regimes und unbekümmerter Hetzartikel gegen Deutschland".

---

76) IfP, FU Berlin. Charakteristik der Auslandspresse der Presseabteilung der Reichsregierung, Abteilung Auslandspresse. Lieferung 2, abgeschlossen am 1. Mai 1940, Ex. Nr. 130.

77) Vgl. W. A. Boelcke, Kriegspropaganda, a.a.O., S. 153.

78) Vgl. das Vorwort Bömers zur Charakteristik der Auslandspresse, a.a.O.

Unter diesen Gesichtspunkten schien es dem überzeugten Nationalsozialisten Janke mehr als gerechtfertigt, daß die deutschen Besatzungsbehörden jenen erwähnten "Mißständen" im niederländischen Pressewesen ein Ende bereiteten. So fand die am 1. Juni 1940 errichtete und dem Generalkommissar zbV unterstellte PA, die auf der bereits geleisteten Arbeit der Presseabteilung der deutschen Gesandtschaft aufbauen konnte, ein "reiches Betätigungsfeld"[79].

Die zentrale Ausrichtung und Lenkung der niederländischen Presse geschah wie im Reich hauptsächlich im Rahmen der täglichen Pressekonferenzen der PA. Den Pressekonferenzen vorgeschaltet waren tägliche Pressebesprechungen bei Generalkommissar zbV Schmidt sowie jeden zweiten Tag stattfindende Dienstbesprechungen der vier Generalkommissariate vor allem Schmidts und Rauters[80].

Anfangs zweimal, nach einigen Wochen täglich einmal um 12 Uhr kam eine beträchtliche Anzahl niederländischer Journalisten in Den Haag zusammen, um die Richtlinien und Weisungen der deutschen Presseführung in Empfang zu nehmen. Dabei handelte es sich um die bereits vor der Okkupation in der Hauptstadt ansässigen Korrespondenten sowie um speziell für die Teilnahme an den Pressekonferenzen in die Zentrale delegierte Redakteure der bedeutendsten Tageszeitungen des Landes[81]. Um den Kontakt der PA zur restlichen Provinzpresse zu garantieren, wurden von Zeit zu Zeit Provinz- bzw. Regionalpressekonferenzen durchgeführt. Außerdem hatten die Referenten für Presse- und Propagandaangelegenheiten bei den Beauftragten des Reichskommissars in den Provinzhauptstädten die Aufgabe, eine wöchentliche Pressebesprechung mit den Vertretern der Lokalpresse abzuhalten: Dort wurden aktuelle Informationen und Direktiven der Den Haager Pressekonferenz weitergegeben. Für den täglichen Kontakt der Pressereferenten zur Zentrale sorgte die PA[82]. Außer den Pressereferenten

---

79) W. Janke, Regungen des neuen Geistes, a.a.O. S. 50.

80) Vgl. S. 211 f. dieser Arbeit.

81) Vgl. J. C. A. Coucke, De nederlandse pers tijdens de bezetting 1940-1945, hektogr. im RvO, A'dam o. J., S. 5.

82) Die wöchentlichen Pressekonferenzen in den Provinzen begannen am 30. September 1940. RvO, A'dam. Archiv-HSSPF, DB bei GKzbV Schmidt, Nr. 35/4. Vgl. auch Persverslagen vom 18. Oktober 1940 in: Kollektion-Huyts, RvO, A'dam.

der Provinzbeauftragten schalteten sich auch die Außenstellen des SD ein. Diese agierten weit gefährlicher als die eigentlichen Pressefunktionäre des Reichskommissariats. Es kam vor, daß sie Maßnahmen gegen niederländische Pressevertreter einleiteten, noch ehe die PA informiert war über ein Vergehen gegen deutsche Direktiven[83].

Die Akteure der Pressekonferenz setzten sich zusammen aus dem Leiter der PA, Janke als Vorsitzendem, einem bzw. mehreren militärischen Presse-Zensoren[84] und einigen Mitarbeitern Jankes. Dazu kamen Sprecher der verschiedensten Instanzen und Organisationen, sowie ein bis zwei Stenografen des ANP, die ein Protokoll der Konferenz anfertigten. Später nahmen die Militärs nur in Sonderfällen an den Pressekonferenzen teil, und die Vorschriften der Militär-Zensur wurden vom Leiter der Pressekonferenz mitgeteilt. Auf dem Programm der Pressekonferenzen der PA standen in der Regel folgende Punkte[85]:

1. Allgemeine Mitteilungen des Leiters der Pressekonferenz über die politische und militärische Situation, naturgemäß durchsetzt mit NS-Propaganda und NS-Kommentaren zu Äußerungen der alliierten Politiker, sowie der alliierten Publizistik.
2. Bekanntmachungen von neuen Vorschriften für die Tagespresse, Mitteilungen über die Wünsche der deutschen Propagandaführung hinsichtlich der Behandlung bestimmter Themen.
3. Mitteilungen bezüglich Übertretungen der deutschen Vorschriften und eventuelle Bestrafung einzelner Redaktionen in Form von Geldbußen bis hin zu Verboten.
4. Anmerkungen über Arbeiten in niederländischen Blättern, die nach deutschem Urteil entweder lobenswert oder tadelnswert waren.
5. Referate von Vertretern niederländischer und deutscher Organisationen und Institutionen, für deren Arbeit und Zielsetzungen Propaganda gemacht werden sollte.
6. Gelegenheit für alle Teilnehmer, Fragen zu stellen.

---

83) Vgl. Documentatie, a.a.O., S. 321.
84) In der PA waren drei Militär-Zensoren tätig: Ein Offizier des Heeres, der Luftwaffe und der Marine. Vgl. Personalliste der HAVP, RvO, A'dam. Archiv-GKzbV, HAVP 19 a, Algemeen.
85) Documentatie, a.a.O. S. 320.

Tatsächlich bedeuteten die Pressekonferenzen der PA für die anwesenden Journalisten wenig mehr, als "eine Zusammenkunft von Untergebenen", bei der die Befehle der deutschen Besatzungsmacht entgegengenommen wurden[86]. Aus den Protokollen der Pressekonferenzen und den Mitteilungen des ANP an die einzelnen Redaktionen läßt sich entnehmen[87], daß sich die dort erteilten Direktiven kaum von denen der Pressekonferenzen im Reich unterschieden: Die Veröffentlichung bestimmter Themen wurde erzwungen, die anderer verboten usw. Beim Auftauchen spezifisch deutschen Propagandamaterials, mit dem u. a. das DNB die niederländischen Redaktionen beschickte, wurde eingegriffen, um jene für die deutsche Öffentlichkeit bestimmten Nachrichten für die niederländische Bevölkerung zuzuschneiden. Auch mußte den in NS-Ideologie, -Terminologie und -Argumentation gänzlich ungeübten niederländischen Pressevertretern fortwährend eine Art Nachhilfeunterricht in totalitärer Denkungsart erteilt werden[88]. Besonderes Augenmerk wurde auf die Verwendung und Gestaltung von Kommentaren gelegt: Dazu gehörte die Angabe des Themas sowie des Erscheinungstermins[89], die Argumentation bis ins Detail[90], die Nachrichtensperre ohne gezielten Kommentar[91] und das Kommentarverbot[92].

Die am häufigsten behandelten Themen auf der Pressekonferenz im Laufe der fünf Besatzungsjahre waren im außenpolitischen Bereich die Politik und Kriegführung der Alliierten sowie deren Bombardements in den Niederlanden, im innenpolitischen Bereich

---

86) J. C. A. Coucke, De nederlandse pers tijdens de bezetting, a.a.O., S. 5.

87) RvO; A'dam. Kollektion-Huyts. Mededelingen van het ANP aan de redacties. Verslagen van persconferenties. 1940-1945.

88) Janke ging soweit, daß er Schlagzeilen verteilte zu bestimmten Themen. Ebd. Persverslagen vom 27. November 1940.

89) Ebd., Anw. vom 18. Februar 1942. Anw. vom 19. Februar 1942.

90) Ebd., Anw. vom 19. Februar 1942. Anw. vom 13. Februar 1942. Anw. vom 17. März 1942. Anw. vom 1. März 1943.

91) Ebd., Anw. vom 23. Februar 1942. Vgl. S. 118 dieser Arbeit.

92) Ebd., Anw. vom 26. Februar 1943.

die niederländische Ernährungslage, vor allem die Rationierungsmaßnahmen, die jüdische Bevölkerung, der Arbeitseinsatz, die NSB und Mussert sowie die Winterhilfe Niederlande[93].

Am 25. September 1941 wurden die Pressekonferenzen teilweise in das Gebäude des "Department van Volksvoorlichting en Kunsten" verlegt, um diese nach außen hin immer deutlicher zu einer "niederländischen Angelegenheit" zu machen[94]. Die Leitung übernahm in diesen Fällen der Chef der Abteilung Pressewesen im niederländischen Propagandaministerium, Max Blokzijl. Im Januar 1943 wurde die Pressekonfernez schließlich ganz von der niederländischen Instanz übernommen, ohne jedoch den Führungsanspruch der PA an die niederländischen Nationalsozialisten abzutreten.

Außer der Leitung der Pressekonferenzen übernahm die PA die Überprüfung von vorlagepflichtigen Artikeln. Sie regte Artikel an oder lancierte selbstverfaßte Artikel, die dann auf den Pressekonferenzen zur Übernahme weiterempfohlen wurden. Die Kontrolle des gesamten niederländischen Pressewesens erfolgte über das Lektorat der PA, das mit sechs Beamten besetzt war[95]. Konnten im redaktionellen oder auch im Anzeigen-Teil Übertretungen der vielen hundert Vorschriften entdeckt werden, wurden diese notiert und je nach Einschätzung bestraft[96].

Außerdem förderte der Leiter der PA den Kontakt zur niederländischen Presse durch persönliche Gespräche mit einzelnen Redakteuren. In diesen Unterredungen stellte Janke etwa ein Thema zur

---

93) Vgl. Kollektion-Huyts, Afdeling Beschrijving, Inventaris.

94) H. A. Goedhart, De Pers in Nederland, a.a.O., S. 58. Vgl. auch S.156 dieser Arbeit.

95) Personalliste der HAVP vom Herbst 1940. RvO, A'dam. Archiv-GKzbV, HAVP 19 a, Algemeen. Im Rahmen der Beobachtung und Kontrolle der niederländischen Presse fertigte die PA Presseberichte und -spiegel an, in denen die wichtigsten Artikel und Berichte auszugsweise zusammengefaßt wurden. Der Pressespiegel wurde über nahezu alle Dienststellen des Reichskommissariats zur Information dieser Instanzen verbreitet. RvO, A'dam. Archiv-GkzbV, HAVP 23 d - 31 d. Vgl. auch Tätigkeitsbericht der PA, a.a.O., S. 2.

96) Vgl. Tätigkeitsbericht der PA, a.a.O., S. 2. Documentatie, a.a.O., S. 321.

Debatte, dessen Behandlung von Seiten der deutschen Besatzungsmacht gewünscht wurde. Freigebig war man in der PA auch im Verteilen von Büchern, Broschüren, deutschen wissenschaftlichen und politischen Zeitschriften, deren Besprechung in der Presse den jeweiligen propagandistischen Zielsetzungen dienen sollten[97].

Jankes Auftreten entsprach seinen Kenntnissen der niederländischen Verhältnisse, die er in den Vorkriegsjahren hatte sammeln können. Auf diesem Hintergrund war auch seine Haltung gegenüber der NSB zu verstehen, die in krassem Gegensatz stand zu der seines Vorgesetzten. Zwar waren Janke wie Schmidt überzeugte Nationalsozialisten und Anhänger des "näheren Anschlusses" der Niederlande an das Reich, jedoch kannte Janke den Abscheu der Bevölkerung vor den einheimischen Nationalsozialisten. So kam es, daß Schmidt die NSB nach außen hin soviel wie möglich unterstützte, um damit seine Annexionspolitik voranzutreiben, während Janke gerade hierin eine Gefährdung der deutschen Sache sah. Seiner Ansicht nach konnte die Einschaltung der NSB in die Propagandaführung nur die Abneigung der niederländischen Bevölkerung vor der deutschen Besatzungsmacht erhöhen. Dementsprechend bevorzugte die PA unter Janke einen "weichen Kurs" beim Übergang vom alten liberalen zum neuen nationalsozialistischen Pressewesen: Mit "sanfter, doch zwingender Hand" sollten die niederländischen Redaktionen auf die Seite des Nationalsozialismus gezogen werden, um mit ihrer Hilfe die niederländische Öffentlichkeit zu gewinnen[98].

Damit verfolgte Janke konsequent die Besatzungspolitik des Reichskommissariats in den ersten Monaten der Okkupation, die von Seyß-Inquarts Vorstellungen einer möglichen "Selbstnazifizierung" der niederländischen Bevölkerung geprägt war. Der Leiter der PA hielt sich innenpolitisch an die Richtlinien Schmidts,

---

97) Am 24. Dezember 1941 etwa wurde auf der Pressekonferenz der PA die Broschüre "Warum Krieg mit Stalin?", am 19. Februar 1942 die Broschüre "Was wollte Churchill auf dem Balkan?", am 24. September 1942 das Buch "Juden verführen England" zur Rezension verteilt. Außerdem sollten aus den Zeitschriften "Signal" und "Vox" Karikaturen übernommen werden. Vgl. Kollektion-Huyts und Documentatie, a.a.O., S. 321.

98) P. Rijser, Nazi-propaganda in bezet Nederland, in: Z. A. B. Zeman, De propaganda van de nazi's, Hilversum 1966, S. 181 f.

arbeitete hinter den Kulissen gegen die NSB und holte sich in außenpolitischen Fragen seine Weisungen vom AA in Berlin[99]. Daß die Presseführung der PA beim Reichskommissar Anklang fand, geht aus dessen ersten Bericht an Hitler hervor, der vom Juli 1940 stammt[100]: "Die außerordentlich verzweigte und zahlreiche holländische Presse wurde keiner Vorzensur unterworfen, da eine solche das Presseleben sofort erschlagen hätte. Die Durchführung von Pressekonferenzen unter Aufsicht Schmidts läßt die große Presse gut und erfolgreich steuern. Die Gefahr einzelner immer seltener werdender Entgleisungen wurde in Kauf genommen, gegenüber der Notwendigkeit die Presse lebendig zu erhalten. Der Leserkreis sinkt gleichwohl ab, eine nicht ungewohnte Erscheinung, die aber den Vorteil hat, daß die Zeitungen in Schwierigkeiten kommen, daher freiwillig zusammengelegt werden und auch aus den Händen der derzeitigen Besitzer übernommen werden können. Zur Verfügung stehen zur Zeit schon vollkommen die NSB-Presse, ein persönlicher Einfluß besteht beim Telegraaf, und in den nächsten Tagen wird die gesamte SDP-Presse im Zusammenhang mit einer bezüglichen derzeit im Lauf befindlichen politischen Aktion übernommen werden. Die deutsche Zeitung hat eine Auflageziffer von 30 000 erreicht. Die Hälfte der Bezieher dürften Niederländer sein. Es steht also schon eine recht breite Pressfront zur Verfügung."

Die Pressepolitik des Reichskommissariats bot in vieler Hinsicht ein Abbild der allgemeinen Besatzungspolitik. Allerdings unterschied sie sich in einem Punkt von den meisten anderen Bereichen der deutschen Politik: Sie war weniger betroffen von den in Deutschland miteinander rivalisierenden Machtzirkeln um Hitler (vertreten durch Himmler, Bormann, Göring u. a.), die ihren Streit auch auf Kosten der Niederlande auszutragen suchten. Wiederholt wollte sich z. B. die Himmlergruppe einen Stützpunkt im niederländischen Pressewesen aufbauen, jedoch blieben diese Versuche ohne weitreichendes Ergebnis. Die deutsche Pressepolitik blieb zudem von beiden Strömungen der kollaborierenden NSB (Mus-

99) Vgl. J. B. Th. Spaan, Pers en propaganda, a.a.O., S. 147.
100) 1. Bericht Seyß-Inquarts, a.a.O., S. 423 f.

serts einerseits und Rost van Tonningens andererseits) relativ unberührt. Es waren Janke und später Dittmar, der persönliche Pressechef von Seyß-Inquart, die Strategie und Taktik der NS-Pressepolitik in den besetzten niederländischen Gebieten bestimmten[101].

523 Der Fall Janke

Seit August 1940 war das RMVP entschlossen, "die Angelegenheit Janke"[102] gegen die Interessen des AA im Sinne Goebbels' zu regeln: Die PA sollte danach so rasch wie möglich in die HAVP eingegliedert und ihre Leitung - nach Ausschaltung Jankes - von einem Vertreter des eigenen Hauses wahrgenommen werden. Den Plänen der Goebbels-Behörde kam der Umstand zugute, daß die anfängliche "Bekehrungspolitik" des Reichskommissariats zum Scheitern verurteilt war und folgerichtig die deutschen "Hollandkenner" an Kurswert verloren: Diplomatie, Einfühlungsvermögen, Fingerspitzengefühl sollten fortan durch massivere Formen der politischen Einflußnahme ersetzt werden[103].

Bevor jedoch endgültig gegen Janke und für die HAVP entschieden wurde, sollten noch einige Monate vergehen. Vorerst nämlich hielten Seyß-Inquart und Schmidt an Janke fest, dessen Leistungen beide als "sehr gut" beurteilten[104]. So bleiben die Vorstöße des RMVP gegen die Position des AA teilweise unbeantwortet, teilweise begegnete man ihnen ausweichend. Als der Leiter der HAVP am 9. Dezember 1940 in Berlin erschien, um seine Schwierigkeiten im Bereich der niederländischen "Pressearbeit" darzulegen, wurde Janke von ihm zum Sündenbock des bisher mißlungenen

101) Vgl. Documentatie, a.a.O., S. 323.

102) Vermerk Min. Rats Dr. Flügel (RMVP) über eine Besprechung im Haag vom 3. bis 5. Juli 1941 in der Angelegenheit Janke. RvO, A'dam. CDI Promistukken 28213-28216.

103) In den Dienstbesprechungen beim GKzbV wurde häufig Befremden geäußert über die Haltung der sogenannten "Hollandkenner". Als z. B. in das Büro des ANP deutsche Kommissare gesetzt wurden, schien den Teilnehmern der DB "interessant, daß sich Hushahn und Janke gegen diese starke Einmischung in niederländische Verhältnisse energisch wehrten." RvO, A'dam. Archiv-HSSPF, DB Nr. 13/3.

104) Vgl. den Bericht über die Besichtigung der HAVP, a.a.O., S. 3.

Nazifizierungsprozesses abgestempelt: Fink konstatierte, daß Janke nicht fähig sei, die niederländische Presse "in unserem Geist und unserem Sinn" zu lenken, und die versteifte Stimmung der Bevölkerung überwiegend auf das "völlige Versagen" seiner Pressearbeit zurückzuführen sei[105].

Goebbels selbst drang schließlich darauf, daß der Pressedezernent im Generalkommissariat zbV "übernommen oder ersetzt" werde, um so die Presseführung seiner Den Haager Außenstelle zu garantieren[106]. Janke, der sich auf Ribbentrop und dessen Vertreter in Den Haag, Bene, stützen konnte, schien jedoch wenig interessiert an einer Übernahme durch das RMVP. Auf Angebote von dieser Seite reagierte er nach Ansicht der Personalabteilung Goebbels' mit "maßlosen Forderungen" und stellte Bedingungen, "die weder nach seinen Leistungen, noch sonst gerechtfertigt waren"[107]. Obwohl auch Reichspressechef Dietrich am 6. Februar 1941 den Reichskommissar um die Einfügung der PA in die HAVP bat, da "sachliche Schwierigkeiten in größerem Maße" entstehen könnten[108], blieb die Lage weiter ungeklärt[109]. Im Juli 1941 endlich hat-

---

105) RvO, A'dam. CDI Promistukken 28274. Im Monatsbericht der HAVP für April 1941 wurde ebenfalls Kritik laut: "Das Bild der holländischen Presse ist dasselbe wie früher. Die holländische Presse bringt nur vereinzelt eigene Arbeiten, die in unseer Zielrichtung liegen. Wenn hierbei auch Böswilligkeit der einzelnen Schriftleiter und Hauptschriftleiter die Ursache sein mögen, so ist der Grund hierfür doch auch darin zu suchen, daß ein Teil der Schuld auch uns, d. h. die Presseabteilung trifft. Die Führung der Pressekonferenzen und das dort zur Verfügung gestellte Material ist so dünn, daß die Schriftleiter sich in vielen Fällen mißbilligend über die Pflicht einer Teilnahme an der Pressekonferenz ausgelassen haben." RvO, A'dam. Archiv-GKzbV, HAVP 20 a.

106) Gutterer an Müller vom 24. Januar 1941. RvO, A'dam. CDI, Promistukken 28188/89. Die "gegenwärtige ungeklärte Lage" sei auch den Niederländern bekannt und führe "steigend zu deutschem Autoritätsverlust".

107) RvO, A'dam. CDI, Promistukken 28188.

108) RvO, A'dam. CDI, Promistukken 28190.

109) Bene notierte am 24. Februar 1941, daß es "vollkommen ausgeschlossen" sei, daß ein AA-Mann oder Janke Fink oder Hushahn unterstellt würden, da beide nicht qualifiziert genug seien. Der RK denke im übrigen nicht daran, die PA der HAVP zu unterstellen, da diese "schon genug mit ihren eigenen Aufgaben zu tun" habe. RvO, A'dam. FOSD 7782 556332.

ten die Klagen des RMVP Erfolg[110]. Sie betrafen "eine zunehmende Dreistigkeit" der niederländischen Presse, die sich im Besitz "größerer Freiheiten" glaube als die "Presse des Siegerlandes". Nachdem der Leiter der PA zudem ein Ultimatum für seinen Rücktritt erhalten hatte, erklärte sich Schmidt bereit,[111] Janke fallenzulassen, da dieser "den sachlichen Anforderungen" nicht mehr genüge. Nun erklärte auch Seyß-Inquart, daß er "dringend" eine Ablösung von Janke wünsche, "da dieser auf Grund seiner alten Bekanntschaft mit den Schriftleitern der holländischen Presse nicht in der Lage sei, die jetzt besonders dringende Steuerung der holländischen Presse durchzuführen"[112]. Damit war der "Fall Janke" entschieden. Eine Erklärung für den Meinungswandel Schmidts und Seyß-Inquarts boten die deutschen Militäraktionen vom Sommer 1941: Seit dem Überfall auf die Sowjetunion hatte die Lenkung der Presse härteren Gesetzen zu genügen als bisher, die Politik der "Samthandschuhe" wurde endgültig begraben[113].

Mit dem 1. Januar 1942 schied Janke als Leiter der PA aus[114]. Zum Nachfolger wurde vorerst sein bisheriger Stellvertreter, Hanns Dreves[115], ernannt. Allerdings blieb der umstrittene Presseleiter noch einige Monate im Stab Benes und trat in den Pressekonferenzen als Vertreter des AA auf, sobald es um wichtige außenpolitische Ereignisse ging. Im Juli 1942 wurde der

---

110) RvO, A'dam. CDI, Promistukken 28281-28284, Bericht: "Kulturgesetze in Holland" vom 26. Februar 1941, S. 4.

111) Vgl. Anm. 102.

112) Notiz Benes vom 29. April 1941. RvO, A'dam. FOSD 7782 556338.

113) J. C. H. de Pater, De Hauptabteilung für Volksaufklärung und Propaganda, a.a.O., S. 42.

114) RvO, A'dam. CDI, Promistukken 28230-32.

115) Dreves war bis zu seiner Übernahme ins Reichskommissariat, am 1. November 1940, Hauptschriftleiter des Westdeutschen Pressedienstes in Essen. Im Dezember 1942 wurde Dreves von Schmidt entlassen, da ein Parteigerichtsverfahren gegen ihn eingeleitet werden sollte wegen privater Vergehen (u. a. Trunksucht, Schwarzhandel etc.). Vgl. Persoonsdossier von H. Dreves, RcO, A'dam.

ehemalige Pressedezernent des Reichskommissariats zum Legationssekretär im AA ernannt und verließ die Niederlande. Nach dem Ausscheiden Jankes verlor die PA zusehends an Bedeutung, da entscheidende Funktionen von anderer Seite übernommen wurden.

53 Die Rolle des Pressechefs des Reichskommissars

Die erfolgreiche Attacke der HAVP gegen den Leiter der PA, Janke, sollte sich als Pyrrhussieg erweisen, da im selben Augenblick, als die PA wunschgemäß in die HAVP eingegliedert worden war, ein neuer Gegenspieler des RMVP die niederländische Pressebühne betrat: Reichspressechef Dietrich, der sich nicht Goebbels, sondern Hitler verantwortlich fühlte, sandte mit Beginn 1942 seinen eigenen Vertreter als persönlichen Pressechef des Reichskommissars nach Den Haag[116].

Hatte Dietrich mit seinem Eingreifen in "die Angelegenheit Janke" im Frühjahr 1941 noch in Übereinstimmung mit Goebbels gehandelt, so durchkreuzte er mit der Entsendung Dittmars[117] ins Reichskommissariat die Pläne des RMVP für die folgenden Jahre. Nach einem Zusammentreffen Dietrichs und Seyß-Inquarts im Oktober 1941 in Krakau[118] kam Dittmar erstmals als "geeigneter Pressemann" für die Niederlande ins Gespräch. Im November reiste dieser zu Besprechungen über seine künftige Funktion nach Den Haag[119] und trat sein Amt als Pressechef Seyß-Inquarts am 1. Februar 1942 an[120].

---

116) Vgl. J. B. Th. Spaan, Pers en Propaganda, a.a.O., S. 147. Zu den Kompetenzstreitigkeiten zwischen Goebbels und Dietrich vgl. die Aussagen von Göring, Funk und Lammers. IMT, Bd. IX, S. 425, Bd. XI, S. 75 und Bd. XIII, S. 108.

117) Walther Wilhelm Dittmar, 1898 in Berlin geboren, war von 1931 bis 1939 Gauamtsleiter der Presse in Essen und wurde danach zum Leiter der Abteilung Auslandspresse im RMVP ernannt. Nach einem reichlichen Jahr verließ er diesen Posten, um die Intendanz des "Deutschen Europasenders" unter der RRG zu übernehmen. RvO, A'dam. Persoonsdossier Dittmar.

118) Vgl. J. C. H. de Pater, De Hauptabteilung für Volksaufklärung und Propaganda, a.a.O., S. 57.

119) RvO, A'dam. CDI, Promistukken 28221.

120) Ebd. 28227. Dittmar war Nachfolger Hushahns und Dr. Harsters.

Enttäuscht über diese neue Situation berichtete der Leiter der Personalabteilung des RMVP im Dezember 1941 seinem Minister[121]: "Dittmar ist ein aktiver Mann, der sicherlich bestrebt sein wird, aus der ihm übertragenen Stellung etwas zu machen. Pg. Gernand (der damalige Leiter der HAVP, d. Verf.) befürchtet, daß Dittmar auf dem Gebiet der Pressepolitik wird allein regieren und die Presseabteilung nur für eventuelle Pannen verantwortlich machen wollen".

Seyß-Inquart dagegen schien mit der Wahl Dittmars sehr zufrieden[122]: So erhielt der neue Pressechef "das Recht des unmittelbaren Vortrages beim Reichskommissar, ohne daß er in jedem Einzelfalle den vorgesetzten Generalkommissar hätte zu unterrichten brauchen". Dittmar wurde inoffiziell die "Steuerung der niederländischen Presse" übertragen, so daß die Tätigkeit der PA zunehmend auf "technische Funktionen" reduziert wurde[123]: Ihr oblag die Papierzuteilung für die niederländische Presse, aber auch die Anfertigung des Pressespiegels und die Überwachung der niederländischen Zeitungen und Zeitschriften." Mit der Wahl des neuen Pressechefs wurden die Auseinandersetzungen zwischen Goebbels und Dietrich im Reich in kleinerem Maßstab zwischen HAVP-Angehörigen und Dittmar in den Niederlanden fortgesetzt[124].

Als Dittmar im Februar 1942 sein Amt antrat, zeigte sich, daß er weniger an Tagesfragen (etwa Übertretungen von Presseanordnungen) interessiert war, als vielmehr am Aufbau einer neuen erfolgversprechenden Plattform für die Pressepolitik des Reichskommisariats So organisierte er in Zusammenarbeit mit Blokzijl[125] Presse-

---

121) Müller an Goebbels vom 1. Dezember 1941. RvO, A'dam. CDI, Promistukken 28226/27.

122) Vgl. J. C. H. de Pater, De Hauptabteilung für Volksaufklärung und Propaganda, a.a.O., S. 62.

123) So hieß es in der Urteilsschrift zur Strafsache Dittmar vom 27. März 1945, in der der Pressechef des Reichskommissars wegen "übler Nachrede" zu 1.000 Gulden Geldstrafe verurteilt wurde. RvO, A'dam. Archiv-Deutscher Generalstaatsanwalt in den besetzten niederländischen Gebieten, 53/45, (zit. Archiv-DG).

124) Vgl. Documentatie, a.a.O., S. 320.

125) NSB-Propagandist und zugleich Leiter der Abteilung Presse im Department van Volksvoorlichting en Kunsten. Vgl. S. 150 f. dieser Arbeit.

treffen in kleinem Kreis, um auf diese Weise die von ihm gewünschten politischen Themen und ihre Verwendung in Leitartikeln anzuregen. Dittmar wollte diese Konferenzen "interessant" gestalten "durch eine quasi-offenherzige Behandlung der Dinge und durch das Verteilen von 'strikt vertraulichen' Informationen"[126]. Seine Taktik hatte das Ziel, eine möglichst große Anzahl von nicht-nationalsozialistischen Journalisten heranzuziehen, um diese für seine Pressearbeit zu gewinnen. Für dieses Ziel war Dittmar bereit, NSB-Aktionen zu bremsen, Erwartungen Blokzijls entgegenzuwirken und fanatische SS-Propaganda zu unterbinden. Sein Entgegenkommen den niederländischen Pressevertretern gegenüber war so groß, daß schließlich selbst der SD Verdacht zu schöpfen begann[127].

Daß Dittmar mit seinem Auftreten nicht ohne Erfolg blieb, verrät ein nach dem Krieg verfertigter Rechenschaftsbericht des Den Haager Redakteurs J. C. A. Coucke. Danach gehörte der Pressechef des Reichskommissars zur kleinen Gruppe der Deutschen, die sich als "Gentleman" betrugen[128]. In den Konferenzen mit Dittmar habe es einen "offenherzigen Gedankenaustausch" gegeben, da weder Protokolle angefertigt, noch SD-Spitzel zugelassen wurden. Für vorgetragene Beschwerden habe Dittmar vielfach Verständnis gezeigt. Seine Haltung gegenüber den von ihm bezeichneten "bürgerlichen" Blättern sei wohlwollender gewesen als gegenüber der ausgesprochen nationalsozialistischen Presse.

Offensichtlich wollte Dittmar einer "auffälligen" Nazifizierung der Presse im Sinne der HAVP entgegenwirken, da er sich auf diese Weise wenig Erfolg für die NS-Weltanschauung versprach. Im Rahmen der von ihm praktizierten indirekten Einflußnahme, lenkte er mit Vorliebe von der innenpolitischen Lage der besetzten niederländischen Gebiete ab und stellte allgemeinere Themen, wie die europäische Einheit, den Kampf gegen den Kom-

---

126) Ebd., S. 321. Acht ausgewählte Hauptschriftleiter von großen und mittelgroßen Blättern wurden zusammengerufen.

127) Ebd., S. 324.

128) Vgl. <u>J. C. A. Coucke,</u> De nederlandse pers tijdens de bezetting, a.a.O. S. 18.

munismus oder die Verwirklichung des Sozialismus in den Vordergrund[129]. Bis zuletzt wandte der Vertreter Dietrichs seine besondere Taktik der Pressebehandlung an[130]. Als Dittmar schließlich wenige Wochen vor Kriegsende einsah, daß das Dritte Reich vor dem Zusammenbruch stand, beging er Selbstmord[131].

54 Die Entwicklung der Hauptabteilung Volksaufklärung und Propaganda bis zu ihrer Auflösung

Nach zweijährigem Bestehen des Generalkommissariats zbV zeigten sich verschiedene organisatorische Veränderungen im Aufbau der einzelnen Abteilungen und Referate: Während die drei Hauptabteilungen (Politischer Aufbau, Volksaufklärung und Propaganda und Organisation) erhalten blieben, fielen die Sonderreferate (Auslandspropaganda, Kulturaustausch, Wirtschaftsbeauftragter der Auslandsorganisation und später Verlagswesen) weg oder wurden durch andere ersetzt[132].

Die HAVP setzte sich nunmehr aus vier Abteilungen mit insgesamt zehn Referaten zusammen:

1. Zur Abteilung Propaganda und Sonderfragen gehörten die Referate Aktivpropaganda und Truppenbetreuung,

---

129) Vgl. Documentatie, a.a.O., S. 324 f.

130) Vgl. J. B. Th. Spaan, Pers en Propaganda, a.a.O., S. 169.

131) J. C. A. Coucke, De nederlandse pers tijdens de bezetting, a.a.O., S. 19.

132) RvO, A'dam. Archiv-GKzbV, 1 a, Geschäftsverteilungspläne. Zur Hauptabteilung Politischer Aufbau gehörten außer den bereits existierenden Referaten die Referate Betreuungsstelle und Information, während das Referat Aufbaudienst weggefallen war. Die Hauptabteilung Organisation hatte sich erweitert und die Abteilungen Arbeitsführung, sowie die Referate Wirtschaftsfragen und Arbeitseinsatz-Betreuung-Reich eingeführt. Eine selbständige Abteilung bestand für den niederländischen Arbeitsdienst. Neu waren auch die selbständigen Referate Sonderfragen und Sport. Schließlich wurde eine neue Hauptabteilung Soziale Verwaltung eingerichtet, in der die Referate Arbeitseinsatz (aus der Hauptabteilung Organisation herausgelöst), Arbeitsrecht, Arbeitsschutz und Sozialversicherung vereinigt waren. Vgl. S. 99 dieser Arbeit.

2. zur Abteilung Kultur die Referate Theater, Musik, Bildende Kunst, sowie Film, Schrifttum und das Verbindungsreferat Niederländischer Kulturrat,
3. zur Abteilung Presse die Referate Zeitschriften und Bildpresse und
4. zur Abteilung Rundfunk die Referate Sendewesen und Politische Sprachsendungen.

Aus dem "Haushaltsvorschlag für das Rechnungsjahr 1942"[133) geht hervor, daß die HAVP mit einem Etat von über zwei Millionen Gulden[134) wirtschaftete. Nach dem Verteilerplan war der höchste Posten 887.000 Gulden für Propaganda bestimmt; es folgten Kultur, Truppenbetreuung, Presse, Rundfunk, Repräsentation.

Der Katalog der "Zweckbestimmungen" für die genannten Arbeitsbereiche kennzeichnet die verschiedenen Funktionen der HAVP in den Jahren 1941 und 1942. Danach lag die Hauptaufgabe der Abteilung Propaganda in der Organisierung von Ausstellungen und Kundgebungen sowie der Herstellung und Verbreitung von Broschüren, Propagandaschriften und Plakaten. Hinzu kam Werbung:
(a) für niederländische Formationen bei der Wehrmacht,
(b) vor Niederländern für den zivilen Osteinsatz,
(c) von Niederländern für den Arbeitseinsatz im Reich.

Die Betreuungsaufgaben der Abteilung Propaganda betrafen:
(a) die niederländischen Arbeiter,
(b) die Freiwilligen-Legion Niederlande[135)],
(c) die niederländische Studentenfront[136)].

Schließlich wurde sogenannte Volkstumspropaganda, vor allem in den Provinzen Groningen, Drenthe, Friesland und Limburg mit

---

133) RvO, A'dam. Archiv-GKzbV, HAVP 19 a, Algemeen.

134) Die genaue Summe belief sich auf 2.112.500.- Gulden.

135) Die "Vrijwilligers-Legioen Nederland" wurde im Juli 1941 errichtet. Die Organisation entstand auf Initiative von Niederländern, die den "Kampf gegen den Bolschewismus" trennen wollten von jeglicher politischer Kollaboration. Allerdings wurde die Legion 1942 in die Waffen-SS übernommen. Vgl. Documentatie, a.a.O., S. 211 ff.

136) Die "Nationaal-Socialistische Studentenfront" wurde im November 1940 unter Leitung des NSB-Funktionärs Van Genechten errichtet. Ebd., S. 348 f.

überwiegend ländlicher Bevölkerung, durchgeführt. Das später in die Abteilung Propaganda integrierte Referat Truppenbetreuung verzeichnete "Werteschaffende Freizeitgestaltung", Einsatz von Theatern, Orchestern usw. sowie Verwundetenbetreuung.

Die Abteilung Kultur vermittelte Gastspiele, Konzerte und Kleinkunstveranstaltungen, organisierte Kunst- und Buchausstellungen, veranstaltete Dichterlesungen und Vorträge und warb für "deutsches allgemeines und wissenschaftliches Schrifttum". All diese Aktivitäten waren bereits vom früheren Referat Volkstum und Kultur wahrgenommen worden. Das Filmressort in der Abteilung Kultur beaufsichtigte die Herstellung von Propagandafilmen, prüfte vorhandenes Filmmaterial und organisierte die Vorführung von Propagandafilmen. Schließlich wurden von der Abteilung Kultur Reisen niederländischer Künstler nach Deutschland vermittelt sowie besondere Aktionen zur Förderung "deutscher Kultur" in die Wege geleitet.

Die Abteilung Presse war außer für ihre Lenkungs- und Kontrollfunktionen (Pressekonferenzen, Lektoratsarbeiten, Beschaffung von Propagandamaterialien) für die "Betreuung" von Pressevertretern zuständig: Sie bereitete Empfänge niederländischer Journalisten vor, "betreute" aus dem Reich kommende deutsche Journalisten in den Niederlanden und vermittelte niederländische Journalistenreisen "zum Besuch besonderer Veranstaltungen im Reich und in den besetzten Gebieten". Das Referat Zeitschriftenpresse leistete Übersetzungs- und Lektoratsarbeiten und gab einen 14-tägigen "Zeitschriftenpresse-Informationsdienst" heraus. Die Bildpresse besorgte u. a. die Beschaffung von Fotomaterial sowie die Entwicklung und Vervielfältigung eigener Aufnahmen[137].

Das Personal der HAVP wurde häufig ausgetauscht: Mangelnde Kenntnisse, politische Unzulänglichkeit und Intrigierkünste boten zumeist die Ursache. Leiter der HAVP waren nach Finks Ausscheiden im Oktober 1941[138], Heinrich Gernand[139] und kurz vor dem Ende

137) Die Abteilung Rundfunk verzeichnet Ausgaben für Programmgestaltung, für deutsche Sendungen und "für besondere Anschaffungen".

138) Fink wurde bereits im Juli 1941 beurlaubt, so daß bis zur Nachfolge Gernand sein Stellvertreter Tiedemann die HAVP leitete. Vgl. J. C. H. de Pater, De Hauptabteilung für Volksaufklärung und Propaganda, a.a.O., S. 45.

139) Gernand, 1907 in Bebra geboren, amtierte vor Antritt seiner →

ORR Stampe[140].

Ebenso rasch wie die für die Niederlande zuständige Propaganda-Staffel nach der Okkupation des Landes in eine zivile Propagandaabteilung umstruktiert worden war, wandelte sich die HAVP in den letzten Kriegsmonaten in eine der Staffel vergleichbare Propagandaeinheit. Am 25. November 1944 teilte der Reichskommissar für die besetzten niederländischen Gebiete seinen restlichen Provinzbeauftagten[141] folgenden Erlaß mit: "Zur Behandlung aller Fragen der Propaganda errichte ich einen Arbeitsstab. Die Durchführung der Propaganda im einzelnen obliegt Pg. Dr. Bergfeld. Dieser hat seinen Dienstsitz in Apeldoorn und berichtet mir unmittelbar. Dr. Bergfeld ist dafür verantwortlich, daß die Propaganda in Übereinstimmung mit den Richtlinien erfolgt, die der Generalkommissar z.b.V. für den politischen Bereich feststellt"[142].

Die Arbeitsmöglichkeiten des Referates bzw. Arbeitsstabes Propaganda unter Leitung von Bergfeld wurden folgendermaßen bestimmt:

1. Beobachtung der Stimmung und Haltung der Bevölkerung. Dazu gehörte (a) Aufnahme des Abhördienstes, (b) Presse- und Funkbeobachtung und (c) Auswertung der Berichte der Provinzbeauftragten oder ihrer Mitarbeiter.
2. Beeinflussung der Bevölkerung (a) durch Weiterleitung der Anregungen des Reichskommissars und des Generalkommissars zbV (Ritterbusch), (b) durch Auswertung der Feindberichte und Vergleichungen über Presse und Rundfunk.
3. Unterrichtung der Beauftragten zur Beeinflussung und Lenkung der Provinzpresse[143].

→ Stellung im Reichskommissariat als Gaupropagandaleiter. RvO, A'dam. Persoonsdossier Gernand.

140) RvO, A'dam. Archiv-GKzbV, 1 a, Geschäftsverteilungsplan.

141) Am 15. November 1944 wurden die südlichen Provinzen Zeeland, Noord-Brabant und Limburg von den Alliierten befreit. Vgl. W. Warmbrunn, The Dutch under German Occupation, a. a.O., S. 15.

142) RvO, A'dam. Archiv-DG 53/45. Fernschreiben an alle Beauftragten vom 27. November 1944. Bergfeld war seit 1941 Leiter der Abteilung Kultur der HAVP. Vgl. auch die Dienstanweisung des Reichskommissars vom 11. Oktober 1944. RvO, A'dam. Archiv-GKzbV, HAVP 21 aa.

143) RvO, A'dam. Archiv-GKzbV, HAVP 21 aa.

Bereits im September 1944, als die Invasion der Alliierten die deutschen Dienststellen in Den Haag überraschte, war die HAVP zunächst nach Almelo im Osten des Landes verlegt worden. Als sie schließlich "im Zuge der Verkleinerung der Behörde des Reichskommissars" aufgelöst wurde, war Dittmar die einzige Instanz innerhalb des Reichskommissariats, "die noch etwas mit der Presse zu tun hatte"[144].

144) Strafsache Dittmar. RvO, A'dam. Archiv-DG 53/45.

6 Niederländischer Propagandaapparat

61 Raad van Voorlichting voor de Nederlandse Pers[1)]

Bereits vor der Okkupation der Niederlande hatte es in nazistisch orientierten Kreisen um die Zeitschrift "De Waag"[2)] Diskussionen um eine mögliche "Neuordnung" des niederländischen Pressewesens gegeben. Diese Diskussionen mündeten in die Forderung nach einer vom Staat sanktionierten "Pressekammer", wie sie insbesondere vom Chefredakteur der "Waag", Dr. T. Goedewaagen[3)], in seinen Artikeln formuliert wurde[4)].

Mit der deutschen Besetzung ergab sich für jene Kreise die erhoffte Chance, ihre theoretischen Überlegungen zur Veränderung des niederländischen Pressewesens in der Praxis anzubahnen. Die Initiative ging dabei vom Direktor eines kleinen Den Haager Pressebüros (Vereenigde Persbureaux), A. Meyer-Schwencke, aus, der bereits vor dem Krieg Vertrauensmann des RMVP und der Abteilung Wehrmachtspropaganda beim OKW gewesen war. Seine Bemühungen um die Neuregelung des Pressewesens begannen bereits in den letzten Kriegstagen: Wenige Stunden nach der Kapitulation reiste Meyer-Schwencke überraschend nach Berlin. Nach seiner Rückkehr sammelte er in aller Eile eine Gruppe von Getreuen um sich mit dem Ziel, die Errichtung einer niederländischen Pressekammer nunmehr konkret in die Wege zu leiten. Es sollte der Beweis erbracht werden, daß die einheimische Presse - zumindest der pronazistische Teil des niederländischen Zeitungswesens - auch ohne direktes deutsches Eingreifen die "Zeichen der Zeit" verstanden hatte und daraus eigene Konsequenzen zu

---

1) Aufklärungsrat für die niederländische Presse.

2) "De Waag" war eine antibolschewistische, antichristliche, pronazistische Wochenzeitung. Vgl. Political Warfare Executive, Guide to the European Press. 29. April 1943. RvO, A'dam. Doc. II-616. Vgl. auch die entsprechenden Jg. im RvO.

3) Der spätere Generalsekretär des neuerrichteten "Department van Volksvoorlichting en Kunsten" und Präsident der "Nederlandse Kultuurkamer".

4) Vgl. T. Goedewaagen, Autobiographie, Hoe ik Nationaal Socialist werd en was. RvO, A'dam. Doc. II-548, Scheveningen 1949, S. 82 f.

ziehen bereit war[5].

611 Organisation und Funktion

Unter "dem Protektorat des Reichskommissars"[6] konstituierte sich am 6. Juni 1940 der "Raad van Voorlichting voor de Nederlandse Pers" (RvV)[7], dessen Mitglieder sich aus eben jenen prodeutschen und nationalsozialistischen bzw. faschistischen niederländischen Redakteuren zusammensetzten[8]. Die Leitung übernahm T. Goedewaagen als "Präsident" des RvV, sein Stellvertreter war Meyer-Schwencke. Als einziger offizieller Vertreter der NSB wurde Rost van Tonningen in das Gremium der Presseneuerer gewählt, vermutlich aufgrund eines Fingerzeigs von Generalkommissar zbV Schmidt[9].

Nach einem Empfang des RvV bei Schmidt am 15. Juni 1940, bei dem dieser sein Wohlwollen über die Eigeninitiative der niederländischen Pressevertreter zum Ausdruck gebracht hatte, trat

5) Eine umfassende Darstellung der Geschehnisse im Sommer 1940, die zur Gleichschaltung der niederländischen Presseorganisationen führen sollten, findet sich bei A. J. v. d. Leeuw, Overzicht van de gebeurtnissen die leidden tot de gelijkschakkeling van de nederlandse persorganisaties in zomer en herfst van 1940, Not. Nr. 47. RvO, A'dam 1953. Vgl. auch J. B. Th. Spaan, Pers en Propaganda, a.a.O., S. 142 f.

6) Vgl. die DB beim GKzbV vom 21. August 1940. RvO, A'dam. Archiv-HSSPF 54 a, DB Nr. 21/4.

7) Anfangs "Centrale Advies-Commissie voor de Nederlandse Pers" (Beratungsausschuß) genannt.

8) Neben A. Meyer-Schwencke und T. Goedewaagen gehörten dem RvV folgende Personen an: J. Learbuch (Angestellter bei Meyer-Schwencke), Drs. W. Goedhuys (Redakteur bei "Het Vaderland"), Dr. A. v. d. Poel (Polit. Chefredakteur der Neerlandia-pers), H. J. Sperling (Direktor des deutschen Verkehrsbüros in Amsterdam), P. J. v. Megchelen (Vertreter des ANP, seit Mai 1940 Chefredakteur desselben), M. M. Rost v. Tonningen (Chefredakteur von "Het Nationale Dagblad"). Später traten hinzu: L. Arts (Verl. Direktor der "Nieuwe Tilburgsche Courant"), J. Kars (Verl. Direktor des "Rotterdamsch Nieuwsblad") und H. J. Kerkmeester (Verl. Direktor von "De Arbeiderspers").

9) Vgl. A. J. v. d. Leeuw, Not. Nr. 47, a.a.O., S. 4.

der Vorstand am folgenden Tag zum ersten Mal mit einem Kommunique an die Öffentlichkeit. In diesem waren die Aufgaben des RvV folgendermaßen beschrieben[10]:

1. Vorbereitung einer Pressekammer, die die gesamte Presse korporativ umfassen und im "völkischen" Sinne leiten sollte,
2. Aufklärung der Presse in ideologischer Richtung, insbesondere im Sinne einer "neuen europäischen Gemeinschaft" durch ein Mitteilungsblatt und Materialbelieferung[11],
3. Vermittlung zwischen niederländischer Presse und deutscher Besatzungsmacht mit dem Ziel, das niederländische Volk für eine tatkräftige Mitwirkung an der neuen europäischen Gemeinschaft zu gewinnen.

In Wirklichkeit lief jedoch die Tätigkeit des RvV in den Sommermonaten 1940 allein auf das politische Ziel hinaus, die bis dahin bestehenden Verleger- und Journalistenorganisationen in den Niederlanden so rasch wie möglich zu liquidieren bzw. im Sinne einer künftigen Pressekammer umzufunktionieren. Zur Neuorganisation der niederländischen Journalisten gehörte auch der Ausschluß der "jüdischen und unzuverlässigen Elemente"[12].

612 Contact-Commissie als Gegenorganisation

Zu den "alten" Organisationen, die in den Auseinandersetzungen mit dem RvV ihre Existenz vergeblich zu verteidigen suchten, gehörten die "Nederlandsche Dagbladpers" (NDP) als Vereinigung der Zeitungsverleger und der "Nederlandsche Journalistenkring"

---

10) Ebd., S. 5. Vgl. auch T. Goedewaagen, Autobiographie, a.a.O., S. 86.

11) Mit dem Erscheinen der Mitteilungen, die der RvV den Zeitungs- und Zeitschriftenredaktionen zusandte, kam er bald der deutschen PA im GKzbV ins Gehege. So dauerte es nicht lange, bis Janke Produktion und Versand der Mitteilungen zum Erliegen brachte, um fortan im Hintergrund gegen den RvV zu wirken. Vgl. A. J. v. d. Leeuw, Not. Nr. 47, a.a.O., S. 5.

12) Vgl. Meldungen aus den Niederlanden Nr. 5.vom 27. Juli 1940. RvO, A'dam. Archiv-HSSPF.

(NJK) als Journalistenverband[13].

Daneben gab es die ebenfalls überkommenen Organisationen der "Nederlandse Periodieke Pers" (NPP), Vereinigung der Herausgeber von Zeitschriften und die "Provinciale Pers" (PP), Vereinigung der Herausgeber der Provinzpresse[14], die jedoch den Plänen des RvV, die geplante niederländische Pressekammer in eigener Regie aufzubauen, keinen Widerstand entgegensetzten[15]. Bereits nach einer Besprechung am 27. Juni 1940 mit der NPP und der PP, in der sich die beiden Organisationen von den Vorzügen eines korporativen Zusammenschlusses überzeugen ließen, konnte der RvV Anfang Juli 1940 die Errichtung der Fachgruppe "Provinciale en Periodieke Pers" (PPP) mitteilen[16].

Allerdings stand nach diesem ersten Erfolg des RvV der entscheidende Kampf mit der Tagespresse noch aus. Während die deutsche Besatzungsmacht in jenen Auseinandersetzungen äußerst geschickt zwischen den Fronten lavierte, um sich nur dann einzuschalten, wenn die angestrebte Entwicklung gefährdet schien, formierten sich die Vertreter der NJK (Journalisten) und NDP (Verleger) zum Widerstand. Eine zwischen beiden Organisationen bestehende "Contact-Commissie" beschloß am 8. Juni 1940 mit Unterstützung der niederländischen Generalsekretäre[17], gegen den RvV zu opponieren: Als Gegenoffensive wurde die Bildung eines der Pressekammer vergleichbaren "Presserates" geplant, um so den Neuerern

---

13) Der NJK konstituierte sich 1884, die NDP 1906. Nach dem 10. Mai 1940 bestand daneben ein katholischer Journalistenverband (RK-Journalistenvereniging), der jedoch im Juli des gleichen Jahres mit der NJK fusionierte. Fünf Prozent der niederländischen Journalisten blieben unorganisiert. Vgl. I. Iben, The germanic press of europe, a.a.O., S. 44 f. J. C. A. Coucke, De nederlandse pers tijdens de bezetting, a.a.O., S. 7. Vgl. auch Meldungen aus den Niederlanden Nr. 5 vom 27. Juli 1940, a.a.O., S. 11.

14) Ein- oder zweimal in der Woche erscheinende Nachrichtenblätter.

15) Die PP stand bereits seit Jahren in engem wirtschaftlichen Kontakt mit dem Pressebüro Meyer-Schwenckes, das sie u.a. mit Moderubriken und Feuilletons belieferte. Die NPP hatte bereits Ende Mai 1940 einen NSB-Funktionär, H. J. Kerkmeester, in den Vorstand gewählt.

16) Vgl. A. J. v. d. Leeuw, Not. Nr. 47, a.a.O., S. 6. T. Goedewaagen, Autobiographie, a.a.O, S. 86.

17) RvO, A'dam. CNO-SG, Notulen 12/I-7.

den "Wind aus den Segeln zu nehmen"[18]. Auch in diesem Falle zeigte sich Generalkommissar zbV Schmidt angetan von der Mitarbeit der "alten" Journalisten- und Verlegervereinigungen, allerdings nicht ohne zur Zusammenarbeit mit dem RvV zu raten[19].

Für einige Wochen blieb die Situation der rivalisierenden "neuen" und "alten" Presse-Organisationen unentschieden, obwohl sich ein gewisser Defaitismus unter einigen Mitgliedern der Geschäftsführung des NJK und der NDP breitzumachen begann. Schließlich halfen die taktischen Manöver des RvV, insbesondere die Intrigierkünste Meyer-Schwenckes, den Widerstand einer letzten großen Journalisten-Versammlung am 10. August 1940 zu sprengen. Mit Hilfe seiner Beziehungen zum Reichskommissariat, vor allem zum Pressereferenten Seyß-Inquarts, Hushahn, bereitete er u. a. die Entlassung seines Hauptwidersachers, J. W. Henny (Vorsitzender der NDP) vor[20].

613 Verbond van Nederlandse Journalisten

Unmittelbar nach einem großen Prestigegewinn durch das persönliche Auftreten Seyß-Inquarts im Rahmen eines Besuches deutscher Journalisten in den Niederlanden am 15. August 1940[21], übersandte der RvV allen niederländischen Journalisten ein Rundschreiben, in dem die Errichtung eines "Verbond van Nederlandse Journalisten" als Teil der künftigen Pressekammer angekündigt und ein Anmeldungsformular beigefügt wurde[22].

---

18) Der Plan eines Presserates sah u. a. bindende Gehaltsregelungen für den Journalisten und die Kontaktförderung zwischen der Besatzungsmacht und der Provinzpresse vor.

19) Die Contact-Commissie traf am 17. Juli 1940 mit Schmidt zusammen, der doppelzüngig versicherte, daß der RvV bei ihm weder "Priorität noch Autorität" genieße. Vgl. A. J. v. d. Leeuw, Not. Nr. 47, a.a.O., S. 9.

20) RvO, A'dam. Archiv-Persgilde (RvV). Brief RvV an Hushahn vom 5. Juli 1940.

21) Vgl. DZN vom 16. August 1940, S. 1. Vgl. auch T. Goedewaagen, Autobiographie, a.a.O., S. 88.

22) RvO, A'dam. Archiv-Persgilde (RvV).

Doch immer noch war die Machtprobe zwischen dem RvV und der Tagespresse (NJK/NDP) nicht entschieden. Sobald das Programm des neuen Verbands über die ANP-Telegraphen gelaufen war, beschloß die Contact-Commissie, nunmehr ihren Presserat umgehend einzurichten, so daß der NJK seinen Mitgliedern am 20. August 1940 ebenfalls einen Programmentwurf vorlegen konnte[23]. Es zeigte sich, daß sich beide Konkurrenzpläne in den Zusicherungen gegenüber den Arbeitnehmern des Pressewesens glichen - vor allem in Bezug auf neue Gehalts- und Pensionsregelungen, Schutz des Titels und der Rechtspositionen des Journalisten allgemein[24].

Da sich die deutschen Autoritäten gegenüber den verschiedenen Strömungen der Neuorientierungs- und Anpassungsbemühungen im niederländischen Pressewesen nach außen hin weiter neutral verhielten, blieben die Sorge und Unsicherheit des traditionellen NJK und der NDP um ihre Monopolstellung erhalten. Obwohl in einer Verleger-Versammlung vom 21. August 1940 noch einmal gegen die Zusammenarbeit mit dem RvV entschieden wurde, erreichte dieser drei Tage später auf der konstituierenden Versammlung des "Verbond van Nederlandse Journalisten" 300 Neuanmeldungen. In ihren Ansprachen beschworen Goedewaagen und van Megchelen als Verbandsvorsitzende das "neue Europa", das sich für Journalisten auch in den angekündigten sozialen Leistungen des Verbandes zeigen sollte[25].

In diesem Stadium endlich schaltete sich Schmidt mit einer definitiven Entscheidung ein[26]. Mit seinem Wunsch nach Abwahl des unbequemen Vorsitzenden der NDP, J. W. Henny, stellte er sich eindeutig auf die Seite des RvV. Nachdem sich die Kapitulation der Verleger als Folge dieser Entscheidung abzuzeichnen begann, da sie den Kurs der Contact-Commissie verließen und be-

---

23) Ebd., Circulaire vom 23. August 1940.

24) Vgl. A. J. v. d. Leeuw, Not. Nr. 47, a.a.O., S. 16.

25) RvO, A'dam. Kollektion-Huyts, Persverslagen vom 26. August 1940. A. J. v. d. Leeuw, Not. Nr. 47, a.a.O., S. 17.

26) RvO, A'dam. Archiv-Persgilde (NJK). Circulaire vom 16. September 1940.

reits erste Verbindungen zum RvV knüpften[27], war auch die NJK-Führung arbeitsunfähig geworden. Zur Absicherung ihrer Mitglieder bemühte diese sich nunmehr um den geschlossenen Übertritt in den neuen Journalistenverband[28].

614 Nederlandse Perskamer - Gründung und Verbot

Am 13. September 1940 erschien in der niederländischen Presse die Notiz, daß eine "Nederlandse Perskamer" durch den RvV unter Mitwirkung der NDP errichtet worden sei. Einen Tag später mußte auf Anordnung der deutschen Instanzen ein Widerruf dieser Nachricht verbreitet werden[29].

Wie es zu diesem für die niederländischen Presse-Kollaborateure "peinlichen Geschehen" kommen konnte, daß an einem Tag zugleich zur "Geburts- und Sterbefeier" der von ihnen geschaffenen niederländischen Pressekammer gerufen werden mußte[30], bedarf einiger Erläuterungen: Als der RvV nach seinem erfolgreichen Streit gegen die überkommenen Presseorganisationen seine Pläne zur Gründung einer Pressekammer umgehend realisieren wollte, stieß er dieses Mal auf den Widerstand von Schmidt[31]. Eine künftige Pressekammer sollte nach seinem Dafürhalten am besten ohne Eile auf dem Verordnungswege über das Reichskommissariat errichtet werden. Ungeachtet dessen verfolgte Meyer-Schwencke im stillen sein Ziel weiter und erhielt unerwartete Hilfe von einem Beamten des RMVP/Berlin: Im August 1940 war der RR Dr. H. Hilleke von der Rechtsabteilung des RMVP unter Leitung von Prof. Hans

27) Nachdem J. W. Henny am 29. August 1940 abgetreten war, wählte der Vorstand der NDP J. Kars als dessen Nachfolger.

28) Vgl. A. J. v. d. Leeuw, Not. Nr. 47, a.a.O., S. 20 f.

29) Vgl. DZN vom 14. Sept. 1940, S. 1.

30) T. Goedewaagen, Autobiographie, a.a.O., S. 89.

31) RvO, A'dam. CNO-SG Notulen 19/I-15. Am 5. Juli 1940 findet sich verzeichnet, daß die vom RvV organisierte "Perskamer" laut Schmidt keine deutsche Unterstützung erhalten solle.

Schmidt-Leonhardt zur Vorbereitung von Kulturkammer-Verordnungen in die Niederlande delegiert worden. Während der damalige Leiter der HAVP, Fink, am 23. August 1940 bei Goebbels einen verlängerten Aufenthalt des "Rechts- und Organisationsreferenten" bei der HAVP erbat[32], da sich in vier Wochen keine "organisatorische Neuordnung des holländischen Kulturlebens" durchführen lasse und "aus politischen Gründen eine gewisse Zurückhaltung geboten" sei, beeilte sich Meyer-Schwencke, den Berliner Juristen für seine Pressekammer-Pläne zu gewinnen. Hilleke - mit den niederländischen Verhältnissen gänzlich unvertraut - ließ sich vorbehaltlos in die Intrigenspiele Meyer-Schwenckes einspannen. Er leistete juristische Vorarbeit zum Aufbau der niederländischen Pressekammer, ohne daß Generalkommissar zbV Schmidt in das Geschehen eingeweiht wurde. Dieser sollte mit der Errichtung der Pressekammer vor ein fait accompli gestellt werden[33].

Jedoch ging diese Rechnung nicht auf. Als Schmidt von der eigenmächtigen Handlungsweise des RvV, insbesondere der Meyer-Schwenckes und des RMVP-Juristen hörte, geriet er außer Fassung und bestimmte[34]: "Eine Pressekammer wird von uns errichtet, nicht von den Holländern!"

Das Resultat war, daß die Deutschen das gesamte Projekt niederschlugen und jede weitere Mitteilung über die Pressekammer verboten.

---

32) RvO, A'dam. CDI 5e, Promistukken 28242. Brief Finks an Goebbels vom 23. August 1940.

33) A. J. v. d. Leeuw, Not. Nr. 47, a.a.O., S. 24.

34) T. Goedewaagen, Autobiographie, a.a.O., S. 89. Bereits am 21. August 1940 kam es zu Mißfallensäußerungen über den RvV während der DB beim GKzbV. Dort hieß es: Der RvV "versagt vollkommen. Die Angehörigen haben ein unmögliches Communiqué herausgegeben. Sie werden entsprechend angewiesen werden." Am 6. Januar 1941 vermeldete dieselbe Instanz: "Die Liquidation des Raad van Voorlichting steht bevor." RvO, A'dam. Archiv-HSSPF 54 a, DB Nr. 21/4 und Nr. 46/6.

62 Department van Volksvoorlichting en Kunsten

Wie bereits dargestellt wurde, entsprach der Aufbau des deutschen Reichskommissariats in den besetzten niederländischen Gebieten einer "Führungs- und Aufsichtsverwaltung", deren Funktionen sich auf Lenkung und Kontrolle der einheimischen Verwaltungsorgane beschränken sollte[35]. Der intakt gehaltene niederländische Behördenapparat wurde dementsprechend nicht nur für die routinemäßige Verwaltungsarbeit, sondern auch zur Durchführung der von der deutschen Besatzungsmacht angeordneten Maßnahmen herangezogen. Soweit es sich dabei um die landläufigen Ressorts der Innenpolitik handelte, ergaben sich für die NS-Exekutive keine Schwierigkeiten. Allerdings wurde die Lenkung und Kontrolle zum Problem in einem Bereich, in dem sich eine vormals demokratische Staatsform als schlecht gerüstet erwies: Für die "öffentliche Meinungsbildung" stand dem Generalkommissar zbV nur ein niederländisches Ministerium, das "Department van Onderwijs, Kunsten en Wetenschappen" (Ministerium für Unterricht, Künste und Wissenschaften), zur Verfügung, das für eine Propagandaführung nach deutschem Muster so gut wie unbrauchbar war. Um also die Lenkungs- und Kontrollfunktion im Bereich der Massenkommunikation überhaupt ausüben zu können, mußte erst ein niederländisches Ministerium für Propaganda geschaffen werden[36].

In diesem Zusammenhang ist die Tatsache von Bedeutung, daß die deutsche Besatzungsmacht mit ihren politischen und propagandistischen Zielsetzungen in den Niederlanden nicht gänzlich allein stand: Nationalsozialistische, prodeutsche Kräfte waren wie im Falle des RvV durchaus bereit, den deutschen Okkupanten behilflich zu sein - wenn nicht gar deren teilweise auf lange Sicht geplanten Bestrebungen vorauszueilen. So leistete der RvV vorbereitende Arbeiten zur Errichtung des neuen niederländischen

---

35) Vgl. S. 21 dieser Arbeit.

36) Es gab keine niederländische Instanz, die die Anordnungen der deutschen Besatzungsmacht im Bereich der Propagandaführung hätte realisieren können.

Propagandaministeriums, offensichtlich ohne sich des instrumentalen Charakters seiner Tätigkeit bewußt zu sein. Erst als die vom RvV auf Betreiben Meyer-Schwenckes aus der Taufe gehobene Pressekammer noch am selben Tag vom Generalkommissariat zbV liquidiert worden war, mußte die Abhängigkeit der niederländischen Kollaborateure von der deutschen Besatzungsmacht außer Frage stehen. Aber auch dann lief die Zusammenarbeit der niederländischen mit den deutschen Nationalsozialisten weiter.

Ohne auf die internen Auseinandersetzungen und Konkurrenzkämpfe unter den konservativen, reaktionären, faschistischen und nationalsozialistischen Gruppierungen in den Niederlanden Rücksicht zu nehmen, nutzten die Deutschen jede politische Potenz, die ihnen in der jeweiligen politischen Situation von Nutzen sein konnte. So tolerierten sie anfangs die "Nederlandsche Unie"[37)] und die "Nationaal Front"[38)], unterstützten die Gruppe van Rappards[39)] und konzentrierten sich andrerseits zunehmend auf den Ausbau der NSB und ihrer Untergliederungen. Doch nicht einmal die prodeutschen Parteien selbst wurden konsequent als Ganzes gefördert, vielmehr griff man sich jeweils die Personen heraus, von denen für den augenblicklichen politischen Einsatz möglichst erfolgversprechendes Handeln erwartet werden konnte: Die NSB-Funktionäre Rost van Tonningen und Woudenberg z. B. wurden ohne Befragen des Parteichefs zur Gleichschaltung der Arbeiterorganisationen berufen, die NSB-Mitglieder Goedewaagen und Prof. J. J. Schrieke ohne dessen Befürwortung als Generalsekretäre des neugegründeten Ministeriums für Volksaufklärung und Künste bzw. des Justizministeriums eingesetzt. Mussert hatte sich in diesen Fällen mit der Hoffnung zu begnügen, daß diese Parteigenossen in seinem Sinne tätig werden würden - was in neun von zehn Fäl-

37) Konservative Partei, im Sommer 1940 als Reaktion auf die Besetzung gegründet, von den Deutschen anfangs als mögliche Massenbewegung geduldet, Ende 1941 verboten. Vgl. S. 31 dieser Arbeit.

38) Bis April 1940 "Zwaart Front", katholisch-faschistische Bewegung unter Arnold Meijer.

39) In der NSNAP als niederländischem Abbild der NSDAP versammelten sich die glühendsten Hitleranhänger.

len illusorisch zu sein schien[40].

Erst unter diesen Gesichtspunkten läßt sich die Errichtung des niederländischen Propagandaministeriums, seine Organisation und seine Funktion im Verhältnis zur deutschen HAVP im Generalkommissariat zbV verdeutlichen. War die HAVP als Filiale des Goebbelschen Propagandaapparates von Beginn an als Führungsinstanz verstanden worden, so sollte mit der zuständigen niederländischen Einrichtung ein gefügiges Instrument zur Durchführung der Lenkungs- und Kontrollaufgaben geschaffen werden. Wie wenig Eigenständigkeit das nach außen hin als rein niederländisch deklarierte Propagandaministerium im Laufe der fünf Besatzungsjahre haben sollte, wird an anderer Stelle zu belegen sein[41].

Mit seiner Verordnung vom 25. November 1940[42] über die Errichtung des "Department van Opvoeding, Wetenschap en Cultuurbescherming" (Ministerium für Erziehung, Wissenschaft und Kulturverwaltung) unter J. van Dam und des "Department van Volksvoorlichting en Kunsten" (DVK; Ministerium für Volksaufklärung und Künste) unter T. Goedewaagen löste Seyß-Inquart das alte niederländische Unterrichtsministerium auf zugunsten zweier neuer nationalsozialistischer Behörden[43].

Zum neuen Erziehungsministerium gehörten Schul- und Jugendfragen im weitesten Sinne sowie alle wissenschaftlichen Belange[44],

---

40) Vgl. Documentatie, a.a.O., S. 7. L. de Jong, Die Niederlande im zweiten Weltkrieg, a.a.O., S. 18.

41) Vgl. S.157 dieser Arbeit.

42) VOBL.Niederlande.VO 211/40.

43) Vgl. DZN vom 27. Nov. 1940. Zwei neue Ministerien in den Niederlanden geschaffen, S. 1.

44) Das waren "alle öffentlichen und privaten Schul- und Erziehungsanstalten einschließlich der Hochschulen; die Lehrerbildung, das Schulfilmwesen, die körperliche Erziehung; die Jugendführung und die kulturelle Jugendfürsorge; die Erwachsenenbildung einschließlich der Volksbüchereien; die Wissenschaft einschließlich der wissenschaftlichen Büchereien, Einrichtungen und Vereinigungen, des wissenscnaftlichen Schrifttums sowie der Ausgrabungen; die öffentlichen und nichtöffentlichen Museen und sonstige Sammlungen, die Denkmalspflege, das Archivwesen sowie der Natur- und Heimatschutz." Ebd., VO 211/40 § 2.

zum neuen Propagandaministerium vor allem die Presse, der Rundfunk und das Filmwesen sowie "die Angelegenheiten des nichtwissenschaftlichen Schrifttums, der Musik, der bildenden Kunst einschließlich der Architektur und des Kunsthandwerks, der Theater, des Kunsttanzes sowie das Ausstellungswesen, die Bekämpfung von Schund und Schmutz sowie die Angelegenheiten der Werbung und des Ankündigungswesens zu nicht gewerblichen Zwecken"[45].

Die niederländischen Nationalsozialisten feierten die Errichtung des DVK als "erstes Organ des nationalsozialistischen Staates", das den Sieg der NS-Ideologie in den Niederlanden sichtbar mache: In vollem Bewußtsein seiner "historischen Aufgabe" sollte von diesem Ministerium in den Bereichen der Propaganda und Kultur "Pionierarbeit" geleistet werden[46]. Im "Dienste der Nation" wollte das DVK als "Krönung" der Tätigkeit des RvV seine Aufgaben zu erfüllen suchen[47].

621 Organisation

Die Organisation des niederländischen DVK entsprach in ihren Grundzügen dem Aufbau des deutschen RMVP. Wie bei der deutschen HAVP in Den Haag waren die einzelnen Abteilungen mit belanglosen Abweichungen dem Berliner Muster des Goebbelschen Propagandaapparates nachgebildet worden[48]. In Relation zur Bevölkerungsquote hatte das RMVP im zweiten Kriegsjahr 1.356 Beschäftigte[49], während die erste Personalliste des DVK von 1941 rund ein Zehn-

45) Ebd., VO 211/40 § 3. Nach der Verordnung waren außerdem die Volkstumspflege und der Kulturaustausch von beiden Ministerien im Rahmen ihrer Zuständigkeit zu verwalten.

46) N. Oosterbaan, Een jaar van pioniersarbeid. Het Department van Volksvoorlichting en Kunsten, in: Volk en Vaderland, 28. Nov. 1941, 9. Jg., Nr. 48, S. 4.

47) T. Goedewaagen, DZN vom 28. November 1940, S. 1. Autobiographie, a.a.O., S. 93 A.

48) Vgl. das Organisationsschema des RMVP bei G. Menz, Der Aufbau des Kulturstandes, a.a.O., S. 13 f.

49) Stand vom 1. April 1940. Vgl. W. A. Boelcke, Kriegspropaganda, a.a.O., S. 121.

tel davon, nämlich 118 Mitarbeiter aufwies[50]. 17 Abteilungen des RMVP standen immerhin 11 der niederländischen Filiale gegenüber, jedoch waren die Abteilungen der Berliner Zentrale im Gegensatz zur Den Haager Nachbildung stark differenziert. So enthielt allein die Propagandaabteilung des RMVP 10 Referate sowie zusätzliche Funktionsbereiche koordinierender und technischer Art[51].

An der Spitze des Ministeriums stand der "Secretaris-Generaal", Dr. T. Goedewaagen, dem für die Aufgaben des DVK im Verwaltungsbereich drei Abteilungen unterstanden: Die "Afdeeling Kabinet en Juridische Zaken" (Recht), die "Afdeeling Algemeen Secretariaat en Personeelzaken" (Personal) und die "Afdeeling Comptabiliteit" (Haushalt).

Nach dem ersten Organisationsplan gliederte sich das DVK außer diesen drei Verwaltungsabteilungen seinem Namen adäquat in zwei große Arbeitsgruppen, die der "Volksvoorlichting" und der "Kunsten". Unter "Volksvoorlichting" ressortierten die Abteilungen "Propaganda" (W. L. Z. v. d. Vegte), "Perswezen" (N. Oosterbaan) und "Radio- en Filmwezen" (J. d. Kloet). Die Presseabteilung umfaßte fünf Büros, das Büro für "Persinlichtingen", "Dagbladen", "Nieuwsbladen en Tijdschriften", "Fotopers" und "Lectoraat en Documentatie"[52].

---

50) RvO, A'dam. Archiv-DVK, KB, Port. g Map 275. Organisationsplan des DVK von 1941.

51) Die Referate für politische, kulturpolitische, Wirtschafts-Propaganda, Großveranstaltungen und Repräsentation, für alle Ausstellungsangelegenheiten, Volkstums- und rassenpolitische Fragen, einheitliche Ausrichtung der Jugend- und Sportpropaganda, Sozialpropaganda, Kolonialpropaganda und Propagandaerkundung. Die Propagandaabteilung im RMVP war auch die Aufsichtsinstanz für die Reichspropagandaämter und für die Propagandaabteilungen im deutschbesetzten Ausland. Nachgeordnet war ihr ein "Propaganda-Atelier", das für die Herstellung des diversen Propagandamaterials zuständig war. Vgl. hierzu W. A. Boelcke, Kriegspropaganda, a.a.O., S. 139 ff.

52) Presseauskunftsstelle, Büro für Tagespresse, Zeitungen und Zeitschriften, Bildpresse und Lektorat/Dokumentation. Das Büro Lektorat war mit 19 Mitarbeitern am stärksten besetzt. Vgl. Organisationsplan des DVK von 1941, a.a.O.

Zur Gruppe "Kunsten" zählten die Abteilungen "Theater en Dans" (F. Primo), "Muziek" (J. G. Goverts), "Bouwkunst, Beeldende Kunsten en Kunstnijverheid" (Ed. Gerdes), "Boekwezen" (J. v. Ham) und "Cultureele Ontspanning" (W. J. J. Noorddijk). Daneben existierten zwei Referate, die sich mit der Vorbereitung der niederländischen Kulturkammer und der Musikgilde befaßten[53].

Im Laufe des Jahres 1941[54] wurden einige Abteilungen des DVK ausgeweitet, andere erschienen unter neuem Ressort. Die "Persinlichtingen" z. B., anfangs in der Presseabteilung angesiedelt, wurden nach einiger Zeit in die Propagandaabteilung übernommen. Die Presseabteilung vergrößerte sich zugunsten ihres Büros "Nieuwsbladen en Tijdschriften", das seinen Personalstand im ersten Halbjahr nahezu verdreifachte, die Rundfunk- und Filmabteilung verdoppelte ihr Büro "Radiowezen", das Sonderreferat "Cultuurkamer" erhöhte seine Mitarbeiterzahl von sechs auf vierzehn. Die Abteilung für Freizeitgestaltung und Kultur erschien bald differenzierter mit ihren Büros für "Vreemdelingenverkeer en Tourisme", "Cultuurbevordering" und "Cultuuriutwisseling". Insgesamt hatte sich der Personalstand des DVK vom November 1940 bis zum Juli 1941 bereits auf 157 Beamte und Angestellte erhöht[55].

Im Organisationsplan des DVK von 1942[56] erschienen die Büros für Tagespresse, Zeitungen und Zeitschriften in der Presseabteilung unter einem Ressort. Im Gegensatz zu dieser Zusammenlegung fächerten sich die Rundfunk- und Filmabteilung im Bereich

---

53) Von den fünf Abteilungen im Bereich der Künste, Theater und Tanz, Musik, Baukunst, bildende Kunst und Kunstgewerbe, Schrifttum und Freizeitgestaltung und Kultur, war die Abteilung Baukunst die größte. Vgl. Organisationsschema des DVK von 1941 im Anhang.

54) RvO, A'dam. Archiv-DVK KB, Port. g Map 275. Organisationsplan des DVK vom 4. Juli 1941.

55) Ebd., Die Abteilung Freizeitgestaltung und Kultur befaßte sich mit Fremdenverkehr, Kulturförderung und Kulturaustausch.

56) RvO, A'dam. Archiv-DVK, KB, Port. g Map 275. Organisationsplan des DVK vom 6. März 1942. Die Übersetzungen der folgenden Ressortbezeichnungen finden sich im DVK-Schema (Anhang).

des Radiowesens in die Büros "Radiotechniek", "Radiocontrole" und "Radioprogrammas" auf. Die mittlerweile in "Actieve Propaganda" umgetaufte Propagandaabteilung gliederte sich nunmehr in die Büros "Schriftelijke Propaganda", "Mondelinge Propaganda", "Tentoonstellingen" und "Rassenonderzoek"; die Musikabteilung in die Büros "Ernstige Muziek", "Vermaaksmuziek", "Concertwezen", "Leekenmuziek" und "Organisatie". Ebenfalls differenzierter war die Abteilung Schrifttum aufgebaut, mit den Büros "Letterkunde", "Lectoraat", "Boekhandel en Uitgeverij" und "Bibliotheek". Die Abteilung Theater und Tanz war in "Dramaturgie", "Beroepstooneel" und "Opera, Operette en Kleinkunst" geordnet. In der Abteilung Freizeitgestaltung und Kultur wurden neben der Fremdenverkehrswerbung und dem Kulturaustausch gesonderte Büros für "Volksfeesten en Herdenkingen" und "Kunst aan het Volk" eingerichtet. Außerdem gab es eine neue 12. Abteilung "Informatie en Documentatie", die sich um die zentrale Weitergabe von Nachrichten öffentlicher Institutionen und Organisationen bemühte: In den Büros "Contact Openbare Lichamen", "Landelijk Contact" und "Lectoraat und Documentatie" wurden Informationen gesammelt und ausgewertet[57].

Die Anzahl der DVK-Beamten stieg von 166 am 1. Januar 1942 weiter auf 234 am 31. Dezember 1942[58]. Die Abteilung Freizeitgestaltung und Kultur (von "Cultureele Ontspanning" in "Ontspanning en Kultur" umbenannt) wurde im Laufe des Jahres 1942 umfunktioniert: Aus der Fremdenverkehrswerbung, dem Kulturaustausch und den Volksfesten etc. entwickelten sich fünf Büros unter der neuen Bezeichnung "Kultureele Propaganda", die offensichtlich mit einer verstärkten politischen Tendenz ausgestattet waren. Außer Fremdenverkehrs- und Ausstellungswesen als relativ neutralen Ressorts entstanden die politischen Sektoren "Nederland in Europa", "Kunst aan het Volk en Jeugd Propaganda" und "Volksche Voorlichting"[59].

---

57) Vgl. Organisationsschema des DVK von 1942 im Anhang.

58) RvO, A'dam. Archiv-DVK SG, Port. f Map 1. Overzicht der Werkzaamheden door het Department van Volksvoorlichting en Kunsten in het tweede halfjaar 1942 verricht, vom 1. Januar 1943, S. 1.

59) Ebd., S. 16.

Nach der starken Expansion verschiedener Abteilungen des DVK in den ersten Jahren seines Bestehens, ergab sich nach vollendetem Aufbau infolge des Kriegsgeschehens ab 1943 eine rückläufige Tendenz. Verschiedene Umstrukturierungen im organisatorischen Aufbau des DVK kennzeichneten die allgemeine Kriegslage auf der Wende vom siegriechen zum unterliegenden Hitler-Deutschland. Nach einzelnen Einschränkungen im Jahre 1943 mußten im ersten Vierteljahr von 1944 mehrere Abteilungen des DVK aufgelöst bzw. zusammengelegt werden. So wurde u. a. die Abteilung Rundfunk aufgehoben, da es mittlerweile nur noch einen niederländischen Sender gab und durch die Ablieferung der Rundfunkapparate die Übertragungen praktisch auf Drahtfunk beschränkt worden waren[60]. Die Abteilungen Pressewesen und Propaganda wurden in diesem Zeitraum unter einer Einmannverwaltung zusammengefaßt; die Unterabteilung Propaganda erhielt ihren eigenen Leiter und nahm die Abteilung Kulturelle Propaganda unter ihr Ressort. Dagegen erweiterte sich die Abteilung Baukunst, Bildende Künste und Kunstgewerbe durch die Eingliederung der vormals als "Stiftung" bestehenden Einrichtung "Het Nederlandsche Kunsthuis"[61].

In der von Goebbels propagierten "totalen" Kriegführung lag die Ursache für den raschen Niedergang des DVK: Das an die Front abgezogene Personal ließ auch in den Niederlanden nahezu alle Institutionen der Nationalsozialisten schrumpfen. So mußten auch

---

60) Vgl. VOBL. Niederlande. AO/43. Die "Anordnung über die Einziehung der Rundfunkempfangsanlagen" wurde vom Höheren SS- und Polizeiführer Rauter am 13. Mai 1943 erlassen. Damit war dem "Nederlandsche Omroep" (Rundfunk) ein erheblicher Teil seines Arbeitsbereiches abgenommen worden. Um dem Mangel einer Rundfunkabteilung abzuhelfen, wurde ein Verbindungsmann des DVK beim Sender eingesetzt. Zudem versuchten der Generalsekretär des DVK und der Generaldirektor des "Nederlandsche Omroep" die entstandene Lücke durch persönliche Kontaktaufnahme zu füllen. Vgl. dazu die "Übersichtliche Darstellung der Arbeiten vom Ministerium für Volksaufklärung und Künste, erledigt im ersten Vierteljahr des Jahres 1944". RvO, A'dam. Archiv-DVK SG, (1943/44), Port. g Map 1. (zit. Übersicht DVK).

61) Das Nederlandsche Kunsthuis wurde am 21. März 1942 eröffnet. Neben einem ständig geöffneten Ausstellungsraum gehörte dazu ein Vermittlungs- und Beratungsbüro zwischen Künstlern und Privatpersonen, bzw. Institutionen.

Beamte des niederländischen Propagandaministeriums "ihren Anteil zu dem Kampf in Europa"[62] beitragen und die Propagandaführung in den letzten Kriegsmonaten von 1944 und 1945 wieder ganz der deutschen Besatzungsmacht überlassen[63].

622 Personal

In der personellen Zusammensetzung unterschieden sich das Ministerium für Volksaufklärung und Künste und das für Erziehung, Wissenschaft und Kulturverwaltung. Während das von den Nationalsozialisten errichtete Erziehungsministerium sein Personal aus dem ehemaligen niederländischen Unterrichtsministerium rekrutierte und nur die Führungsspitze durch den NSB-Funktionär Van Dam ersetzt wurde[64], baute das DVK seinen Apparat ausschließlich auf Prodeutschen und Nationalsozialisten, vor allem auf NSB-Genossen, auf[65].

Der zum Generalsekretär des DVK ernannte Goedewaagen[66], seit dem Sommer 1940 eingeschriebenes Mitglied der NSB, hatte sich bereits in den ersten Monaten der Besatzung "bedenklich in nationalsozialistischer Richtung" entwickelt[67] und tat sich besonders in der von Meyer-Schwencke initiierten Neuorganisation

---

62) Ebd., Vgl. Vorwort.

63) Vgl. J. B. Th. Spaan, Pers en Propaganda, a.a.O., S. 168.

64) Der alte Beamtenstab im neuen Erziehungsministerium bemühte sich soviel wie möglich Kulturbereiche vor dem Zugriff des sogenannten "verkehrten" Ministeriums (DVK) zu bewahren. Vgl. N. A. Donkersloot, Kunst en Kunstenaars tijdens de Bezetting, in: Onderdrukking en Verzet, a.a.O., S. 502.

65) Vgl. J. C. A. Coucke, De nederlandse pers tijdens de bezetting, a.a.O., S. 7. Es handelte sich dabei zumeist um "total Unkundige und Unbefugte, Postenjäger und Besserwisser schlimmster Sorte".

66) Tobie Goedewaagen, 1895 in Amsterdam geboren, studierte Philosophie in Utrecht, promovierte 1923 und war von 1925 bis 1941 Privatdozent für Philosophiegeschichte. 1938 wurde Goedewaagen Mitarbeiter der Zeitschrift "De Waag", 1939 bis 1940 Redakteur und bis zu seiner Ernennung zum Generalsekretär des DVK Chefredakteur derselben. RvO, A'dam. Personenkartei Goedewaagen.

67) N. A. Donkersloot, Kunst en Kunstenaars tijdens de Bezetting, a.a.O., S. 502.

des niederländischen Pressewesens hervor. Als Vorsitzender des nationalsozialistischen RvV und dessen erster Gründung, des korporativen "Verbond van Nederlandsche Journalisten", hatte sich Goedewaagen für die deutsche Besatzungsmacht hinreichend qualifiziert, um im November 1940 das neuerrichtete niederländische Propagandaministerium übernehmen zu dürfen. Im Juli 1941 erhielt er den besonderen Lehrstuhl für neuere Philosophie in Leiden übertragen, um das Studium des Nationalsozialismus zu fördern. Nach einjährigem Bestehen des DVK sollte Goedewaagen schließlich Präsident der neuerrichteten "Nederlandschen Cultuurkamer" werden[68]. Im Frühjahr 1942 wurde der erste Generalsekretär des DVK abgelöst von H. Reydon[69] und dieser wenig später von S. M. S. Ranitz[70].

Neben dem Hegelianer[71] Goedewaagen muß eine Gestalt im DVK erwähnt werden, die sich im Laufe der Besatzungszeit als "gefährlicher Helfershelfer" der Deutschen zum "großen Propagandisten" der NSB entwickeln sollte[72]: Max Blokzijl[73], im ersten Welt-

68) Vgl. S. 182 dieser Arbeit.

69) Reydon, 1896 geboren, studierte Jura in Utrecht und erhielt mit 23 Jahren den Doktor der Rechte. Bereits 1932 Mitglied der NSB, wurde er 1933 der erste Kreisleiter der Partei in Amsterdam. Reydon war Mitarbeiter des NSB-Blattes "Volk en Vaderland" und Redakteur der NSB-Tageszeitung "Het Nationale Dagblad", bei der er von April 1940 bis Dezember 1940 die Chefredaktion übernahm. Nach Errichtung der "Agrarisch Front" übernahm er die Abteilung Bildung, nach Errichtung des "Nederlandschen Landstand" die Hauptabteilung I "Volk en Bodem". Als auf Reydon kurz nach seinem Amtsantritt als Generalsekretär des DVK am 9. Februar 1943 ein Attentatsversuch unternommen wurde, starb er nach einigen Monaten an seinen Verletzungen. RvO, A'dam. Reydon-Lebensbeschreibung aus seiner persönlichen Sammelakte. Vgl. auch L. de Jong, De Bezetting, Bd. II, a.a.O., S. 46 und Bd. IV, S. 18.

70) Ranitz, 1901 in Amsterdam geboren, wurde 1936 Mitglied der NSB und später förderndes Mitglied der "Germaanse SS". Im Mai 1941 wurde Ranitz zum Dezernenten, ein Jahr später zum Geschäftsführer des DVK ernannt und 1943 mit seiner Leitung betraut. RvO, A'dam. Personenkartei Ranitz.

71) Vgl. die häufig zitierte Goedewaagen-Autobiographie "Wie ich Nationalsozialist wurde und war". Goedewaagen promovierte mit einer Arbeit über das Thema "Die logische Rechtfertigung der Sittlichkeit bei Fichte, Schelling und Hegel".

72) L. de Jong, De Bezetting, Bd. II, a.a.O., S. 57 und Bd. III, S. 63.

73) Blokzijl, 1884 in Leeuwarden geboren, war seit 1903 als →

krieg als Kriegsberichterstatter tätig, begann bereits 1913 seine Korrespondentenlaufbahn in Berlin als Vertreter des "Algemeen Handelsblad" in Amsterdam. Anfangs bei seinen niederländischen Kollegen als Hitlergegner bekannt, konvertierte Blokzijl allmählich zum Nationalsozialismus[74]. Seine Korrespondententätigkeit behielt der Gönner der NSB bis zum November 1940 bei, um mit Beginn 1941 die Direktion und Chefredaktion des unbequemen "Standaard" in Amsterdam als politischer "Berater" unter Druck zu setzen. Auf Drängen von Reichspressechef Dietrich übernahm Blokzijl als Nachfolger von Oosterbaan[75] im Juni 1941 die Presseabteilung des DVK. Als die Leitung der täglichen Pressekonferenzen am 25. September 1941 teilweise dem DVK übertragen wurde, teilten sich Blokzijl und dessen Vertreter van Huut[76] in diesen Fällen in die Funktionen Jankes. In Zu-

---

→ Journalist mit dem "Algemeen Handelsblad" verbunden. RvO, A'dam. Personenkartei Blokzijl. Zur Person M. Blokzijls vgl. auch die Charakteristik der Auslandspresse, a.a.O., Algemeen Handelsblad, Lieferung 2 vom 1. Mai 1940, Nr. 130 und "Max Blokzijl 40 jaar journalist", in: De Nederlandsche Journalist. Orgaan van het Verbond van Nederlandsche Journalisten, 3. Jg. Nr. 8, August 1943, S. 1.

74) Vgl. D. Hans, The Legitimate Press, in: The Annals (of The American Academy of Political and Social Science). The Netherlands During German Occupation, Vol. 245, Philadelphia 1946, S. 114. In seinen Bemühungen um die Verständigung zwischen NS-Deutschland und den Niederlanden übernahm Blokzijl eine Reihe von Ämtern, u. a. war er Vorsitzender des "Nederlandschen Bond in Duitschland" und des "Vereins der ausländischen Presse zu Berlin", Gründer der Zeitung "De Post van Holland", Berliner Vertreter der Vereinigung "Nederland in den Vreemde", um nur einige seiner nebenberuflichen Funktionen zu nennen. Vgl. dazu De Nederlandsche Journalist, a.a.O., S. 2.

75) Nicolaas Oosterbaan, 1902 in Naarden geboren, seit 1934 Mitglied der NSB, war von 1937 bis 1940 Chef des NSB-Pressedienstes und danch Chef der Abteilung Pressewesen im DVK. Als Oosterbaan in dieser Funktion von Blokzijl abgelöst wurde, übernahm er die Abteilung Propaganda, im Dezember 1941 die Abteilung Information und Dokumentation. RvO, A'dam. Personenkartei Oosterbaan.

76) Van Huut war Mitglied der Wehrabteilung der NSB. Vgl. J. C. A. Coucke, De nederlandse pers tijdens de bezetting, a.a.O., S. 7.

sammenarbeit mit Janke hatte Blokzijl in erster Linie auf die Einhaltung der Bestimmungen des Schriftleitergesetzes vom Sommer 1941 zu achten. Als aktives Mitglied der NSB wurde er nunmehr zum Chef der Abteilung Presse im Hauptquartier der NSB ernannt und 1942 zum stellvertretenden Leiter der Hauptabteilung Presse und Propaganda. Seinen eigenen Propagandakanal besaß Blokzijl im niederländischen Rundfunk: Von Januar bis Februar 1941 sprach der NSB-Propagandist jede Woche einmal über den Sender Hilversum unter dem Thema: "Ich war selbst dabei". Im März desselben Jahres bestritt Blokzijl zwei Sendungen die Woche unter dem Titel "Politische Wochengespräche" und "Brennende Fragen". Seit September 1944 wurde sein täglicher Nachrichtenkommentar ausgestrahlt, bis Blokzijl schließlich den letzten Monat vor der Befreiung seine "Rundfunkplaudereien" über den Deutschen Rundfunk in der Festung Scheveningen verbreitete[77].

623 Funktion

In der Kombination von "Volksvoorlichting" en "Kunsten" war schon die Auffächerung der Funktionen des DVK enthalten: Die "Aufklärung" durch Presse, Rundfunk und Film als politische und die Konzentration aller "Kulturschaffenden" als organisatorische Aufgabe. In der "Übersicht über die Arbeit des Ministeriums für Volksaufklärung und Künste in der ersten Hälfte des Jahres 1941"[78] gliederte Goedewaagen die Arbeit seiner Behörde in zwei große Aufgaben[79]:

1. die Vorbereitung der niederländischen Kulturkammer;
2. die eigentliche kulturpolitische Tätigkeit, die Presse, Rundfunk, Film, allgemeine Propaganda, Musik, Theaterwesen, Bildende Künste, Schrifttum, Freizeitgestaltung und Kultur be-

77) Vgl. die Personenkartei Blokzijl und P. Rijser, Nazipropaganda in bezet Nederland, in: Z. A. B. Zeman, De Propaganda van de Nazi's, Hilversum 1966, S. 184. J. B. Th. Spaan, Pers en Propaganda, a.a.O., S. 186 f. Nach eigenen Angaben führte Blokzijl während des Krieges 800 Rundfunkgespräche zu 300 verschiedenen Themen.

78) RvO, A'dam. DVK SG, Port. e Map 1, Overzicht 1941, (Duits) S. 1.

79) Vgl. S.144 dieser Arbeit.

traf - wie sie in der Verordnung 211 des Reichskommissars für die besetzten niederländischen Gebiete zur Gründung des DVK umschrieben war.

Nach dem Willen seiner deutschen Gründer sollte der Akzent der Tätigkeit des DVK vor allem in den Bereichen der "Aufklärung" liegen. Ursprünglich war auch daran gedacht worden, dem Goedewaagen-Ministerium den Namen "Department van Volksvoorlichting en Propaganda" zu geben. Diese Bestrebungen standen im Gegensatz zu denen Goedewaagens, der das Schwergewicht seiner Tätigkeit auf kulturpolitische Aufgaben legen wollte[80].

Da die Umgestaltung des gesamten niederländischen Kulturlebens als eine der beiden Funktionen des DVK mit dem im folgenden Kapitel beschriebenen Aufbau und der Tätigkeit der Niederländischen Kulturkammer zusammenfiel, kann an dieser Stelle auf ihre Darstellung verzichtet werden[81]. Neben der mehr formalen organisatorischen Aufgabenstellung im Bereich der "Kunsten", soll hier die politische Funktion der "Volksvoorlichting" und Propaganda im Bereich der Massenkommunikationsmedien charakterisiert werden.

6231 Abteilung Algemeen Propaganda

Die Propagandaführung im DVK und in den zuständigen deutschen Instanzen hatte ihrem Selbstverständnis entsprechend das Ziel, die nationalsozialistische Ideologie in den besetzten niederländischen Gebieten möglichst erfolgreich zu verbreiten. In einem Jahresrückblick über die Tätigkeit des DVK wurden am 28. November 1941 vom Leiter der Propagandaabteilung Oosterbaan zwei Ziele der "Algemeene Propaganda" formuliert[82]:

1. "Bekehrung unseres Volkes zum nationalsozialistischen Gedankengut" und
2. "Aufklärung über die Absichten und Pläne der Regierungsin-

---

80) T. Goedewaagen, Autobiographie, a.a.O., S. 98.

81) Vgl. S. 189 f. dieser Arbeit.

82) N. Oosterbaan, Een jaar van pioniersarbeid, a.a.O., S. 4.

stanzen; Lieferung von Informationen und Erläuterungen zu bereits getroffenen Maßnahmen."

Für die "Aufklärung" der Bevölkerung über Maßnahmen und Ziele der deutschen Besatzungsmacht wie deren Hilfsorgane mußten vor allem technische Voraussetzungen geschaffen werden. Zu diesem Zweck wurde ein zentrales Informationsbüro im DVK, die Abteilung "Informatie en Documentatie" eingerichtet mit der Auflage, die Aufklärungsarbeit der verschiedenen Ministerien zu bündeln. Das geschah vorerst durch die Ernennung von sogenannten Aufklärungsbeamten bzw. Pressechefs in den einzelnen Behörden, die dem DVK das Material zu liefern hatten für eine möglichst effektive Verbreitung in Presse, Rundfunk und Film[83].

Für den nationalsozialistischen Bekehrungsprozeß lagen die Dinge vielschichtiger. Inhaltliche und formale Probleme der Propagandadarstellung mußten für die spezielle Situation der Niederlande gelöst werden. Unablässig propagierte Themen ließen sich nach "konzentrischen Zirkeln" in Weltpolitik, europäische Politik, niederländische Außenpolitik und Innenpolitik gliedern. Goedewaagen kennzeichnete folgende Themen der "Volksaufklärung" mittels Rede, Bild und Schrift als die wichtigsten[84]: Der Untergang des niederländischen Imperiums nach dem Verlust seiner Kolonien, der Aufbau des "Großgermanischen Reiches deutscher Nation" als hegemoniale Existenzform eines neuen Europa, der Verzicht auf die ökonomische, militärische und politische Souveränität der Niederlande zugunsten des "europäischen Ganzen" im Streit gegen "Amerikanismus und Bolschewismus" und schließlich die Konzentration von Klassen, Berufen und Ständen im Innern.

Die "Volksaufklärung" bediente sich zur Erfüllung ihrer Aufgaben zweier Propagandamittel[85]:

1. Der sogenannten "incidentellen", sporadisch einzusetzenden Mittel. Dazu gehörten die Rede als mündliche Propagandaform,

83) T. Goedewaagen, Autobiographie, a.a.O., S. 176.

84) Ebd., S. 163 A f.

85) Vgl. T. Goedewaagen, Autobiographie, a.a.O., S. 168 f.

Plakate, Maueranschläge und Ausstellungen als propagandistischer Blickfang und schließlich die schriftliche Propaganda in Form von Pamphleten, Broschüren und Zeitschriften sowie

2. der sogenannten "bleibenden", kontinuierlich einzusetzenden Mittel: Presse, Rundfunk und Film.

Wie bei der Propagandaabteilung im RMVP gehörten auch zum Funktionsbereich der Abteilung Algemeen Propaganda, die noch 1941 in "Actieve Propaganda" umgetauft wurde, koordinierende Aufgaben. Zuständig für die "unmittelbare Volksaufklärung" regte sie unter Mithilfe der übrigen Abteilungen mit "volksaufklärerischen Aufgaben" Propagandaaktionen an, plante deren Durchführung und sorgte für die Herstellung und den Einsatz des notwendigen Propagandamaterials[86).]

Die selbständig durchgeführten Aktionen der Propagandaabteilung des DVK bezogen sich in der Hauptsache auf Ausstellungen, Kongresse, Gedächtnisfeiern u. ä. Bei den Aufträgen zur Herstellung von Propagandamitteln handelte es sich größtenteils um periodische Propagandablätter, Broschüren, Plakate, Wandzeitungen, Filme, Wochenschauen und Diapositive. Außerdem wurde die Verbreitung bestimmter Propagandathemen in Presse und Rundfunk forciert. Die Redaktionen wurden zu diesem Zweck zur Übernahme eines bestimmten Themas angehalten, daneben mit Wort- und Bildmaterial beliefert und schließlich durch organisierte Journalisten-Ausflüge und Besichtigungen im Sinne ihrer Gastgeber "aufgeklärt"[87)].
In allen "volksaufklärerischen" Aktionen wurde die besonders von Goedewaagen betonte Zielsetzung der niederländischen Nationalisten deutlich, ihre Propaganda soviel wie möglich durch "Kultur" zu camouflieren[88)].

---

86) RvO, A'dam. Archiv-DVK SG. Übersicht der vom Ministerium für Volksaufklärung und Künste im zweiten Halbjahr 1941 verrichteten Arbeit. Port. e Map 1, S. 8 f.

87) Aus den Übersichten des DVK von 1941 bis 1944. RvO, A'dam. Archiv-DVK SG, 1941: Port. e Map 1, 1942: Port. f Map 1, 1943/44: Port. g Map 1.

88) N. A. Donkersloot, Kunst en Kunstenaars tijdens de Bezetting, a.a.O., S. 512.

6232 Abteilung Perswezen

Während sich die PA im Generalkommissariat zbV allein auf die Tagespresse konzentrierte, fielen der Presseabteilung des DVK alle Aufgaben im Bereich der Zeitungen, Zeitschriften sowie der Bildpresse zu. Das entsprach der Gliederung der Presseabteilung im RMVP. In Zusammenarbeit mit dem Reichskommissariat war diese u. a. beteiligt an den Vorbereitungen zum Erlaß einer "Schriftleiter-Verordnung" nach deutschem Muster, dem Aufbau der Pressegilde in der geplanten niederländischen Kulturkammer und den "Reorganisierungsmaßnahmen" (Gleichschaltung) im Bereich der Massenkommunikationsmedien[89].

Unmittelbar nach Errichtung des DVK übernahm die Presseabteilung die Aufsicht über die niederländischen Blätter, um durch schriftliche und mündliche Fühlungnahme auf gleichgültige bis antinationalsozialistische Verlage und Redaktionen einzuwirken. Andere Kontakte werbender Art, bei denen die niederländischen Pressevertreter für ihre Aufgaben im Geiste der "neuen Zeit" geschult werden sollten, erfolgten durch sogenannte Sommerkurse für Journalisten. Eine kontinuierliche Einflußnahme der einheimischen Nationalsozialisten auf die niederländische Presse ergab sich schließlich durch die Regelung der Pressekonferenz unter wechselnder deutscher und niederländischer Kontrolle[90].

In Zusammenarbeit mit der PA der HAVP hielt Blokzijl seit dem 25. September 1941 anfangs einmal, später zweimal, von 1942 ab sogar viermal die Woche Pressekonferenzen im DVK ab, bis diese 1943 schließlich ganz in das niederländische Propagandaministerium verlegt wurden. Allerdings blieben trotz dieses Vorgangs die deutschen Propagandisten maßgebend für die Presseführung: Gegen die NSB eingestellte deutsche Besatzungsbeamte wie Janke und später Dittmar[91] bestimmten weiter den Propagandakurs, ohne

89) Übersichten des DVK 1941 bis 1944. a.a.O., Abteilung Perswezen. Zeitungen: Tagespresse und mehrmals wöchentlich erscheinende Blätter.

90) Ebd., Vgl. auch N. Oosterbaan, Een jaar van pioniersarbeid, a.a.O., S. 4. T. Goedewaagen, Autobiographie, a.a.O., S. 187 f.

91) Dittmar wurde im Herbst 1941 als persönlicher Pressereferent RKs in die Niederlande delegiert. Vgl. S.125 f.dieser Arbeit.

auf Mussert und seine Anhänger Rücksicht zu nehmen[92].

6233 Abteilung Radiowezen en Filmwezen

Die anfangs getrennt arbeitenden Abteilungen "Radiowezen" und "Filmwezen" wurden 1942 zusammengelegt. Im Bereich des Rundfunks wurde umgehend nach Errichtung des DVK die Konzentration der bestehenden niederländischen Rundfunkorganisationen in Angriff genommen und die Gründung eines niederländischen Staatsrundfunks angebahnt, um schließlich dessen Einschaltung in die allgemeine "europäische Ordnung" einzuleiten. Außerdem überwachte die Rundfunkabteilung des DVK bestimmte Sendungen, z. B. solche kirchlicher Herkunft, und regelte die Herausgabe von Rundfunkzeitschriften und Rundfunkkalendern[93].

Die Filmabteilung arbeitete vor allem auf die "Reorganisation" des niederländischen Filmwesens hin.Dazu gehörte die Umbildung des "Nederlandsche Bioscoopbond" (Bund der Filmschaffenden) sowie der "Centrale Commissie voor de Filmkeuring" (Filmprüfstelle). Außerdem wurde die Überwachung der Lichtspielhäuser von hieraus zentral gesteuert, die Pflichtvorführung von Filmen eingeführt sowie der Versuch unternommen, die niederländische Filmproduktion in nationalsozialistischem Sinne zu lenken[94].

624 Stellung des Department van Volksvoorlichting en Kunsten zum Reichskommissariat

In der Gewißheit, daß die Deutschen im Zweiten Weltkrieg den "Endsieg" davontragen würden und durch die Zusammenarbeit mit der künftigen Siegermacht ein möglichst unabhängiger national-

---

92) Vgl. E. W. Kuyper, Het Contact tusschen Pers en Overheid, a.a.O., S. 58 f. J. B. Th. Spaan, Pers en Propaganda, a.a.O., S. 146. P. Rijser, Nazi-propaganda in het bezet Nederland, a.a.O., S. 190.

93) Übersichten des DVK, 1941 bis 1944, a.a.O., Abteilung Radiowezen.

94) Ebd., Abteilung Filmwezen.

sozialistischer niederländischer Staat entstünde, kollaborierte die Mussert-Partei mit der deutschen Besatzungsmacht auf nahezu jedem Gebiet. Auf diesem Hintergrund lassen sich auch die endlosen Konzessionen gegenüber dem Reichskommissariat verstehen, die Mussert und seine Parteigenossen im Laufe der Besatzungszeit den Deutschen sowohl ideologisch als auch praktisch zubilligten[95].

Anfangs im Glauben, daß ihre nationalsozialistische Grundeinstellung ausreiche, um eigenes politisches Verfügungsrecht beanspruchen zu dürfen, erfuhren die NSB-Funktionäre bald vom unabdingbaren Führungsanspruch der Deutschen. Im Bereich des niederländischen Propagandaministeriums, das von Beginn an am konsequentesten von allen Behörden mit NSB-Leuten besetzt war, sollten die niederländischen Nationalsozialisten am stärksten enttäuscht werden. Nachdem das DVK erst einmal existierte, ließen die Deutschen ihren niederländischen Geistesverwandten "nicht mehr Bewegungsfreiheit als mit den eigenen Intentionen übereinstimmte"[96].

Was auch immer von Seiten des DVK in der Öffentlichkeit propagiert wurde, geschah auf Direktive des Reichskommissariats: Es war die deutsche Besatzungsmacht, die "Themen, Wortwahl und Form" der Propaganda diktierte[97].

Da die Deutschen stärker an der "Volksvoorlichting", weniger an den "Kunsten" interessiert waren, hatten die Abteilungen Propaganda, Presse, Rundfunk und Film den geringsten Spielraum für eigene Aktionen. Sie waren ständig dem Druck der entsprechenden deutschen Abteilungen der HAVP (Propagandareferat, Presseabteilung, Filmreferat und Rundfunkbetreuungsstelle) ausgesetzt. Daß die Zusammenarbeit der deutschen Okkupanten mit ihren nie-

---

95) Die Zugeständnisse der NSB, bzw. deren gleichgeschaltete politische Konzeption bedeutete etwa Kampf dem Bolschewismus, antijüdische Aktionen oder Eintritt in deutsche militärische und semi-militärische Formationen. Vgl. Documentatie, a.a.O., S. 5.

96) J. B. Th. Spaan, Pers en Propaganda, a.a.O., S. 146.

97) P. Rijser, Nazi-propaganda in bezet Nederland, a.a.O., S.183.

derländischen Gesinnungsfreunden von Beginn an keineswegs paritätisch verstanden wurde, geht aus einem "Monatsbericht" der HAVP vom März 1941 hervor[98], in dem es hieß: "In der Gesamtarbeit der Hauptabteilung Volksaufklärung und Propaganda wird Wert darauf gelegt, allmählich technische Arbeiten dem Department van Volksvoorlichting en Kunsten zu übertragen. Um eine enge Fühlung mit dem Department zu halten, wird von der Hauptabteilung ein ständiger Verbindungsmann in das Department entsandt werden."

Damit war die instrumentale Funktion, die die HAVP den einheimischen NS-Propagandisten zugedacht hatte, offenkundig. Diese Tatsache bezeichnete Goedewaagen in seinem autobiographischen Rückblick von 1949 als die eigentliche "Schattenseite" seines Ministeriums[99]. Wenn sich auch die deutschen Führungsinstanzen in die Volksaufklärung als ihrer Domäne besonders stark einschalteten, so blieb es dem Generalsekretär des DVK jedoch unbegreiflich[100], "daß der Besatzer meinte, selbst bei jenen, die ihm weltanschaulich so nahe standen, jeden Augenblick eingreifen zu müssen. Das war eine von den Unbegreiflichkeiten der deutschen Mentalität, woran ein Nicht-Deutscher ... sich stoßen mußte. Während unsere Sorge war: Wie gelingt es uns, diesem Volk, das nun geschlagen, verbittert zu Boden liegt, wieder aufzuhelfen und ihm in einem niederländischen Nationalsozialismus wieder eine Perspektive zu geben, wonach es leben kann; wie stimmen wir diesen Apparat, der in jede Wohnstube dringt, so ab, daß wir das erreichen? - hatten die Deutschen ganz andere Sorgen, und wir waren nur Nebensache, Bastion, Instrument in ihrer Politik der Selbstbehauptung."

Für diese Sachlage konnte der Generalsekretär des DVK unzählige

98) RvO, A'dam. Archiv-GKzbV HAVP 20 a. Monatsbericht für März 1941 vom 9. April 1941, S. 1.

99) T. Goedewaagen, Autobiographie, a.a.O. S. 100.

100) Ebd., S. 173 A.

Beispiele anführen[101]. Ein autoritäres Eingreifen bzw. Vorgreifen der HAVP machte häufig die von Goedewaagen und seinen Abteilungsleitern angestrebten Propagandatendenzen und - methoden zunichte, indem Entscheidungen boykottiert oder auch widerrufen wurden. Tatsächlich konnten die Amtsgeschäfte der Propagandaabteilungen des DVK nur solange selbständig wahrgenommen werden, wie sie ganz im Sinne der deutschen Vorstellungen erfolgten. Sobald die geringste Abweichung festgestellt werden konnte, war die HAVP auf dem Plan, um die nötigen Korrekturen vorzunehmen. Drei Beispiele mögen zur Situationsschilderung genügen:

(a) Trotz der Entscheidung, die täglichen Pressekonferenzen seit Herbst 1941 umschichtig von der deutschen und der niederländischen Presseabteilung leiten zu lassen, bedeutete diese Regelung wenig mehr als ein Propagandatrick: Hinter der vorgegebenen Zurückhaltung der Besatzungsmacht blieb der deutsche Führungsanspruch in entscheidenden Fragen unverändert mit dem Vorteil für die HAVP, daß nunmehr die NSB-Marionetten als Kulis die tägliche Routinearbeit leisten mußten. So konnte es vorkommen, daß von niederländischer Seite auf der Pressekonferenz erlassene Gebote bzw. Verbote von den deutschen Presseautoritäten (Janke/Dittmar) noch am gleichen Tage widerrufen wurden[102].

(b) Die Pläne für Propagandaaktionen wurden teilweise von der Propagandaabteilung des DVK entworfen. Anschließend mußten diese als "Aktennotiz für die Hauptabteilung für Volksaufklärung und Propaganda" zur Prüfung vorgelegt werden[103].

---

101) Vgl. T. Goedewaagen, Autobiographie, a.a.O., S. 139, S. 186, S. 189, S. 197. Durch Lyrikverbote in Einzelfällen und Literatenverfolgung tat sich etwa das Referat Schrifttum der HAVP gegen den Willen der zuständigen niederländischen Instanz hervor. Im Filmbereich wurden z. B. Entscheidungen der reorganisierten Filmprüfungskommission vom Reichskommissariat rückgängig gemacht. - Aus kommerziellen Gründen wurde gegen das DVK entschieden, daß 50% deutsches Fotomaterial auf den Bildseiten der niederländischen Presse erscheinen mußte.

102) Ebd., S. 189. Vgl. auch P. Rijser, Nazi-propaganda in bezet Nederland, a.a.O. S. 190 f.

103) RvO, A'dam. Archiv-DVK PG, 120, 12. Plan voor een propagandaactie in zake voedselvoorziening vom 24. 1. 1942.

(c) Manuskripte des Generalsekretärs liefen zur propagandistischen Ausrichtung über die HAVP. In einer vorgefertigten Rede etwa, die Goedewaagen vor dem Internationalen-Journalisten-Kongreß in Venedig halten sollte, fand dieser eine Propaganda-Passage über die Kapitulation Niederländisch-Indiens, die die Deutschen trotz seiner Weigerung im Sinne ihrer Propagandatendenz eingefügt hatten[104]. Sein Nachfolger De Ranitz hatte einen Rundfunkkommentar zur niederländischen Kulturkammerverordnung der Abteilung Kultur der HAVP zuzustellen. Hier wurde das Manuskript redigiert, Formulierungen wurden beanstandet, neue eingefügt, andere gestrichen[105].

Die Hilfs- und Mittlerfunktion des DVK erscheint verschiedentlich in den Akten des RMVP direkt ausgesprochen. In der Praxis verlief die Lenkung der Goedewaagen-Behörde über dem jeweiligen Chef der HAVP bzw. über die einzelnen Referatsleiter. Daneben blieb ein Verbindungsmann der HAVP ständig im DVK. Als Spitzel abkommandiert, hatte er die Aufgabe, darauf zu achten, daß alle Direktiven der Deutschen ordnungsgemäß weitergeleitet und erledigt wurden[106].

---

104) T. Goedewaagen, Autobiographie, a.a.O., S. 189.

105) RvO, A'dam. Archiv-DVK KB Nr. 164, 1943. Brief Bergfelds (Leiter der Abteilung Kultur) an De Ranitz vom 9. Juli 1942. Darin heißt es u. a.: "Auf Seite 4 schreiben Sie 'Man kann sagen, der Name Kulturkammer sei nicht glücklich gewählt' usw. Ich empfehle, die ersten vier Zeilen dieses Absatzes anders zu formulieren, und zwar wie folgt: 'Bei der Arbeit der Kulturkammer steht der Kulturschaffende im Vordergrund. Die Sorge für die Kulturpolitik liegt beim Ministerium für Volksaufklärung und Künste' ... Auf Seite 34 schreiben Sie, daß die Kulturkammer ein Bollwerk gegen den Staatsabsolutismus bilden könne. Diesen Satz bitte ich Sie, herauszunehmen, da er ohne nähere Erläuterung zu Mißverständnissen Anlaß geben könnte."

106) Vgl. RvO, A'dam. CDI, Promistukken 28275-28278. Kulturkammergesetzgebung in Holland. Hilleke-Bericht vom 21. Januar 1941. (zit. Hilleke-Bericht I). Vgl. auch J. C. H. de Pater, De Hauptabteilung Volksaufklärung und Propaganda, a. a.O., S. 51 f.

7 Niederländische Kulturinstanzen

71 Ansätze - Kollaboration und Gegenaktion im Bereich der Kultur

Bevor Entstehung, Aufbau und Funktion der niederländischen Kulturkammer dargestellt werden, liegt es nahe, einige Anmerkungen zur kulturpolitischen Lage des ersten Besatzungsjahres in den Niederlanden zu machen. Ohne auf die Situation des niederländischen Kulturlebens der Vorkriegszeit einzugehen, sind vor allem zwei Organisationen zu skizzieren, die für den späteren Aufbau einer ständischen Kulturhierarchie nationalsozialistischer Prägung von Bedeutung sein sollten. Es handelte sich dabei um den "Nederlandse Kultuurkring" und die "Nederlands-Duitse Kultuurgemeenschap". Beide wurden im Herbst 1940 und Frühjahr 1941 im Zuge der deutsch-niederländischen "Verbrüderungsaktionen" ins Leben gerufen. Zur Genugtuung der deutschen Besatzungsmacht gab es eine Reihe "namhafter Niederländer, die als Bahnbrecher" der "neuen kulturellen Ausrichtung" vorangingen[1].

Im Vordergrund dieser Unternehmungen, die unter der Zielsetzung einer Verdichtung der "Rasse- und Reich"-Ideologie auf die kulturelle Zusammenarbeit mit Deutschland abzielten, stand der vom Reichskommissar geförderte Amsterdamer Hochschullehrer, Prof. G. A. S. Snijder[2].

---

1) J. B. Th. Spaan, Pers en Propaganda, a.a.O., S. 156. W. Janke, Regungen des neuen Geistes, a.a.O., S. 52.

2) Geerto Aeilko Sebo Snijder, 1896 in Winterwijk geboren, studierte seit 1914 alte Sprachen in Utrecht und arbeitete zugleich als Assistent am Kunsthistorischen Institut. 1919 ging Snijder nach Berlin und promovierte im folgenden Jahr in Wien mit einer archäologischen Arbeit. Nach Studien in Rom und Athen begann er 1926 seine Lehrtätigkeit als Privatdozent für römische Kunstgeschichte an der Amsterdamer Universität, die ihn kurz darauf zum außerordentlichen und später ordentlichen Professor in Archäologie und Kunstgeschichte ernannte. Auf Grund seiner Sympathien für Deutschland und den Nationalsozialismus wurde Snijder in den dreißiger Jahren zum Vorstandsmitglied, später zum Vorsitzenden der "Nederlandsch-Duitsche Vereniging" ernannt. Seit Beginn der Okkupation setzte sich →

711 Nederlandse Kultuurkring[3)]

Als erstes sichtbares Zeichen eines kulturellen Brückenschlages "zwischen zwei germanischen Völkern" konstituierte sich der "Nederlandse Kultuurkring" am 28. September 1940 in Den Haag[4)]. Eine "mehr oder weniger geschlossene Gesellschaft von Intellektuellen - u. a. einige SS- und NSB-Mitglieder, sowie einige Hochschullehrer mit prodeutscher Gesinnung - die zur Zusammenarbeit mit den Deutschen bereit waren"[5)], stellte sich die "kulturelle Erneuerung" und zugleich die Besinnung auf die "völkischen Wesenzüge" der Niederländer zur Aufgabe[6)].

Die Gründung des Kulturkreises geschah in enger Fühlungnahme mit Reichskommissar Seyß-Inquart[7)] und dessen Kulturfachmann Professor Wehofsich[8)]. Auf seine Initiative hin wurde die "lockere private Vereinigung" unter Vorsitz von Snijder errichtet[9)].

→ Snijder für die Zusammenarbeit mit der deutschen Besatzungsmacht, insbesondere im Bereich der Kultur, ein. Im Juli 1941 wurde Snijder NSB-Mitglied unter der Bedingung, daß er keine Parteifunktionen zu übernehmen habe. Im selben Jahr trat er der "Germaanse SS" bei, in der er den Rang eines Obersturmführers bekleidete. RvO, A'dam. Personenkartei Snijder.

3) Niederländischer Kulturkreis.

4) Geistige Kameradschaft Deutschland - Niederlande, in: DZN vom 29. September 1940, S. 1. G. A. S. Snijder, Brücken zwischen zwei germanischen Völkern, in: DZN vom 3. Oktober 1940, S. 3.

5) Documentatie, a.a.O., S. 166.

6) W. Janke, Regungen des neuen Geistes, a.a.O., S. 52.

7) Bei der Eröffnungsfeier des "Nederlandse Kultuurkring", am 28. September 1940 hielt Seyß-Inquart eine Ansprache. Vgl. DZN vom 29. September 1940, S. 1. J. C. G. Wesseling, Overheidsbemoeiingen met de Kunst, a.a.O., S. 513.

8) Wehofsich, der mit Seyß-Inquart aus Wien kam, war anfänglich Leiter der Kulturabteilung der HAVP und Vertrauensmann des Reichskommissars in kulturpolitischen Fragen. Vgl. dazu J. C. H. de Pater, De Hauptabteilung für Volksaufklärung und Propaganda, a.a.O., S. 10 f.

9) Hilleke-Bericht I, S. 2.

Ziel der Vereinigung war die Entwicklung einer für die Niederlande repräsentativen Kulturinstanz, mit der leitend und kontrollierend auf das niederländische Kulturleben eingewirkt werden sollte. Obwohl die Aktivitäten des Kulturkreises relativ belanglos und in der Hauptsache mit denen seines Präsidenten identisch waren, sahen verschiedene politische Gruppierungen in den Niederlanden in ihm eine Gefahr für die eigenen Zielsetzungen[10].

Aus dem "Nederlandse Kultuurkring" entwickelten sich als Zweigorganisationen im Februar 1941 die "Nederlands-Duitse Kultuurgemeenschap" und im Mai 1941 die "Genootschap Nederland en Europa"[11]. Außerdem führte die Tätigkeit des Kulturkreises auf Betreiben Seyß-Inquarts ein Jahr später zur Gründung des "Nederlandsche Kultuurraad".

712 <u>Nederlands-Duitse Kultuurgemeenschap</u>

Die "Nederlands-Duitse Kultuurgemeenschap" war ein bedeutsamer Faktor innerhalb der "kulturellen Erneuerungsbewegung"[12]. Sie konstituierte sich am 15. Februar 1941 unter Leitung des Kulturkreisvorsitzenden Snijder in Form einer Stiftung[13].

---

10) Vgl. Documentatie, a.a.O., S. 166.

11) Hier sammelten sich vor allem Personen aus Handel und Industrie, oie bereit waren, mit Deutschland auf der Basis eines neuen Europa zusammenzuarbeiten. Die Genossenschaft wurde sehr bald von Rost van Tonningen, dem NSB-Generalsekretär des "Department van Bijzondere Economische aangelegenheden" übernommen. Schließlich kam es zur Fusion zwischen der "Genootschap Nederland en Europa" und dem bereits bestehenden "Sociaal Economische Studiekring" unter dem Namen "Sociaal-Economisch Genootschap Nederland en Europa", die jedoch in der Praxis wenig Bedeutung erlangte. Vgl. Documentatie, a.a.O., S. 128 f.

12) <u>W. Janke,</u> Regungen des neuen Geistes, a.a.O., S. 53. Documentatie, a.a.O., S. 260 f. Vgl. auch DZN vom 16. Februar 1941, S. 1, DZN vom 17. Februar 1941, S. 3.

13) Nicht zu verwechseln mit der "Nederlands-Duitse Vereniging", die während der Okkupation von der deutschen Besatzungsmacht aufgehoben wurde. Außerdem existierte die "Deutsch-Niederländische Gesellschaft" als zwischenstaatlicher Verband, der aus dem Etat des AA, des RMVP und der sogenannten "Adolf-Hitler-Spende" finanziert wurde. Vgl. dazu <u>W. A. Boelcke,</u> Kriegspropaganda 1939-1941, a.a.O., S. 142. Documentatie, a.a.O., S. 263.

Während sich die Mitglieder des Kulturkreises mehr oder weniger aktiv in die Kulturpolitik einzuschalten suchten, sollte die Kulturgemeinschaft vor allem den Kulturkonsumenten erfassen.

Ihre Satzungen trugen den Stempel der "Verbrüderung" zwischen "artverwandten" Deutschen und Niederländern[14]: Je ein deutscher und ein niederländischer Präsident übernahmen die Leitung, ernannten einen Beirat aus Niederländern und Deutschen und errichteten ein Sekretariat zur Bewältigung der organisatorischen und propagandistischen Aufgaben[15].

Die Zielsetzungen der Kulturgemeinschaft waren abgestellt:
1. auf die Förderung des kulturellen Lebens in den Niederlanden und
2. auf die kulturelle Zusammenarbeit zwischen Niederländern und Deutschen in den Niederlanden[16].

Zur Verwirklichung dieser Ziele wurden örtliche Arbeitsgemeinschaften eingerichtet, die ebenfalls paritätisch von Niederländern und Deutschen geleitet wurden[17]. Von dieser Basis aus organisierte die Kulturgemeinschaft zahlreiche Veranstaltungen: Konzerte, Theatergastspiele, Opernaufführungen, Dichterlesungen, Vorträge, Ausstellungen u. a. Die Zentrale in Den Haag bemühte sich dabei um Veranstaltungen "von hohem, lieber zu hohem als zu niedrigem Niveau", da so auf die Dauer eine "viel größere Propaganda und Überzeugungskraft" möglich werde[18].

---

14) Vgl. Statuten der Stiftung "Nederlands-Duitse Kultuurgemeenschap". Documentatie, a.a.O., S. 263 f.

15) Ebd., Art. 3. Vgl. auch S. 261.

16) Ebd., Art. 2.

17) Ebd., Art. 5 u. a. entstanden Arbeitsgemeinschaften in Amsterdam, Arnheim, Breda, Eindhoven, Groningen, Den Haag, Haarlem, Utrecht, Rotterdam und Maastricht. Vgl. W. Janke, Regungen des neuen Geistes, a.a.O., S. 54.

18) RvO, A'dam. Archiv-GKzbV, HAVP 21 g. Übersicht über die Entwicklung der NDK, S. 3. Das Ziel, auf "sauberem kulturellem Niveau" zu bleiben, erfüllte sich nicht. Dem standen einerseits die örtlichen Arbeitskreise entgegen, die auch minderwertige Darbietungen organisierten, zum anderen behinderte der starke deutsche Führungsanspruch die niederländischen Kulturfunktionäre, Eigeninitiative zu entwickeln. Schließlich war gegen die Konkurrenz des vom Reichskommissar errichteten "Deutschen Theaters" zu kämpfen. Vgl. hierzu Documentatie, a.a.O., S. 262.

Die Lenkung und Kontrolle der Kulturgemeinschaft übernahm das Referat "Kultur und Volkstum" der HAVP unter Leitung Wehofsichs, der Absprachen mit den entsprechenden Abteilungen des RMVP und der Reichspropagandaämter traf, um künftige Veranstaltungen für die besetzten niederländischen Gebiete festzumachen. Die Provinzbeauftragten des Reichskommissars erhielten den Auftrag, sich "maßgeblich" in die Propaganda für jene Kulturorganisation einzuschalten. Vor allem sollten in den lokalen Pressekonferenzen "eingehende Vorbesprechungen" der Veranstaltungen und "nachträgliche Kritik" gebracht werden[19].

Unter diesen Voraussetzungen entwickelte sich die "Nederlands-Duitse Kultuurgemeenschap" im Laufe der Jahre zu einem ansehnlichen Kulturverein, was die Mitgliederzahl betraf[20]: Von 713 Mitgliedern im April 1941 auf 7.320 Mitglieder mit 33 Arbeitskreisen im Januar 1942 und weiter auf 13.000 Mitglieder im Mai 1943 bis auf annähernd 20.000 Mitglieder im Juni 1944.

713 Nederlandse Organisatie van Kunstenaars[21]

Nicht zur Verbrüderung mit der deutschen Besatzungsmacht, sondern zum Schutze gegen sie entwickelte sich eine andere Kulturorganisation in den besetzten niederländischen Gebieten: Die "Nederlandse Organisatie van Kunstenaars", die bereits im Juni 1940 gegründet wurde[22].

Vierzehn Tage nach dem deutschen Einfall in die Niederlande wurde eine Versammlung von den Vertretern der verschiedenen Kunstrichtungen einberufen, um eine Art Dachorganisation der vorhan-

---

19) Wochenspiegel der HAVP, Nr. 4 vom 9. Dezember 1940. RvO, A'dam. Archiv-GKzbV, HAVP 19 c.

20) Vgl. Documentatie, a.a.O., S. 263. Übersicht über die Entwicklung der NDK, a.a.O., Ein Grund für die relativ hohen Mitgliederzahlen mag in der Tatsache zu suchen sein, daß die NSB sowohl bei der Errichtung als auch bei der Besetzung der Führungspositionen kaum berücksichtigt wurde.

21) Niederländische Künstlerorganisation.

22) Vgl. N. A. Donkersloot, Kunst en Kunstenaars tijdens de Bezetting, a.a.O., S. 504.

denen Berufsvereinigungen ins Leben zu rufen. Im Hinblick auf die neue politische Situation bemühte man sich in aller Eile, den seit Jahren projektierten Zusammenschluß des Künstlerstandes nachzuholen[23]. Dabei schienen die Initiatoren der neuen Künstlerorganisation von einem ähnlichen Trugschluß geleitet wie etwa die Parteigründer der "Nederlandse Unie"[24] in den Sommermonaten 1940: Man müsse nur der deutschen Besatzungsmacht mit ihren Konzentrationsbestrebungen zuvorkommen, dann sei eine gewisse Eigenständigkeit der politischen bzw. gesellschaftlichen Organisation gewährleistet.

Trotz ihrer relativ vorsichtigen Haltung gegenüber der deutschen Besatzungsmacht sah diese in der "Nederlandse Organisatie van Kunstenaars" ein "Bollwerk unabhängiger Gesinnung" und zugleich ein Konkurrenzunternehmen für die geplante nationalsozialistisch orientierte Organisation des niederländischen Kulturlebens. Aus diesem Grunde wurde sie auch am 16. Mai 1941 verboten[25].

72 Nederlandse Kultuurkamer

Während im Herbst 1933 in Deutschland völkisch-nationalsozialistische Organisationen das "öffentliche Kunstleben in eine Agitationsstätte" verwandelt und die "Gleichschaltung" zur "Bewegung" entfacht hatten, mußte der Um- und Aufbau des niederländischen Kulturlebens in erster Linie auf administrativem Wege gelöst werden[26].

Zwar war mit dem Aufbau des niederländischen Propagandaministeriums bereits der erste Schritt für den staatlichen Eingriff in

---

23) Ebd., S. 503. Seit Jahren war u. a. die Verbesserung des sozialen Status der Künstlerschaft mit Hilfe von Unterstützungsfonds und anderen fördernden Einrichtungen angestrebt worden.

24) Vgl. S. 31 dieser Arbeit.

25) Ebd., S. 504. Vgl. auch T. Goedewaagen, Autobiographie, a. a.O., S. 102.

26) H. Brenner, Die Kunstpolitik des Nationalsozialismus, Reinbek bei Hamburg 1963, S. 37.

alle Zweige der Kultur getan[27)], jedoch verlangte die "im weltanschaulich gebundenen Staat" verstandene Kultur zusätzlich nach einem institutionellen Zentrum der formalen Kontrollen[28)]. Der ständische Kulturaufbau, einer kulturellen "Arbeitsfront" vergleichbar[29)], sollte auch für die Niederlande im Rahmen einer Kulturkammerverordnung verwirklicht werden.

Interessant ist die Tatsache, daß das Goebbels-Ministerium von der "überragenden Bedeutung der kulturpolitischen, insbesondere kulturpropagandistischen Arbeit" in den Niederlanden überzeugt war[30)]. Daneben ist nicht unwichtig, daß der gebildete Österreicher Seyß-Inquart in seiner Funktion als Reichskommissar für die besetzten niederländischen Gebiete eine besondere Vorliebe für die einheimische Kultur zu entwickeln begann, nachdem er sein neues Amt angetreten hatte[31)].

---

27) Die Propagandaministerien in Deutschland und den Niederlanden erhielten auch einen Kulturauftrag. Hitlers Weisungen für das neuerrichtete RMVP lautete, "alle Aufgaben der geistigen Einwirkung auf die Nation, der Werbung für Staat, Kultur und Wirtschaft" zusammenzufassen. Vgl. die "Verordnung über die Aufgaben des Reichsministeriums für Volksaufklärung und Propaganda" vom 30. Juni 1933. RGBL. I 75/33 S. 449.

28) H. Hinkel, (Hrsg.) Handbuch der Reichskulturkammer, Berlin 1937, S. 19 f.

29) H. Brenner, Die Kunstpolitik des Nationalsozialismus, a.a.O., S. 56.

30) RvO, A'dam. CDI, Promistukken 28301-28303. Hilleke-Bericht "Holland" vom 29. September 1941, S. 2. (zit. Hilleke-Bericht II).

31) Vgl. J. C. G. Wesseling, Overheidsbemoeiingen met de Kunst, a.a.O., S. 513. Seyß-Inquart besuchte nicht nur Kulturveranstaltungen, vor allem Konzerte, er errichtete 1942 auch das "Deutsche Theater in den Niederlanden" und setzte sich für den Auftritt deutscher Künstler in den Niederlanden ein. Vgl. DZN vom 24. Juli 1940, S. 8; vom 29. September 1940, S. 1; vom 21. Januar 1941, S. 1; vom 6. April 1941, S. 1; vom 2. Februar 1942, S. 1.

721 Vorbereitungen - Ende 1940 bis Ende 1941

7211 Kontroversen

Bevor es jedoch zur Verordnung über die "Nederlandsche Kultuurkamer" (NKK) als Schwesternorganisation der Reichskulturkammer (RKK) kam, gab es mehrere machtpolitische Auseinandersetzungen zwischen den rivalisierenden deutschen und niederländischen Kulturfunktionären. Nach relativ langen Anlaufzeiten bei der Errichtung des niederländischen Propagandaministeriums im November 1940 zogen sich die Vorbereitungen zum Aufbau der niederländischen Kulturkammer aus eben jenen Gründen länger als ein Jahr hin. Die innenpolitischen Machtkämpfe spielten sich in der Hauptsache zwischen dem Reichskommissar und der HAVP ab: Seyß-Inquart hatte vor, die kulturelle Neuregelung nicht übereilt "von oben" zu diktieren, sondern "von unten" wachsen zu lassen, d. h. die niederländische Öffentlichkeit dabei stärker einzuschalten[32]. Die HAVP dagegen drängte auf eine rasche Adaption des deutschen Kulturkammermodells[33].

Die vorliegenden Akten des RMVP und der HAVP halten diesen Vorgang fest. Sie zeigen die vom Frühjahr bis zum Herbst 1941 währenden Kontroversen zwischen dem Goebbels-Ministerium in Übereinstimmung mit dem DVK und den deutschen und niederländischen Kulturfunktionären um Seyß-Inquart[34].

Während die Goebbelsanhänger die Errichtung einer niederländischen Kulturkammer als einen ihrer wichtigsten Programmpunkte für den Aufbau der nationalsozialistischen Niederlande ansahen und auf dessen rasche Verwirklichung drängten[35], zögerten deren Gegner und erörterten die Kulturkammerplanung unter Berücksichtigung nationaler Besonderheiten in den Niederlanden. In einem Entwurf zur Kulturkammer vom Frühjahr 1941 wurde zu die-

---

32) J. C. H. de Pater, De Hauptabteilung für Volksaufklärung und Propaganda, a.a.O., S. 48.

33) Vgl. Hilleke-Bericht I, S. 1. Der Rechtsberater des RKs, von der Rechtsabteilung des RMVP nach Den Haag delegiert, rechnete Mitte Januar 1941, daß mit dem Erlaß der Kulturkammer- wie der Schriftleiterverordnung "in höchstens zwei bis drei Wochen" zu rechnen sei.

34) Vor allem Wehofsich und Snijder.

35) Vgl. Documentatie, a.a.O., S. 148.

sem Thema folgendermaßen Stellung genommen[36]: "Das Beispiel des Reiches ist in einem noch nicht nationalsozialistischen Land nicht nachahmbar, weil insbesondere das regelnde Interesse des Führers hier weder durch deutschen Einfluß ersetzt werden kann, solange die Kultur bodenständig-autonom wachsen soll, noch - mangels geeigneter nationalsozialistischer Persönlichkeiten - von landeseigener Seite her".

In einer "Besprechung" der Kulturabteilung der HAVP vom 24. März 1941[37] wurde die Frage gestellt, "ob heute schon der Zeitpunkt gekommen sei, Einheitszwangsorganisationen im Kulturellen der Niederlande zu schaffen, da die Niederländer in ihrer liberalen Vergangenheit und Einstellung solchen Organisationen skeptisch gegenüberstehen."

Über die personelle Besetzung der geplanten Kulturkammer kam man in diesen Kreisen zu der Vorstellung, daß für die derzeitige Situation in den Niederlanden "zweckmäßigerweise" ein Kulturkammerpräsident, "gleichsam als Beginn eines zukünftigen Kulturministeriums", unabhängig neben den Generalsekretär für Volksaufklärung und Künste gestellt werden sollte. Diesem könnten dann Film, Rundfunk und Presse "in einer ihm geeignet erscheinenden Form" überlassen werden[38]. Für den Posten des Präsidenten war Snijder vorgesehen, der vom Reichskommissar einen "direkten Auftrag" erhalten sollte, die Kulturkammer aufzubauen[39].

Unverkennbar kam dieser Plan einer Diskriminierung sowohl des RMVP als auch des DVK gleich, da Goedewaagen bei einer eventuellen Realisierung des Planes die Hälfte seiner Kompetenzen an das künftige Kulturministerium unter seinem Konkurrenten Snijder hätte abtreten müssen. Wie zu erwarten, fühlte sich die Berliner Propagandazentrale über eine solche Eigeninitiative des Reichs-

---

36) RvO, A'dam. Archiv-GKzbV, HAVP 22 b. Plan einer niederländischen Kulturkammer unter Berücksichtigung der Erfahrungen im Reich, undatiert, S. 1. (zit. Plan Kulturkammer).

37) RvO, A-Dam. Archiv-GKzbV, HAVP 22 b. Besprechung über die Bildung von Kulturrat und Kulturkammer vom 24. März 1941, S. 1. (zit. Besprechung Kulturrat und Kulturkammer).

38) Plan Kulturkammer, a.a.O., S. 4.

39) Besprechung Kulturrat und Kulturkammer, S. 2.

kommissars und seiner Kulturfreunde äußerst brüskiert. In einem Bericht zur "Kulturkammergesetzgebung in Holland"[40], der Goebbels von der Rechtsabteilung seines Ministeriums am 21. Januar 1941 vorgelegt wurde, klagte der juristische Berater des Reichskommissariats in Kulturfragen ausführlich über "die Schwierigkeiten bei den Verhandlungen mit deutschen Stellen" in Den Haag. Hilleke[41] machte darauf aufmerksam, daß dem RMVP ein ernsthaftes Problem von Seiten der Kulturkreisanhänger erwachse, da Wehofsich und Snijder den Versuch gemacht hätten, "Erziehungs- und Kunstorganisationen der Führung des Kulturkreises zu unterstellen, der dadurch zu einem privatrechtlich organisierten Überministerium geworden wäre".

Fink als damaliger Leiter der HAVP allerdings habe diesen Versuch mit aller Entschiedenheit zurückgewiesen. Aus Furcht, daß sich der Kulturkreis zu einer Art "Nebenregierung" im kulturellen Bereich entwickeln könne, wurde dieser auch in anderer Richtung zu behindern gesucht[42].

Beim machtpolitischen Kampf um die Vorherrschaft im niederländischen Kulturbereich mußte die Goebbels-Filiale in Den Haag ständig darauf achten, daß die kulturpolitische Führung "uneingeschränkt" beim Staat, d. h. beim DVK unter direkter Kontrolle der HAVP verblieb. Schriftleiter- und Kulturkammerverordnung sollten schließlich - zu einem "deutschen Führungsinstrument" ausgebaut - fest in der Hand der RMVP-Vertretung liegen. Damit, argumentierte Hilleke, erwachse der HAVP die "außerordentlich große" Aufgabe, "die geistige Rückführung der 8 1/2 Millionen Niederländer in die große deutsche Kulturgemeinschaft" zu bewirken[43].

Die annexionistischen Tendenzen der RMVP-Politik für die Niederlande zeichneten sich ab. Zur Durchführung des "Kulturführungsan-

---

40) Hilleke-Bericht I, S. 1-4.

41) Zur Person Hillekes vgl. die Pressekammeraffäre des RvV, S.139f. dieser Arbeit.

42) Das vom Kulturkreis angestrebte "formale Fragerecht" gegenüber beiden Kulturministerien wurde abgelehnt. Vgl. ebd., S. 2.

43) Ebd., S. 3.

spruches" der HAVP riet Hilleke seinem Minister, einen "hochqualifizierten Kulturreferenten zu ernennen, der für Ministerialrat Fink eine wirkliche und notwendige Entlastung bedeutet"[44]. Goebbels reagierte umgehend[45] und schickte Dr. Joachim Bergfeld[46] nach Den Haag.

Bergfeld fiel auf dem niederländischen Außenposten die Aufgabe zu, sich sowohl beim Reichskommissar als auch bei Generalkommissar Schmidt gegen den Einfluß von Wehofsich und Snijder durchzusetzen. Diese ganz auszuschalten, sollte ihm allerdings nicht gelingen[47], "da der Reichskommissar, ..., gerade auf dem kulturellen Sektor aus der Arbeit mehrerer eine Befruchtung des Gesamtkomplexes erwartet".

7212 Plan eines "Nederlandsche Kultuuraad"

Wie sich Seyß-Inquart die "Befruchtung" des kulturellen "Gesamtkomplexes" in den Niederlanden vorstellte, zeigte sich vor allem in seinen Plänen zur Gründung eines niederländischen Kulturrates. Damit sollten die Kontroversen zwischen dem Reichskommissar und der deutschen Propagandaabteilung in Den Haag ihren Höhepunkt erreichen.

Auf der Arbeit des Kulturkreises fußend[48], wurde von Seyß-Inquart im Sommer 1941 beschlossen, daß zugleich mit der Errichtung einer Kulturkammer ein "Nederlandsche Kultuurraad" gegrün-

44) Ebd., S. 4.

45) RvO, A'dam. CDI, 4 C, Promistukken 28186. Gutterer an Müller vom 24. Januar 1941. Danach hatte Goebbels beschlossen, "sofort" einen höchst qualifizierten Kulturreferenten für Den Haag vorzuschlagen, "der sich auf den Gebieten der Künste gut auskennt, für unser Haus zuverlässig ist und geschickt genug ist, sich bei der Schwierigkeit der Lage durchzusetzen.

46) 1906 geboren; Bergfeld übernahm die Leitung der Kulturabteilung der HAVP am 9. April 1941. Vgl. J. C. H. de Pater, De Hauptabteilung für Volksaufklärung und Propaganda, a.a.O., S. 45.

47) Ebd., S. 38. Müller an Goebbels vom 7. Juli 1941.

48) Vgl. Documentatie, a.a.O., S. 166.

det und an seine Spitze Snijder berufen werden sollte. Als repräsentative Kulturinstanz sollte der Kulturrat etwa 30 Personen, "Könner auf ihrem Fachgebiet", umfassen, die "die politische Linie halten können". Als kulturpolitischer "Überbau" sollte er beratend, anregend und kritisch-prüfend der Kulturkammer, dem Propagandaministerium, dem Erziehungsministerium sowie anderen Kulturinstanzen zur Seite stehen[49]. Mit dem Einsatz eines so beschaffenen Kulturrates erhoffte sich der Reichskommissar ein selbständiges, vom Goebbels-Ministerium unabhängiges Instrument für seine Kulturpolitik[50].

Die Sonderstellung der geplanten Einrichtung sollte u. a. bis zu einem "suspensiven" Vetorecht gegen Entscheidungen der Kulturkammer gehen. Folgerichtig forderten die ersten Verordnungsvorlagen für den Kulturrat mit diesem Passus die Opposition des RMVP heraus; die Kulturvertreter in Den Haag, Bergfeld und Goedewaagen, wurden eingeschaltet[51].

---

49) RvO, A'dam. Archiv-GKzbV. HAVP 21 h. Notiz der Abteilung Kultur vom 17. Juni 1941.

50) Ebd., vgl. die verschiedenen Fassungen der Kulturratsverordnung.

51) RvO, A'dam. Archiv-GKzbV, HAVP 21 h. Abteilung Kultur. Stellungnahme zur Kulturratsverordnung vom 3. Juli 1941. In dieser Stellungnahme setzt sich Bergfeld 11 Seiten lang mit der ersten Fassung der Verordnung des Reichskommissars über die Errichtung eines "Niederländischen Kulturrates" vom 28. Juni 1941 auseinander. Ganz allgemein schien Bergfeld der Entwurf, "weit über das hinauszugehen, was der Herr Reichskommissar ursprünglich mit dem Kulturrat beabsichtigt hat". Zudem befürchtet er, daß bei der Verwirklichung dieser Fassung "ein Zustand des Unfriedens" zwischen dem DVK und der Kulturkammer einerseits und dem Kulturrat andererseits eintreten würde. Bergfeld griff u. a. folgende Punkte der Kulturratsverordnung an:
(a) Die Kulturkammerverordnung liege als Departmentsverordnung vor, die Kulturratsverordnung dagegen als Verordnung des Reichskommissars. (Das bedeute eine Erschwerung der Kulturkammerarbeit).
(b) Im § 1, Abs. 2 heiße es, der Kulturrat greife "nicht unmittelbar" in die laufende Verwaltungsführung der Ministerien ein. (Der Kulturrat dürfe auch nicht "mittelbar" eingreifen, da hierfür die deutsche Verwaltung zuständig sei).

Nach längerem Hin und Her - nicht weniger als acht Verordnungsentwürfe mußten vorgelegt werden - kamen schließlich die streitenden deutschen Kulturparteien überein, den Kulturrat unter

---

(c) Im § 4 heiße es, daß der Präsident des Kulturrates dem Reichskommissar für seine gesamte Tätigkeit verantwortlich sei. (Wo befinde sich die deutsche Dienststelle, die ständig über die Tätigkeit des Kulturrates informiert sein werde.)
(d) Die Ernennung eines Vizepräsidenten (§ 4) und die Festlegung von sieben Aufgabengebieten (Musik, Theater usw. § 5) stelle eine "Ausartung" des Kulturrates in ein Ministerium dar, was der Reichskommissar habe vermeiden wollen.
(e) Nach der vorliegenden Fassung würden die Ministerien Van Dam und Goedewaagen zu "ausführenden Organen" des Kulturrates degradiert, der seinerseits keiner Kontrolle von deutscher Seite unterstehe.
(f) In der jetzt vorgesehenen Form gebe der Reichskommissar die kulturpolitische Führung aus der Hand, bzw. übertrage sie Snijder als seinem unmittelbaren Beauftragten.
(g) Da Snijder Maßnahmen der Ministerien, die auf Anordnung der Generalkommissare getroffen wurden, aufhalten könne, sei er nicht nur über die niederländischen Generalsekretäre, sondern auch über die deutschen Generalkommissare gestellt.
(h) Der Entwurf mache aus dem Informationsrecht Snijders eine Informationspflicht sämtlicher niederländischer Dienststellen.

Aus der Fülle der Kritik sind dies nur die wichtigsten Punkte, die Bergfeld in seiner Stellungnahme aufgriff. Darin wird die Sorge ausgedrückt, daß das niederländische Kulturleben mit der vorliegenden Kulturratsverordnung in "große Verwirrung" gebracht werde; denn diese erwecke den Anschein, "daß der Kulturrat ein Mißtrauensvotum des Reichskommissars gegenüber den Ministerien Goedewaagen und Van Dam bedeutet, zugleich aber ein Mißtrauensvotum gegenüber den deutschen Generalkommissaren." Goedewaagen etwa könne darin eine Bloßstellung sehen, die ihn zur Niederlegung seines Amtes zwinge. - In diesem Einspruch Bergfelds gegen die Kulturrats-Verordnung kann ein Meisterstück taktischer Analyse gesehen werden. Mit allen zu Gebote stehenden Mitteln werden ihre vermeintlichen bzw. tatsächlichen Nachteile angeführt, um damit die Position der HAVP gegenüber dem Reichskommissar zu stärken. Vorgegeben wird, daß man Seyß-Inquart vor einer Fehlentscheidung, die seine eigene Position schwächen könne, bewahren wolle.

modifizierten Bedingungen einzusetzen. Das Vetorecht und andere Sonderbefugnisse waren danach weggefallen. HAVP und RMVP trösteten sich in der Vorstellung, daß zwei konkurrierende niederländische Kulturinstanzen (Kulturkammer und Kulturrat) vermutlich leichter gelenkt und kontrolliert werden könnten[52].

7213 Legislative, administrative und propagandistische Vorbereitungen, insbesondere im Department van Volksvoorlichting en Kunsten

Reichskommissar Seyß-Inquart und sein Beraterstab im Generalkommissariat zbV leiteten die legislativen Voraussetzungen zum Umbau des niederländischen Kulturlebens ein. Es erschienen Verordnungen zur Neuorganisation des Filmwesens (Oktober 1940), des Rundfunks (Dezember 1940) und des Pressewesens (Schriftleiterverordnung, Mai 1941)[53].

Unterdessen leistete das niederländische Propagandaministerium in Zusammenarbeit mit dem RMVP in erster Linie administrative und propagandistische Vorarbeiten zum Aufbau der niederländischen Kulturkammer[54]. Das Sonderreferat "Cultuurkamer" im DVK z. B. nahm die Gelegenheit wahr, das deutsche Beispiel der formalen Kulturkontrolle als Vorbild zu studieren[55]. Als nützlich erwies sich dabei das "Handbuch der Reichskulturkammer", 1937 von

---

52) Vgl. J. C. H. de Pater, De Hauptabteilung Volksaufklärung und Propaganda, a.a.O., S. 56. In einem Bericht Gernands (Leiter der HAVP) an das RMVP vom 15. Oktober 1941 hieß es: "Damit hier etwas gutes und leistungsfähiges herauskommt, kann der Kampf zwischen zwei Stellen, ..., nichts schaden. Der Kulturrat soll gewissermaßen noch so ein kleines Gewissen der holländischen Kulturkammer darstellen; denn man muß ja immer bedenken, daß hier eine politische Minderheit (Goedewaagen und sein Ministerium, d. Verf.) nicht mit Machtmitteln ausgestattet wird, die ihr garnicht zukommen, daher die Beobachtung durch den Kulturrat." RvO, A'dam. CDI Promistukken 28306-28310, S. 5.

53) Vgl. VOBL. Niederlande. VO 160/40, VO 232/40 und VO 83/41.

54) Vgl. Übersicht DVK 1941 I, S. 2.

55) Vgl. De Organisatie der Reichskulturkammer. Verslag over Bezoek aan Berlijn van 1-9 Okt. 1941 door J. de Weille. RvO, A'dam. Archiv-DVK, Port. O Map 2.

Hans Hinkel herausgegeben[56].

Zu den administrativen und propagandistischen Vorarbeiten des DVK im Rahmen der berufsständischen Neuordnung des niederländischen Kulturlebens gehörten[57]:

1. Die Errichtung eines Spezialbüros "zur Wahrung der administrativen Vorbereitung der Organisation der Kulturkammer" in Den Haag[58].
2. Der Aufbau von Stützpunkten in neun Provinzen mit Hilfe von sogenannten Hauptkorrespondenten und Korrespondenten, die der Kulturkammer und ihren Gilden bezüglich des Aufbaus der Provinzialbüros Rat zu erteilen hatten[59].
3. Die Durchführung von "Aufklärungstagungen" im ganzen Land, teilweise mit Unterstützung der RKK praktiziert[60].

---

56) H. Hinkel, (Hrsg.) Handbuch der Reichskulturkammer, Berlin 1937. - In diesem wurden Organisationsschemata des Gesamtkomplexes der RKK sowie der Einzelkammern dargestellt. Zur weiteren Information reiste ein Vertreter des Referates, J. de Weille, nach Berlin. Dort stellte er fest, daß die von Hinkel erarbeiteten Strukturskizzen u. a. durch kriegsbedingte Einwirkungen auf die RKK als überholt betrachtet werden mußten. Nach Kenntnis der neuen Gegebenheiten stellte De Weille eigene Organisationspläne zusammen, ergänzte diese mit den in Berlin vorhandenen neuen Kammernskizzen, um so ein Gesamtschema der RKK als Unterlage für den Aufbau der niederländischen Kammer erstellen zu können.

57) Vgl. Übersichten DVK 1941 I und II.

58) Übersicht DVK 1941 I, S. 2.

59) Vgl., Ebd. Übersicht DVK 1941,II, S. 3.

60) Vgl. Ebd. Als durch die wiederholt verzögerte Verabschiedung der niederländischen Kulturkammerverordnung eine "nicht unwesentliche Unruhe" entstanden war, hielt das RMVP eine weitere Reise Hillekes sowie eines Vertreters der RKK, Kochanowski, Mitte September 1941 nach Den Haag für erforderlich. Durch die Teilnahme beider an einer Tagung der niederländischen Kulturkammer in Baarn bei Hilversum suchte man die gewünschte "positive Stimmung" unter den niederländischen Kulturfunktionären zurückzugewinnen. Nachdem Hilleke die ideologische Seite des Kulturkammergedankens und Kochanowski die organisatorischen Vorstufen der RKK sowie ihrer Organisation und Arbeitsweise vorgetragen hatten, schien das Ziel der Tagung erreicht: Die "Stimmungskrise" war beseitigt. Vgl. hierzu Hilleke-Bericht II.

4. Die Veranstaltung von Vorträgen Goedewaagens und seiner Mitarbeiter vor niederländischen "Kulturschaffenden" sowie Besprechungen mit führenden Persönlichkeiten des kulturellen Lebens[61].

In der allgemeinen Aufgabenstellung der künftigen Kulturkammer, in einem Plan der Kulturabteilung der HAVP fixiert[62], wurden folgende Auflagen und Vorschläge gemacht: die "zwangsweise Erfassung aller ausstellenden, auftretenden, veröffentlichenden Kulturschaffenden", der "Ausschluß von Nichtariern und politisch Untragbaren", die "Einziehung von Beiträgen, Auswertung von Rundfragen, wirtschaftliche und juristische Vertretung gegenüber der Produktion, gewerblicher Rechtsschutz, Ehren- und Honorarordnung, Herausgabe eines Fach- und Mitteilungsblattes. Vermittlung von Aufträgen. Veranstaltung von breiten, von jedem beschickbaren Ausstellungen, Konkurrenzen..."

Dabei sollten bereits vorhandene Kulturvereine, "soweit lebensfähig", benutzt, wenn "ohne innere Daseinsberechtigung", überwunden werden. Die zuständigen Abteilungen des DVK wählten in der Vorbereitungsphase aus diesem Aufgabenangebot vor allem zwei Bereiche aus: Erfassung bzw. Ausschluß der "Kulturschaffenden" mit Hilfe von Berufskontrolle und "Arisierungs"-Maßnahmen[63] sowie Eingliederung der "Kulturschaffenden" und Aufbau von "Gilden" und "Fachgruppen" nach dem ständischen Ordnungsprinzip[64].

---

61) Vgl. Übersicht DVK 1941 I, S. 2. Vgl. auch T. Goedewaagen, Vier Künstlergilden im Entstehen, DZN vom 7. Februar 1941, S. 1.

62) Plan Kulturkammer.

63) Vgl. hierzu die Funktionen der RKK als "negative Befugnis" (Ausscheidung "ungeeigneter und unzuverlässiger Elemente") neben "positiver Einwirkung". P. Gast, in: Handbuch der Reichskulturkammer, Hrsg. H. Hinkel, Berlin 1937, S. 20 f. Vgl. auch Übersicht DVK 1941 I, S. 5, 13, 17, 18: In der ersten Hälfte des Jahres 1941 fand eine "Sichtung" von ungefähr 500 Bildberichterstattern statt, von denen das DVK 35 anerkannte. Am 15. Mai 1941 wurden alle jüdischen Musiker aus den Orchestern entlassen. Seit Beginn 1941 arbeitete man im Bereich des Theaters "kräftig an der Arisierung". Ebenso wurde der Bereich Gesellschaftstanz "gänzlich arisiert."

64) Vgl. T. Goedewaagen, Autobiographie, a.a.O., S. 101. Es gab u. a. einen Vorsorgefonds für Künstler, einen Reichs-Vorsorgefonds für Mitglieder der Königlich-Niederländischen Ton- →

Die Ergebnisse dieser Vorarbeiten zum Aufbau einer niederländischen Kulturkammer lassen sich aus den Tätigkeitsberichten des Propagandaministeriums rekonstruieren[65]: Danach waren die Vorbereitungen zur Gründung einer "Musikgilde" bereits im ersten Halbjahr 1941 soweit gediehen, daß diese beim Zustandekommen der Kulturkammerverordnung sofort mit ihrer Arbeit anfangen konnte[66]. Als sich der Generalvorstand der "Nederlandse Organisatie van Toneelspeelers" (Bühnenschauspieler) am 26. März 1941 an der Gründung einer "Theatergilde" nicht interessiert zeigte, errichtete das DVK als Antwort auf diese Weigerung am 10. April 1941 eine "Fachgruppe Schauspieler" mit dem Aufruf an alle niederländischen Bühnendarsteller, sich bei dieser zu melden. Geplant war die Gründung einer "Fachgruppe Kleinkunst" mit rund 400 Mitgliedern. Im Rahmen einer künftigen "Theatergilde" wurde außerdem am 3. März 1941 die "Fachgruppe Gesellschaftstanzlehrer" mit 12 bestehenden Tanzlehrervereinen und -verbänden und am 23. Juni 1941 die "Fachgruppe Kunsttanz" gegründet.

Zahlreiche Besprechungen, u. a. mit der "Vereeniging ter Bevordering van de Belangen des Boekhandels" sollten die künftige Organisation der "Schrifttumsgilde" klären. Daneben wurde der Versuch unternommen, zu einer "guten Besetzung" der "Fachgruppe Schriftsteller" zu gelangen.

Auch der ständische Aufbau der bildenden Künste sollte forciert werden. Nach reichlicher "Aufklärung" des DVK (Vorträge, Rundfunkansprachen, Interviews, Empfänge) fanden sich "sehr viele" bildende Künstler bereit, der Gilde "wenn auch bisweilen zaudernd" beizutreten. Als die Verwaltung des "Bond van Nederlandsche Architecten" noch "kein richtiges Verständnis für den neu-

---

→ künstlervereinigung, eine Vereinigung zur Förderung der Belange des Buchhandels, einen Pensionsfonds für Bühnenschauspieler, ein Niederländisches Unterstützungskomitee für bildende Künstler.

65) Vgl. Übersichten DVK 1941 I und II. Dabei müssen allerdings die teilweise zum Erfolg hin retuschierten Meldungen beachtet werden. Der Widerstand gegen die DVK-Aktionen wurde dementsprechend nur am Rande erwähnt.

66) Vgl. Übersicht DVK 1941 I, S. 12.

en Zeitgeist" aufweisen konnte, wurde diesem ein ideologischer Mentor als Bevollmächtigter zugewiesen[67].

Um jene administrativen Vorhaben zu stärken, setzte das DVK besondere Propagandamittel ein. So operierte es außer mit politischem Druck und ideologischen Argumenten vornehmlich mit sozialen und pseudosozialen Lockmitteln: Die "Gesundung" der Orchester wurde postuliert, ihrer "Zerrüttung" durch Abgänge in gutzahlende Partei- und Rundfunkorchester vorzubeugen versucht, den Orchestermitgliedern ein Mindesteinkommen garantiert.

Im Theaterwesen wurden Gehalts- und Gastspielregelungen vorbereitet, im Fach Gesellschaftstanz Tarife festgesetzt und Pensionsfonds eingerichtet. Zur "Unterstützung und Ermutigung" der niederländischen "Schauspieldichter" setzte Goedewaagen am 11. Juni 1941 einen dreijährlichen Preis in Höhe von 3.000 Gulden für das Gesamtwerk eines niederländischen Dramatikers aus. Zur Unterstützung von 18 Schriftstellern waren 16.000 Gulden ausgezahlt sowie ein Plan für verschiedene Literaturpreise ausgearbeitet worden.

Im Bereich der bildenden Künste half das DVK Künstlern durch Ankauf von Werken und andere finanzielle Unterstützung. Das Kunstgewerbe sollte durch Materiallieferung gewonnen werden[68]. Das Angebot von Reisen[69], Einladungen, Ankäufen, Ausstellungen, Preisen, Zuschüssen schien angesichts der sozialen Not der angesprochenen Kreise eine günstige Ausgangsbasis für den gewünschten Erfolg[70].

---

67) Ebd., S. 15 ff.

68) Ebd., S. 13 ff.

69) Am 21. Januar 1941 etwa wurden F. A. J. Vermeulen, E. Gerdes, Pijke Koch und andere niederländische Künstler von Goebbels in Berlin empfangen. Vgl. Niederländische Künstler bei Dr. Goebbels, DZN vom 22. Januar 1941, S. 1.

70) N. A. Donkersloot, Kunst en Kunstenaars tijdens de Bezetting, a.a.O., S. 504.

722 Verordnung über die "Nederlandsche Kultuurkamer"

Am 25. November 1941 - ein Jahr nach Gründung des "Department van Volksvoorlichting en Kunsten" - legte der Reichskommissar für die besetzten niederländischen Gebiete den rechtlichen Grund für den Aufbau der "Nederlandsche Kultuurkamer" (NKK). Mit seiner Verordnung 211[71] bestimmte Seyß-Inquart auf der Grundlage der RKK in 36 Paragraphen die Aufgaben und Zielsetzungen der niederländischen Kammer, die Kammerzugehörigkeit, die Kammerverfassung bis hin zu Verordnungs- und Verfügungsbefugnissen, Haushalts- und Kostenfragen und schließlich die staatliche Aufsicht bzw. Mitwirkung.

Als "Körperschaft des öffentlichen Rechts"[72] sollte sie wie die RKK alle niederländischen "Kulturarbeiter" in "Gilden" (den deutschen Einzelkammern entsprechend) zusammenfassen und folgende sechs Gilden in der Kammer vereinigen: Die Gilden für Baukunst, Bildende Künste und Kunstgewerbe, für Musik, für Schrifttum, für Theater, für Film und für Presse[73]. Ihre Aufgabe lautete, durch "Zusammenwirken" aller Tätigkeitszweige die "niederländische Kultur in Verantwortung für Volk und Land" zu fördern sowie die "fachlichen, wirtschaftlichen und sozialen Angelegenheiten" der Kulturberufe zu regeln[74].

Im Rahmen ihrer Aufgabenbereiche erhielt die NKK "Verordnungsbefugnis", vom Präsidenten auszuüben, und das Recht, die Verordnungen im "Verordeningenblad der Nederlandsche Kultuurkamer" zu verkünden[75]. Auf Grund dieser Verordnungsbefugnis konnte eine sogenannte "Schlichtungsordnung" erlassen werden. Die NKK trat

---

71) VOBL. Niederlande. VO 211/41. Die Verordnung über die "Niederländische Kulturkammer" wurde am 22. November 1941 erlassen und trat am Tage ihrer Verkündung, am 25. November 1941, in Kraft. Teilweise war diese im Wortlaut identisch mit der Ersten Verordnung zur Durchführung des Reichskulturkammergesetzes vom 1. November 1933, RGBL I 797. (zit. NKK-Verordnung/Erste Durchführungsverordnung RKK).

72) Ebd., § 2.

73) Ebd., § 1, Abs. 1.

74) Ebd., § 1, Abs. 2.

75) Ebd., §§ 17, 18.

in diesem Falle als eine Art Pseudogerichtsbarkeit gegenüber den Kammermitgliedern auf, die den Verfahren der Zivil- bzw. Strafkammer vorgeschaltet werden durfte[76]. Aus dem Paragraphen über die Verordnungsbefugnis leitete sich auch das Recht des Präsidenten der NKK her, Mitgliederbeiträge durch Verfügung einzutreiben[77], sowie "Ordnungsstrafen" zu verhängen[78]. Auf Anforderung waren Verwaltungsbehörden, Gerichte und Polizeibehörden verpflichtet, der NKK bei der Durchführung ihrer Aufgaben behilflich zu sein[79].

An der Spitze der NKK stand ein Präsident, dieser ernannte und entließ seinen Stellvertreter, die Leiter der Gilden und den Geschäftsführer; gleichzeitig vertrat er die NKK gerichtlich und außergerichtlich[80]. Er besaß nicht nur Verordnungs-, sondern auch Verfügungsbefugnisse gegenüber den Kammermitgliedern[81] und zeichnete verantwortlich für den Haushalt der NKK[82].

Trotz dieser hohen Kompetenzen stand seine rechtliche und politische Position in keinem Verhältnis zu der des Reichskulturkammerpräsidenten in Berlin. Vergleicht man daraufhin das Reichskulturkammergesetz[83] und seine grundlegende Erste Durchführungsverordnung[84] mit der Niederländischen Kulturkammerverordnung,

---

76) Ebd., § 19.

77) Ebd., § 20.

78) Ebd., § 21. Ergänzend wurde im § 26 festgelegt, daß der Präsident der NKK für die Vorbereitung seiner Entscheidungen Zeugen oder Sachverständige vorladen konnte.

79) Ebd., §§ 30, 31. Die Polizeibehörden waren u. a. verpflichtet, von der NKK getroffene Maßnahmen auf Ersuchen des Präsidenten zu erzwingen.

80) Ebd., § 13.

81) Ebd., §§ 17 bis 25.

82) Ebd., § 27.

83) Reichskulturkammergesetz vom 22. September 1933, RGBL I 659 (zit. RKK-Gesetz).

84) Vgl. Anm. 71.

so ergibt sich etwa folgendes Bild: In Deutschland bedeuteten die "sieben unauffälligen Paragraphen" des RKK-Gesetzes die eigentliche "Ermächtigung" für Goebbels im Bereich der Kultur[85]. Außerdem ernannte sich der Reichsminister für Volksaufklärung und Propaganda selbst zum Präsidenten der Reichskulturkammer[86]. Mit dieser Personalunion erwarb sich Goebbels seine nahezu uneingeschränkte Führungsrolle[87]. Zwar wurde auch in den besetzten niederländischen Gebieten der Generalsekretär des Propagandaministeriums (Goedewaagen, später Reydon und Ranitz) zum Kulturkammerpräsidenten berufen[88], jedoch war diese Personalunion im Gegensatz zur RKK-Verordnung rechtlich nicht fixiert[89]. Zudem fehlten in der niederländischen Verordnung die Auftrags- und Ermächtigungsparagraphen des RKK-Gesetzes, die Goebbels zum Initiatoren, gesetzgeberischen Motor und zur Aufsichtszentrale der ständischen Kulturorganisation zugleich machten[90]. Auch der Passus zur Führungsrolle des Propagandaministers im Bereich der deutschen Kultur, wie er in der Ersten Durchführungsverordnung verankert war, fehlte im niederländischen Pendant[91].

---

85) H. Brenner, Die Kunstpolitik des Nationalsozialismus, a.a.O., S. 58.

86) Vgl. Erste Durchführungsverordnung RKK, § 11.

87) Als Kammerpräsident war er nicht nur der gesetzliche Vertreter der RKK (§ 11), er berief auch "verdiente Persönlichkeiten" für den Kultursenat (§ 12), ernannte die Präsidenten für die Einzelkammern und die Mitglieder des Präsidialrates (§ 13), er berief außerdem die Mitglieder des Veraltungsbeirates (§ 14), entschied in letzter Instanz über die Aufnahme von Fachverbänden in die Kammer (§ 17), gab der RKK die Satzung (§ 19) u. a. m.

88) Im selben Verordnungsblatt vom 25. November 1941 wurde der Generalsekretär des Department van Volksvoorlichting en Kunsten, Goedewaagen, vom Reichskommissar zum Präsidenten der Nederlandsche Kultuurkamer ernannt. Vgl. Documentatie, a.a.O., S. 141.

89) Vgl. Erste Durchführungsverordnung RKK, § 11. Die Funktionsteilung zeigte sich in den §§ 7 und 10. Nach § 7 konnte der Kammerpräsident einen Kulturschaffenden von der Mitgliedschaft befreien, nach § 10 der NKK-Verordnung konnte der Generalsekretär des DVK "in besonders gelagerten Einzelfällen" die Mitgliedschaft von Juden gestatten.

90) Vgl. RKK-Gesetz, §§ 1, 5, 6, 7.

91) Vgl. Erste Durchführungsverordnung RKK, § 3.

Schließlich zeigten sich die Verordnungs- und Verfügungsrechte des niederländischen Kulturkammerpräsidenten eingeschränkt durch die sich anschließenden Staatsaufsichtsparagraphen[92]: Hier wurde festgelegt, daß die NKK der "Aufsicht" des Generalsekretärs im Ministerium für Volksaufklärung und Künste unterstehe, daß dieser zudem das Recht habe, "auf Antrag eines Betroffenen oder von Amts wegen" eine vom Präsidenten oder eines Organs der NKK erlassene Verordnung, Verfügung oder einen anderen Beschluß für nichtig zu erklären[93].

Wie "deutsch" jedoch die Einrichtung der niederländischen Kulturkammer insgesamt war, manifestierte sich für viele Niederländer bereits in einem einzigen Buchstaben: Dem oktroyierten deutschen "K" in "Kultuur" anstelle des niederländischen "C"[94].

723 Organisation

Die NKK galt als errichtet, sobald zwei Gilden bestanden[95]. Mit Erfüllung dieses Artikels der NKK-Verordnung wurde die Errichtung der "Nederlandsche Kultuurkamer" am 22. Januar 1942 durch

---

92) NKK-Verordnung, §§ 28,29.

93) Diese Möglichkeit solle für den Fall offen sein, wenn eine Bestimmung der NKK-Verordnung verletzt, einer anderen gesetzlichen Vorschrift widersprochen, oder das Allgemeinwohl gefährdet werde.

94) Nach einem "Vermerk" zur Rücksprache mit Snijder entschied sich die deutsche Kulturabteilung gegen dessen Einwände für das deutsche "K". Damit war auch gegen Goedewaagen entschieden: ein kurioses Beispiel für den unabdingbaren Führungsanspruch der deutschen Besatzungsmacht in den Niederlanden. (RvO, A'dam, Archiv-GKzbV HAVP 21 h. Vgl. auch J. C. G. Wesseling, Overheidsbemoeiingen met de Kunst, a.a.O., S. 515.) In einem Aufruf an die niederländischen Künstler vom Dezember 1941, der NKK Widerstand entgegenzusetzen, hieß es zum Thema: "Die Besatzungsmacht hat am 25. November eine 'kultuurkamer' für die Niederlande eingerichtet. Kultuur schreibt man in so einem Falle mit K, um deutlich zu machen, daß das Ziel ist, deutschen Belangen zu dienen und daß die Einrichtung nicht mit 'cultuur' oder Bildung zu tun hat." RvO, A'dam. DVK-SG, Port. O Map 2. De Nederlandsche "Kultuurkamer", S. 1.

95) Vgl. NKK-Verordnung, § 35, Abs. 3.

den Generalsekretär des DVK in der "Nederlandsche Staatscourant" offiziell bekanntgemacht[96]. Am 16. Januar 1942 hatte Goedewaagen in einer Pressekonferenz angekündigt, daß als offizielles Organ der NKK und zugleich des DVK eine Zeitschrift herausgegeben werden sollte: Die vierzehntäglich erscheinende "De Schouw"[97] würde unter seiner Chefredaktion nicht nur die Beschlüsse und Verordnungen des NKK-Präsidenten abdrucken, sondern gleichzeitig den "Geist" des niederländischen Propagandaministeriums repräsentieren.

Der Organisation der NKK lag dieses Prinzip zugrunde[98]: "Zentralisierung, wo eine einheitliche Führung erforderlich ist, Dezentralisierung, wo die Verschiedenheit der Teile die natürliche Spannkraft des Ganzen fördert".

Neben dem dezentralisierten Aufbau in verschiedene Gilden verfügte die NKK über eine organisatorische Zentrale, das sogenannte "Hoofdbureau"[99].

7231 Hoofdbureau

Als "President van de Nederlandsche Kultuurkamer", im Rahmen der NKK mit den höchsten Befugnissen ausgestattet, fungierte der Generalsekretär des Department van Volksvoorlichting en Kunsten[100]. Sein Stellvertreter war der von ihm ernannte "Vize-President"[101]. Anders als bei der RKK lag hier die Geschäftsführung in einer Hand, nämlich beim "Dagelijk Bestuurder" (Ge-

---

96) Vgl. Documentatie, a.a.O., S. 141.

97) Vgl. Onderdrukking en Verzet, a.a.O., S. 522, 524, 584.

98) Übersicht DVK 1941 II, S. 2.

99) Ein anderes Prinzip der Organisation war die Dreiheit von Führung, Verwaltung und Vertretung. Vgl. dazu Documentatie, a.a.O., S. 144.

100) Ebd., S. 146.

101) NKK-Verordnung, § 13, Abs. 2.

neraldirektor), der sie in sechs, später fünf Abteilungen wahrnahm[102]. Dem Präsidenten zur Seite stand ein sogenannter Raad van Toezicht[103] sowie die "Gewestelijke Bureaux" für eine bzw. mehrere Provinzen. Nach einem Schema des DVK sah die Verwaltungsspitze, das "Hoofdbureau" der NKK folgendermaßen aus[104]:

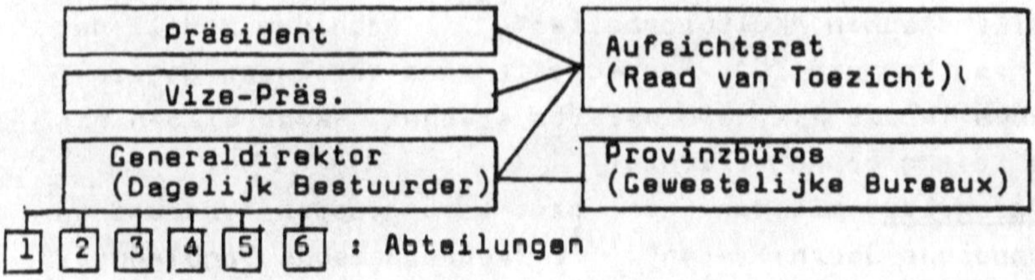

1 = Administration usw.
2 = Juristische Angelegenheiten
3 = Aufklärung
4 = Soziale Angelegenheiten
5 = Finanzen
6 = Personalangelegenheiten und Organisation

Das oben abgebildete Schema zeigt die einzelnen Abteilungen, die der Kammerpräsident als "Instrument" zur Verwirklichung seiner Zielsetzungen benutzte. Es hatte die Aufgabe, seine Entscheidungen und Beschlüsse auszuführen, seine Vorschläge zu verwirklichen und die täglichen Routinearbeiten der Behörde zu leisten[105].

Während von den Gilden Initiativen, Anweisungen, Anregungen ausgingen, leiteten die sechs Verwaltungsabteilungen Maßnahmen ju-

102) In der RKK gab es drei Geschäftsführer, die als "Reichskulturverwalter" gleichzeitig Leiter des Kulturamtes der Reichspropagandaleitung waren. Erst seit 1. August 1941 wurde diese Gliederung der dreigeteilten Geschäftsführung aufgehoben und in einer Person (Generalsekretär/Hauptgeschäftsführer) vereinigt. Vgl. dazu H. Hinkel, Handbuch der Reichskulturkammer, a.a.O., S. 15. G. Menz, Der Aufbau des Kulturstandes, a.a.O., S. 19.

103) Aufsichtsrat.

104) DVK Übersicht 1941 II, S. 2.

105) Vgl. Documentatie, a.a.O., S. 147.

ristischer, propagandistischer, ökonomischer und sozialer Art ein und verwirklichten sie[106].

7232 Gilden

Die sogenannten Gilden der NKK bildeten die Berufsvertretung der niederländischen "Kulturarbeiter"[107]. Nach dem Modell der RKK mit ihren Kammern[108], Fachschaften und Verbänden gegliedert, wurden in der NKK, wie bereits erwähnt, sechs Gilden mit Fach- und Laiengruppen errichtet[109]:

1. Die "Persgilde" mit den Fach- bzw. Laiengruppen "Verbond van Nederlandsche Journalisten"[110], "Nederlandsche Dagbladpers", "Provinciale en Periodieke Pers", "Verbond van Nederlandsche Persbureaux" und "Verbond van Nederlandsche Uitgeverspersoneel"
2. Die "Filmgilde" mit den Fach- bzw. Laiengruppen "Film-Producenten", "Bioscoopexploitanten", "Filmoperateurs", "Filmverhuur" u. a.[111]

---

106) Ebd. Die soziale Notlage einer Fachgruppe z. B. wurde von dieser über die Gilde der Abteilung "Soziale Angelegenheiten" des Hauptbüros der NKK übermittelt, notwendige rechtliche Regelungen übernahm die Abteilung "Juristische Angelegenheiten", indem sie diesbezügliche Verordnungen, Verfügungen, Schiedsurteile u. a. erließ.

107) Die Bezeichnung "Gilden" anstelle der deutschen "Kammern" entsprang der Vorliebe der niederländischen Nationalsozialisten für alte niederländische Begriffe. Goedewaagen zeigte eine besondere Neigung für die historischen Hintergründe der neu zu bildenden Gilden, die vormals privatrechtlich, nunmehr öffentlich- rechtlichen Charakter erhalten sollten. Vgl. J. C. G. Wesseling, Overheidsbemoeiingen met de Kunst, a.a.O., S. 515. T. Goedewaagen, Autobiographie, a.a.O., S. 106.

108) Reichspressekammer, Reichsschrifttumskammer, Reichsrundfunkkammer, Reichskammer der bildenden Künste, Reichsfilmkammer, Reichstheaterkammer, Reichsmusikkammer.

109) RvO, A'dam. DVK Port. 9 Map 275. "Schema der Funktionen" der Niederländischen Kulturkammer vom 26. Juni 1941. Vgl. auch Documentatie, a.a.O., S. 150.

110) Vgl. S. 137 f. dieser Arbeit.

111) Goedewaagen erwähnt in seiner Autobiographie die Fachgruppen "Studios", "Smalfilm", "Filmkunstenaars", Reclameprojectie" und "Technici".

3. Die "Muziekgilde" mit den Fach- bzw. Laiengruppen "Componisten", "Dirigenten", "Solisten", "Orkestmusici", "Muziekpedagogen", "Amusementsmusici", "Volksmuziek", "Concertwezen" und "Muziekhandel".
4. Die "Gilde voor Theater en Dans" mit den Fach- bzw. Laiengruppen "Kleinkunst", "Dansleraren", "Toneelspelers", "Toneelschrijvers", "Rederijkerstoneel" und "Kunstdans".
5. Die "Gilde voor Bouwkunst, Beeldende Kunsten en Kunstambacht" mit den Fach- bzw. Laiengruppen "Architecten", "Beeldhouwers", "Glazeniers", "Kunstschilders", "Kunsthandel" und "Kunstlievende Verenigingen".
6. Die "Letterengilde" mit den Fach- bzw. Laiengruppen "Schrijvers", "Boekhandelaren","Uitgevers" und "Leesbibliotheken"[112].

Diese Imitation der RKK geschah allerdings mit einer Ausnahme: Das Pendant zur Reichsrundfunkkammer, eine "Radiogilde" fehlte.

Die "Gildeleider", M. Blokzijl/Persgilde, J. Teunissen/Filmgilde, H. Rijnbergen/Muziekgilde, J. C. de Vos/Gilde voor Theater en Dans, J. Bakker/Gilde Bouwkunst, Beeldende Kunsten en Kunstambacht und J. de Vries/Letterengilde wurden von Goedewaagen am 30. Mai 1942 während der Einweihungsfeierlichkeiten der NKK dem Reichskommissar vorgestellt[113]. Außer den sechs ehrenamtlichen Gildeleitern übernahmen die gleiche Anzahl "Gildebestuurder" die täglichen Geschäfte der Fachgruppen in Zusammenarbeit mit einem sogenannten Gilderaad, in dem die Vertreter der Fach- und Laiengruppen saßen. Die Fach- und Laiengruppen wiederum hatten, falls es ihr Umfang erforderte, nach dem gleichen Schema ihren "Leider", "Bestuurder" und "Raad"[114].

7233 Provinciale Bureaux

Im Paragraphen 15 der NKK-Verordnung[115] hieß es, daß zur Durch-

---

112) Vgl. Schema NKK im Anhang.

113) Vgl. Documentatie, a.a.O., S. 143 f.

114) Ebd., S. 147.

115) Vgl. NKK-Verordnung, § 15, Abs. 1.

führung der Kulturkammeraufgaben sogenannte Provinciale Bureaux oder Gewestelijke Bureaux eingerichtet werden konnten. Diese Provinzialdienststellen sollten auf Geheiß des Präsidenten für mehrere Provinzen zuständig sein dürfen[116].

Als "Mikrokosmos" innerhalb des "Makrokosmos" der Kulturkammer wiederholten sie das Organisationsschema der Gilden[117]: Die Leitung übernahm der "Gewestelijke Leider", der vom Präsidenten ernannt[118], als Verbindungsmann zwischen Propagandaministerium, Kulturkammer und Provinzbüro fungierte und seine Instruktionen vom DVK ebenso wie vom Hauptbüro der NKK erhielt. Die Verwaltung repräsentierte der "Gewestelijke Bestuurder", die Vertretung der örtlichen "Kulturschaffenden" der "Gewestelijke Raad"[119].

7234 <u>Mitgliedschaft</u>

Die Kammerzugehörigkeit, wie sie in der NKK-Verordnung fixiert war, glich teilweise dem deutschen Vorbild der RKK bis in die Formulierung[120]: "Wer bei der Erzeugung, der Wiedergabe, der geistigen oder technischen Verarbeitung, der Verbreitung, der Erhaltung, dem Absatz oder der Vermittlung des Absatzes von Kulturgut mitwirkt, muß Mitglied der Niederländischen Kulturkammer sein".

Damit stand der Zwang, Mitglied der NKK zu werden im Vordergrund für alle jene Niederländer, die künstlerische und geistige "Schöpfung oder Leistung" produzierten bzw. veröffentlichten[121] - sei es, daß die Tätigkeit "entgeltlich" oder "unentgeltlich", durch "Körperschaften", "Personenvereinigungen" oder durch "natürliche Personen", durch "Niederländer", "niederlän-

---

116) Ebd., Abs. 2.

117) Documentatie, a.a.O., S. 144.

118) Vgl. NKK-Verordnung, § 15, Abs. 3.

119) Vgl. Schema NKK im Anhang.

120) Vgl. RKK-Verordnung, § 4 und NKK-Verordnung, § 3.

121) Ebd., § 4, Abs. 1 und 2.

dische Untertanen" (Kolonien) oder "Ausländer" ausgeübt wurde[122].

Die Mitgliederliste umfaßte jedoch nicht nur Produzenten und Vermittler der Kultur, sondern auch deren Konsumenten, z. B. Literatur- und Kunstliebhabervereine[123].

Im Unterschied zur verordneten Zugehörigkeitspflicht der Kulturberufe zur NKK standen Ablehnung und Ausschluß bestimmter Personen und Personengruppen. Während in der Ersten Durchführungsverordnung des RKK-Gesetzes die Definition dieser Personen noch allgemein gehalten und mit dem Mangel an "Zuverlässigkeit und Eignung" für die Ausübung einer kulturellen Tätigkeit umschrieben war[124], wurden in die NKK-Verordnung sehr präzise formulierte "Arisierungs"-Paragraphen aufgenommen[125]: "Jüdische oder jüdisch versippte Personen" konnten danach weder Mitglied der niederländischen Kulturkammer, noch irgendeiner ihrer Personenvereinigungen werden.

Die Weigerung einer Kulturvereinigung bedeutete - laut Goedewaagen vom 16. März 1942 in "De Schouw"[126] - ihr "Todesurteil". Die Bereitschaft zur Mitwirkung in der NKK dagegen konnte heißen, daß die Vereinigung in eine Fachgruppe der Kammer umgebildet oder als korporatives Glied im Rahmen einer Gilde aufgenommen wurde - ohne, so hieß es, die eigene Rechtsfähigkeit zu verlieren.

724 Zielsetzung und Funktion

Der Präsident der NKK definierte die Zielsetzung des "völki-

---

122) Ebd., § 6. Mitglieder der RKK waren dabei ausgenommen. Vgl. Ergänzung der NKK-Verordnung. VOBL. Niederlande. VO 28/42 § 1.

123) Vgl. Documentatie, a.a.O., S. 148.

124) Erste Durchführungsverordnung RKK, § 10.

125) NKK-Verordnung, §§ 10 und 11. Im § 12 war die allgemein gehaltene Ausschlußbestimmung des deutschen Vorbildes übernommen.

126) Vgl. Documentatie, a.a.O., S. 145.

schen Staates" im Kulturbereich am 30. Mai 1942 unter politischen, pädagogischen und sozialen Gesichtspunkten, so[127]:

1. die Kultur zu stützen, voranzutreiben, zu säubern, zu ordnen und zu beaufsichtigen,
2. die Kultur der Gesamtheit des Volkes näher zu bringen,
3. die Position der "Kulturschaffenden" zu verbessern, um damit indirekt die Förderung der Kultur zu bewirken.

Aus der Sicht der obersten Autorität der NKK ergaben sich damit für die Gilden etwa folgende Aufgaben[128]: Neureglung der Autorenrechte, Materialbeschaffung, Arbeitsvermittlung sowie Bekämpfung des unlauteren Wettbewerbs, die bereits durch Verordnung geregelt war.

So wurde im Rahmen der "betreuenden", "sozialen" Aufgaben der Kammer auf dem Gebiet der Baukunst, Bildenden Kunst und des Kunstgewerbes der Schutz des Berufstitels vorbereitet, ebenso die Sanierung des Kunsthandels im Zusammenhang mit der Bekämpfung dessen, was die Nationalsozialisten unter Kitsch verstanden.

Die Musikgilde bereitete das Modell eines Arbeitskontraktes für Unterhaltungsmusiker und private Musiklehrer vor, der ebenfalls den Schutz des Titels, eine Urlaubsreglung und Minimaltarife vorsah. Unterdessen bemühte sich das "Central Bureau van het Orkestwezen"[129] um Garantiegehälter der Musiker[130].

Ähnliche Projekte bereiteten die Theater- und Pressegilde in ihren Aufgabenbereichen vor. Im Rahmen der Tätigkeit der Filmgilde sollte eine Standardregelung für Kameraleute, Vorführer und sonstiges Personal in Zusammenarbeit mit der "Nederlandse Arbeidsfront"[131] getroffen werden. Schulung und Weiterbildung

---

127) Ebd., S. 142.

128) Ebd., S. 142 f. Vgl. auch Übersicht DVK 1941 II, S. 3 f.

129) Durch Vermittlung der Musikgilde entstandene Einrichtung.

130) Garantiebeträge für jedes Orchester sollten das alte System der Subventionierung ablösen. Vgl. dazu auch Übersicht DVK 1941 II, S. 3.

131) Der "Deutschen Arbeitsfront" adäquate Einrichtung in den besetzten niederländischen Gebieten, am 1. Mai 1942 von Seyß-Inquart durch Verordnung errichtet. Vgl. S.251 dieser Arbeit.

standen auf dem Programm. Die Schrifttumsgilde schließlich bemühte sich um die Sanierung der Leihbüchereien.

Die Einrichtung der Provinzbüros hatte zum Ziel, den "besonderen kulturellen Charakter" der verschiedenen Gaue des Landes "zu ihrem Recht kommen zu lassen"[132]. Vor allem sollte die einseitige Orientierung des Kulturlebens auf den Westen, die Provinzen Holland und Utrecht, abgebaut werden. Zweierlei Aufgaben waren den Provinzbüros gestellt: Einmal die "departementale", d. h. kulturpolitische Aufgabe, zum anderen die eigentliche Kulturkammeraufgabe. Im ersten Fall vermittelte der DVK-Korrespondent zwischen dem Propagandaministerium und den örtlichen Kammerorganen, im zweiten Fall erhielt das Provinzbüro seine Instruktionen vom Hauptbüro der NKK. Die bedeutendste Funktion der Provinzialdienststellen lag in der Aufklärungs- und Propagandaarbeit, für die jede dieser NKK-Filialen eine Art "Aufklärungsdienst" einrichtete.

Schließlich sollte die "Nederlandsche Kultuurkamer" in allen ihren Einrichtungen das einheimische Kulturleben zum Propagandainstrument der deutschen Besatzungsmacht umformen, um so die Kriegführung des "Deutschen Reiches" mit einer weiteren Waffe zu unterstützen[133].

725 Bedeutung

Das "Um und Auf jeder Arbeit, auch der kulturellen" war, "die Niederländer zu Nationalsozialisten zu erziehen", hieß es am 24. März 1941 bei einer Besprechung in der Kulturabteilung der HAVP[134].

Die Errichtung der niederländischen Kulturkammer "war nichts anderes als ein Teil der deutschen Bestrebungen nach allgemeiner Nazifizierung unseres Landes", "nach Eindeutschung unseres

132) Vgl. Documentatie, a.a.O., S. 143 f.

133) Vgl. N. A. Donkersloot, Kunst en Kunstenaars tijdens de Bezetting, a.a.O., S. 510.

134) Besprechung Kulturrat und Kulturkammer, S. 3.

Volks- und Kulturlebens", äußerte der niederländische Schriftsteller, N. A. Donkersloot, einige Jahre nach dem Krieg. Sie sei von Anfang bis Ende ein Fehlschlag gewesen[135]. Zwar waren große Scharen von Künstlern, vor allem Interpreten, zum Anschluß an die NKK gezwungen worden, jedoch hatte das "verachtete und verspottete Produkt" der deutschen Besatzungsmacht keinen wirklichen Einfluß auf die Mehrzahl ihrer Mitglieder[136].

Durch den Widerstand einer Minderheit[137] und der widerstrebenden Mitwirkung von schließlich 42.000 Mitgliedern[138] schien die NKK letztlich wenig mehr als eine der niederländischen Kulturwelt aufgezwungene Fassade, die nationalsozialistische "Revolution" vorzutäuschen hatte. Das Ergebnis ihrer Tätigkeit war am Ende "eine undurchdringliche Mauer von Widerstand", so resümierte der erste Präsident der NKK, Goedewaagen, in seinem Lebensbericht aus dem Jahre 1949[139]. Die Ursache hierfür sah er darin, daß sich die niederländischen Nationalsozialisten, vor allem die NSB, mit der deutschen Besatzungsmacht solidarisiert und unter ihrem Schutz den niederländischen Landsleuten das fremde Kulturmodell oktroyiert hatten.

---

135) N. A. Donkersloot, Kunst en Kunstenaars tijdens de Bezetting, a.a.O., S. 502 und 510. Als Schriftsteller unter A. Donker bekannt, hatte dieser seiner Zeit zum offenen Widerstand gegen die Institution NKK und ihre Praktiken aufgerufen. Sein Protestbrief vom 15. Februar 1942 (abgedruckt auf S. 506) wurde mit 2.400 Unterschriften als Manifest freiheitlichen Kunstschaffens an Seyß-Inquart gesandt. Bereits seit Beginn 1941 hatte sich das Widerstandsorgan "De Brandarisbrief" etabliert. Dieses entwickelte sich im Mai 1942 zur Untergrundszeitschrift "De Vrije Kunstenaar". Vgl. dazu L. de Jong, De Bezetting III, a.a.O., S. 89 f.

136) Vgl. N. A. Donkersloot, Kunst en Kunstenaars tijdens de Bezetting, a.a.O., S. 510.

137) Vgl. J. Bot, Het Kunstenaarverzet, in: Onderdrukking en Verzet, a.a.O., S. 525 ff.

138) Vgl. L. de Jong, De Bezetting III, a.a.O., S. 93. Die hohe Mitgliederzahl entstand durch eine so weit gesteckte Mitgliedschaft nach der auch Caféhausbesitzer, die ihren Gästen Musik zu Gehör brachten, der NKK angehören mußten.

139) T. Goedewaagen, Autobiographie, a.a.O., S. 110.

Die Errichtung der niederländischen Kulturkammer, vom RMVP in Berlin betrieben, förderte zwar die annexionistischen Bestrebungen Goebbels' und seiner Anhänger nach außen hin. Tatsächlich jedoch wurde die NKK von den Kulturschaffenden weder ernst genommen, noch konnte sie direkten Einfluß auf die niederländische Kultur nehmen. Die eigentliche Leitung des Kulturlebens war auf Initiative des Reichskommissars nicht den NSB-Genossen übertragen worden[140]. Sie lag vielmehr in Händen des "Nederlandsche Kultuurraad", und somit in Händen Seyß-Inquarts selbst.

Unter diesem Gesichtspunkt hatte die NKK kaum mehr als "schematische Bedeutung"[141]. Die verschiedenen Gilden bauten zwar ein eigenes Regime über die Kulturberufe auf, jedoch stand dieses mehr oder weniger nur auf dem Papier. Für die notwendigen Aufsichts- und Kontrollmaßnahmen bedienten sich die deutschen Funktionäre im allgemeinen nicht der Kulturkammer, vielmehr schalteten sie weiter den erfahrenen Sicherheitsdienst ein[142]. Auch die politische Kontrolle über Publikationen u. ä. wurde weiter von den zuständigen Instanzen der HAVP durchgeführt.

Dazu kamen Gegensätzlichkeiten und Konkurrenzkämpfe zwischen dem DVK und der NKK. Obwohl die Leitung beider Behörden in einer Hand vereinigt war, stritten die Presseabteilung des DVK mit der Pressegilde der NKK, die Filmabteilung mit der Filmgilde, die Musikabteilung mit der Musikgilde usf.[143].

Rechnet man diese Mißstände und Kompetenzbeschneidungen zusammen, so läßt sich ohne Bedenken feststellen, daß die niederländische Kulturkammer keineswegs das wirksame Instrument einer zentral gesteuerten Reglementierung des niederländischen Kultursektors darstellte.

---

140) Die Beamten der NKK wurden wie die des DVK in erster Linie aus der NSB rekrutiert. Diese waren bei weitem nicht immer der schweren Aufgabe des organisatorischen Aufbaus etc. gewachsen. Vgl. J. C. G. Wesseling, Overheidsbemoeiingen met de Kunst, a.a.O., S. 519.

141) Documentatie, a.a.O., S. 148 f.

142) Durch den SD wurden vor allem Widerstandsaktionen gegen die NKK zu verhindern, bzw. zu verringern gesucht. Vgl. N. A. Donkersloot, Kunst en Kunstenaars tijdens de Bezetting, a. a.O., S. 507 ff.

143) Vgl. T. Goedewaagen, Autobiographie, a.a.O., S. 97.

73 Nederlandsche Kultuurraad

Nachdem Seyß-Inquart die staatliche Exekutive für kulturelle Angelegenheiten formell an die Ministerien Goedewaagen (Volksaufklärung und Künste) und Van Dam (Erziehung, Wissenschaft und Kulturverwaltung) übertragen hatte, suchte er mit der Gründung eines Kulturrates ein neues "Gremium für eine weitere Resonanz und für die Bildung von Anregungen" im niederländischen Kulturleben zu schaffen - zumal die Kulturkammer keine unmittelbar kulturpolitischen Aufgaben, sondern allein "betreuende" und "administrative" Funktionen zu erfüllen habe[144].

Anders als der "Reichskulturrat" der RKK, in dem sämtliche Präsidenten der Einzelkammern neben dem "Reichskultursenat" einen Beirat für den Präsidenten bildeten[145], war der "Nederlandsche Kultuurraad" als "vollkommen selbständige Einrichtung" neben den Kulturministerien und der Kulturkammer geplant[146].

Mit dieser Sonderstellung des Kulturrates dokumentierte Seyß-Inquart eine Variante seiner "unauffälligen" Nazifizierungsbestrebungen. Wesentlich mußte daher sein, daß diese Kulturinstanz "das Vertrauen aller Holländer" gewann. So sollten weder NSB-Genossen, noch andere als deutschfreundlich bekannte Persönlichkeiten in den Vordergrund geschoben werden[147].

Im Einladungsschreiben an die künftigen Kulturratsmitglieder[148] wurden jene Aspekte der Werbung für den Aufbau eines "völkischen"

---

144) RvO, A'dam. Archiv-GKzbV. HAVP 22 bb. Aktennotiz vom 10. Juni 1941: Aufzeichnung über die Aussprache beim Herrn Reichskommissar am 4. Juni in Clingendaal zur Bildung des Kulturrates und der Kulturkammer. (zit. Aktennotiz Kulturrat/Kulturkammer).

145) Vgl. G. Menz, Der Aufbau des Kulturstandes, a.a.O., S. 19. (F. Schmidt), Presse in Fesseln, a.a.O., Anhang Nr. II.

146) RvO, A'dam. Archiv-GKzbV. HAVP 21 h. Konzept eines Schreibens zu richten an die zukünftigen Mitglieder des Niederländischen Kulturrats. (zit. Einladungsschreiben Kulturrat).

147) Vgl. Bergfelds Stellungnahme zu der Kulturratsverordnung vom 3. Juli 1941, a.a.O., S. 10. Vgl. auch Anm. 176.

148) Vgl. Anm. 146.

Kulturlebens in den besetzten niederländischen Gebieten deutlicher artikuliert: Darin erschien die Errichtung des Kulturrates als "Zeichen des Vertrauens", als "repräsentativ für das Wollen des niederländischen Kulturlebens", schließlich als ein Privileg, "dessen Parallelen man sonstwo vergebens suchen wird".

731 Recht und Organisation

So kam es, daß sich zum gleichen Zeitpunkt wie die NKK auch der "Nederlandsche Kultuurraad" (NKR) konstituierte. Der Reichskommissar für die besetzten niederländischen Gebiete errichtete diesen mit seiner 210. Verordnung vom 25. November 1941[149].

Seine Aufgabe lautete, "die Entwicklung des niederländischen Kulturlebens und der niederländischen Kulturpflege" zu fördern[150]. Um die gestellten Aufgaben erfüllen zu können, oblag es dem Kulturrat[151], "alle Erscheinungen des Kulturlebens zu beobachten sowie alle Stellen und Einrichtungen, die für das Kulturleben oder auf dem Gebiet der Kulturpflege tätig sind, durch Rat zu unterstützen und ihnen Anregungen zu geben" (Unterstreichungen, d. Verf.).

An der Spitze der "Körperschaft des öffentlichen Rechts"[152] stand der Präsident, der den Kulturrat "gerichtlich" und "außergerichtlich" vertrat[153]. Mindestens 20 ehrenamtliche Mitglieder

149) VOBL. Niederlande. VO 210/41. Kulturratsverordnung vom 25. November 1941. (zit. NKR-Verordnung).

150) Ebd., § 1, Abs. 1. Daß diese Förderung "völkischer" Natur sein sollte, wie es noch in der sechsten Fassung der "Kulturratsverordnung" vom 11. September 1941 geheißen hatte, erschien in der achten endgültigen Version gestrichen. Vgl. die verschiedenen Fassungen der NKR-Verordnung. RvO, A'dam. Archiv-GKzbV, HAVP 21 h.

151) NKR-Verordnung, § 1, Abs. 2. Der Wirkungsbereich war noch in der sechsten Fassung der Verordnung folgendermaßen angegeben: Er "umfaßt alle Angelegenheiten der bildenden Kunst einschließlich des Kunsthandwerks, der Musik, der Dichtung, des kulturpolitischen Schrifttums, des Theaters einschließlich des Kunsttanzes, des Films, des Rundfunks, der wissenschaftlichen Forschung, des Denkmal-, Heimat- und Naturschutzes und des Musealwesens."

152) Ebd., § 2.

153) Ebd., § 3, Abs. 1. Als Stellvertreter sollte ein vom Präsidenten ernanntes Mitglied der NKR fungieren.

sollten vom Präsidenten berufen und abberufen werden[154]. Nach dem geleisteten Amtseid aller Kulturratsangehörigen - durch eine Verwaltungsanordnung des Reichskommissars festgelegt[155] - sollte der Präsident "seine Entschließungen unter eigener Verantwortung" fassen und sich hierbei von den Mitgliedern des Kulturrates beraten lassen[156].

Der Aufbau nach dem deutschen Führungsprinzip war hier konsequenter durchgeführt als bei der NKK-Verordnung. So war der Präsident des NKR ermächtigt, "sich von allen niederländischen Behörden, Ämtern, Anstalten, Körperschaften und Einrichtungen" über "alle Angelegenheiten" informieren zu lassen, die seine Aufgabe betrafen[157]. Diese verbindliche Anweisung für die bezeichneten Stellen betraf auch die Generalsekretäre für Erziehung, Wissenschaft und Kulturverwaltung sowie für Volksaufklärung und Künste. Beide Instanzen hatten danach den Präsidenten "über ihre wichtigeren Vorhaben" auf dem Gebiet der Kultur zu unterrichten[158]. Im Hintergrund des Präsidenten des NKR stand eindeutig der Reichskommissar selbst, der die "erforderlichen Vorschriften" durch "Verwaltungsanordnung" erlassen würde[159].

Die Organisation des NKR war äußerst einfach. Sie war gekennzeichnet durch die extreme Führungsposition des Präsidenten, die dem Rang eines Generalsekretärs entsprach. Wenn auch Marionette des Reichskommissars, besaß er nach außen hin die alleinige Entscheidungsgewalt. Außer dem Kulturratschef bestand die Institution des NKR nur aus einem kleinen Verwaltungsstab sowie den in loser Verbindung gehaltenen Mitgliedern. Der vom Präsident ernannte Stellvertreter und der Geschäftsführer, der für

---

154) Ebd., § 4. Diese durften nach der sechsten Fassung keine Beamten oder Angestellten der niederländischen Ministerien sein (§ 6), somit auch keine DVK-Vertreter.

155) Ebd., § 5.

156) Ebd., § 6.

157) Ebd., § 8, Abs. 1.

158) Ebd., Abs. 3.

159) Ebd., § 10.

die "Durchführung seiner Entschließungen" verantwortlich zeichnete, bedienten sich einer kleinen Kanzlei[160]. Innerhalb des NKR gruppierten sich einzelne Mitglieder zu sogenannten Räten. Davon waren zwei für die bildenden Künstler zuständig und ein weiterer für niederländische Kunstausstellungen im Ausland[161]. Als Mitglieder wurden 22 im Sinne der Besatzungsmacht politisch zuverlässige, sogenannte aufgeschlossene Persönlichkeiten der niederländischen Kulturwelt ernannt[162].

732 Funktion und Aufgaben

Am 4. Juli 1941 wurden die Aufgaben des NKR in einem Gespräch mit Seyß-Inquart "zur Bildung des Kulturrates und der Kulturkammer" folgendermaßen umschrieben[163]: "Der Kulturrat stellt eine Art kulturpolitische Vertretungskörperschaft in den Niederlanden dar. Seine Aufgabe ist, die der Überwachung der kulturpolitischen Entwicklung im Lande, der Beratung und Initiative."

In einer zweiten Aktennotiz zu jener Besprechung, in der Seyß-Inquart Weisungen für die künftige Stellung des Kulturrates er-

---

160) Ebd., § 7.

161) Vgl. Bestuursalmanak voor het bezette Nederlandsche Gebied 1942-1943. 's-Gravenhage 1942, S. 221.

162) Mitglieder waren: Henk Badings, Komponist; H. F. Booth, Maler; Dr. T. de Bruin, Physiker; Jaap Gidding, Goldschmied; J. C. Gratama, Architekt; Nico de Haas, Journalist; Dr. D. Hannema, Museumsdirektor; W. F. van Heemskerck Dücker, Volkswirtschaftler; R. van Houten, Verleger; Prof. Dr. W. Mengelberg, Dirigent; S. J. van der Molen, Journalist; Prof. Dr. F. Muller; J. C. Nachenius; Johan Polet; Prof. Dr. J. M. N. Jewiet; Prof. Dr. J. M. N. Kapteyn; Prof. Dr. H. Krekel; Mr. A. Meerkamp van Embden, Archivar; Prof. Mr. D. G. Rengers Hora Siccama; Prof. Dr. F. M. J. A. Roels; Prof. Dr. Hugo Visscher; Prof. Dr. Jan de Vries. Vgl. Documentatie, a.a.O., S. 168.

163) RvO, A'dam. Archiv-GKzbV, HAVP 22 b. Aktennotiz vom 5. Juni 1941.

teilte und dessen Aufgabenkreis interpretierte, hieß es[164]: "Der Bereich des Kulturrates geht vom Künstlerischen bis ins Wissenschaftliche, er soll kein Kulturparlament im alten parlamentarischen Sinn darstellen, sondern eine Basis der Meinungsbildung für den Präsidenten des Kulturrates sein."

Im "positiven" Sinn ging es darum, eine zweite Kraft neben der staatlichen zu bilden, wobei sich die beiden Kulturinstanzen (DVK und NKR) ergänzen sollten: "Es wird sich in einem sehr positiven Sinne darum handeln, daß sich staatliche Exekutive und Kulturrat, also z. B. Goedewaagen und Snijder die Bälle zuwerfen"[164].

Vor allem jedoch wollte sich der Reichskommissar mit dem Kulturrat "einen Lautsprecher für das holländische Publikum" schaffen. Ihm kam es darauf an, daß diese Instanz "nie neben den Dingen daherlaufe", daß sie sich "mit den großen Dingen und nicht mit Kleinigkeiten" beschäftigte. Die beratende Funktion des NKR stelle "Verpflichtung" und "Recht" zugleich dar. Der Auftrag der NKR-Mitglieder lautete, der Weisung Seyß-Inquarts zufolge, "die politische Linie" zu halten. Die "politische Linie" bedeutete in diesem Zusammenhang "völkische Linie"[165]. Sie zu vertreten und einzuhalten hieß über alle Beobachtung, Beratung und Anregung der niederländischen Kulturinstanzen hinaus ideologisch untermauerte Mitwirkung am Aufbau einer "germanischen" Kultur.

Anläßlich der Einsetzung des NKR am 11. Februar 1942 postulierte Seyß-Inquart drei Aufgabenbereiche der NS-Kulturpolitik allgemein[166]. Sie habe:

1. das kulturelle Leben "zu reinigen", "fremdrassische Parasiten im nationalen Kulturkörper" zu entfernen. Das hieß u. a. "die Ausschaltung der Juden insbesondere und der typisch jüdischen

---

164) Aktennotiz Kulturrat/Kulturkammer.

165) Vgl. Einladungsschreiben Kulturrat.

166) RvO, A'dam. Archiv-GKzbV, HAVP 21 h. Rede des Reichskommissars anläßlich der Einsetzung des Niederländischen Kulturrates am 11. 2. 1942 im Pulchri Studio. Vgl. auch Reichsminister Seyß-Inquart, Vier Jahre in den Niederlanden, a. a.O., S. 86 ff.

Kulturerzeugnisse"[167]. Als praktisches Beispiel wurden die Maßnahmen zur Ausschaltung des Judentums aus dem niederländischen Kulturleben zitiert, die auf gesetzlichem Wege und mit der Errichtung der NKK erfolgten;

2. den "Kulturschaffenden", insbesondere den jüngeren Generationen "Aufgaben zu stellen, die aus der Gemeinschaft kommen und für die Gemeinschaft zu erfüllen sind." Das hieß "Förderung" auch materieller Art, "Beratung" und "Aufklärung" sowie "verständnisvolle Pflege" der Kulturwerte[168];
3. sich als Teil der "Gesamtfunktion" des Staates, "des nationalen Erziehungsträgers" zu verstehen. Das hieß, "die gesamte kulturelle Schöpfung, die aus der Gemeinschaft des Volkes wuchs, wieder einzusetzen für die Gemeinschaft"[169].

Da sich die "weltanschauliche Revolution" des Nationalsozialismus "im Raum der germanischen Rasse", damit auch in den Niederlanden, "in allen Bereichen des nationalen Lebens", somit auch in der Kulturpolitik, vollziehe, gelte es von seiten der Kulturkammer wie des Kulturrates "eine höchst bedeutsame Funktion" zu erfüllen[170]: Sie sollten nach Seyß-Inquart dazu beitragen, "daß die niederländische Kultur ohne wesentlichen Verlust an ihrer gesunden Substanz den Weg zu ihren völkischen Grundlagen und Quellen und damit den Weg durch den geistigen und politischen Umbruch unserer Zeit hindurch findet."

In diesem Sinne führte die NKK die kulturpolitischen Maßnahmen des Staates durch[171]: "Wo es sich aber im gesamten Kulturleben darum handelt zu urteilen über gut und schlecht, über förderungswürdig oder nicht, kurz: überall wo es um eine materielle Wertung im kulturellen Bereich geht, da tritt der Kulturrat in seine Funktion, die doppelten Charakter hat: Kritik und Initiative.

---

167) Ebd., S. 8 f.
168) Ebd., S. 9 f.
169) Ebd., S. 10.
170) Ebd., S. 10 f.
171) Ebd., S. 16.

Es ist nun nicht etwa so, daß diese Funktion im niederländischen Kulturleben nur der Kulturrat ausfüllen soll. Er soll sie nur als die höchste Stelle und mit höchster Verantwortung gleichsam in höchster sachlicher Instanz ausüben als das kulturelle Gewissen der Nation."

Als bürokratisch ungebundener Beirat der gesamten Staatsführung sollten seine Mitglieder kraft "Erfahrung" und "Verantwortungsgefühl" tätig werden, gestützt auf die persönliche und fachliche "Autorität" und "Leistung" jedes einzelnen seiner Mitglieder. Jede Meinung aus dem Kreise des NKR sollte gleich wertvoll, allein nach ihrem sachlichen Gehalt, bemessen werden. Der Präsident jedoch traf die Auswahl der Meinungen und faßte diese zusammen[172)].

Im Rahmen dieser elitären Konzeption erhielt der "Nederlandsche Kultuurraad" die Funktion des geistigen Wächters über das gesamte niederländische Kulturleben.

733 <u>Bedeutung</u>

Die Einsetzung des niederländischen Kulturrates war von Seyß-Inquart als Zeichen der "Bluts- und Schicksalsverbundenheit" zwischen Deutschen und Niederländern gefeiert worden[173)]. Dahinter spielten die Annexionsabsichten der deutschen Besatzungsmacht eine wichtige Rolle. Da die NSB mit diesen Absichten im Streit lag, mußten Mittel und Wege gefunden werden, diese umzu-

---

172) Ebd., S. 16 f.

173) Ebd., S. 18. Nicht als Besatzungschef, sondern als "Repräsentant des deutschen Reiches als des germanischen Kernlandes" resümierte Seyß-Inquart: "Wenn die Einsetzung des niederländischen Kulturrates in Zukunft wirklich ein Markstein in der Entwicklung des niederländischen Kulturlebens bedeutet, wenn seine Arbeit dazu beiträgt, die niederländische Kultur aus dem Nährboden der Rasse und des Volkstums fruchtbar wachsen zu lassen, dann eröffnet dieser Akt zugleich und notwendig auch den Weg zur Gemeinschaft des gleichen Blutes, die heute schon durch die Ereignisse der letzten Jahre zu einer Gemeinschaft des äußeren Schicksals geworden ist."

stimmen bzw. Stützpunkte auch außerhalb der Mussertpartei zu errichten[174].

In diesem Zusammenhang kann der Kreis der niederländischen Intellektuellen um den Reichskommissar, der sich zur engen Zusammenarbeit mit der deutschen Besatzungsmacht bereit erklärte, als "geistiger Stoßtrupp" deutscher Anschlußbestrebungen gewertet werden[175]. So gesehen markierte die Errichtung des Kulturrates den Augenblick, in dem sich diese Prominenten-Kollaborateure "aktiv und offiziell" um das geistige Leben in den Niederlanden zu bemühen begann. Auf der NS-Rassentheorie und dem "germanischen" Reichsgedanken fußend, konnte der NKR weit mehr als die NKK als Propagandainstrument genutzt werden. Mit seiner Hilfe sollte dem niederländischen Volk nicht zuletzt die Anpassung an das bzw. das Aufgehen im "germanischen Kernvolk" nähergebracht werden[176].

Obwohl über die Tätigkeit des niederländischen Kulturrates wenig bekannt geworden ist, kann vermutet werden, daß seine Bedeutung bei weitem nicht an die Vollkommenheit seiner rechtlich fixierten und öffentlich propagierten Möglichkeiten heranreichte. Die Rollen des Beobachters, des Ratgebers und des Initiators ließen sich nur vor nationalsozialistischen Kulturinstanzen erfolgreich spielen, insbesondere vor der Kulturabteilung der HAVP, der DVK sowie der NKK. Das niederländische Kulturleben selbst konnte in geistiger Beziehung kaum beeinflußt, allenfalls belästigt werden. Die Mehrzahl der Intellektuellen und Künstler war ohnmächtig, eine Minderheit lebte im Untergrund, eine kleine Gruppe im offenen Widerstand. Schließlich trug die Ausschaltung der jüdischen Kulturträger bis hin zu ihrer physischen Ausrottung wesentlich zur Erfolglosigkeit aller kulturpolitischen Bemühungen

---

174) Vgl. Documentatie, a.a.O., S. 168. Die Beeinflussung der NSB geschah z. B. durch die NSDAP (indirekt) und aktiv durch die sog. "Nederlandse SS", später "Germaanse SS".

175) Vermutlich hatte ein Teil der 22 Mitglieder des NKR die politischen Zielsetzungen des Reichskommissars nicht durchschaut, sondern sich durch akademische Phrasen blenden lassen. Vgl. Ebd., S. 169.

176) Ebd., S. 169.

der Nationalsozialisten in den besetzten niederländischen Gebieten bei[177].

---

177) Vgl. <u>N. A. Donkersloot,</u> Kunst en Kunstenaars tijdens de Bezetting, a.a.O., S. 521. Zum Widerstand der niederländischen Kulturwelt, vgl. <u>J. Bot,</u> Het Kunstenaarverzet, und <u>K. Heeroma,</u> Onderdrukking en Verzet in de Literatuur, beide in: Onderdrukking en Verzet, a.a.O., S. 525 f.

8 Einzelne Maßnahmen der deutschen und niederländischen Propagandainstanzen

81 Goebbels' Einfluß

Wie schon dargelegt, hatte sich Goebbels bereits in den ersten Tagen der Okkupation einen eigenen Geschäftsbereich in den Niederlanden gesichert: Die vom RMVP ursprünglich als Wehrmachtseinheit aufgestellte "Propaganda-Staffel Holland" wurde sogleich nach der Ernennung Seyß-Inquarts zum Reichskommissar für die besetzten niederländischen Gebiete in die zivile Propagandaabteilung HAVP umgebildet.

Mit dieser Regelung besaß Goebbels die Möglichkeit, direkten Einfluß auf die Propagandaführung in den Niederlanden zu nehmen. Ausgesuchte Vertreter des RMVP saßen in Den Haag, um die Stellung der Goebbels-Behörde zu halten und im Laufe der Jahre auszubauen. Allerdings konnte die dreifache Funktion des "Reichsministers für Volksaufklärung und Propaganda", des "Reichspropagandaleiters der NSDAP" sowie des "Präsidenten der Reichskulturkammer" in Den Haag nicht in einer Hand vereinigt werden. Der Generalkommissar zbV war und blieb der oberste Chef für "alle Fragen der öffentlichen Meinungsbildung" in den Niederlanden. Wie in Deutschland wurde zwar auch in Den Haag der jeweilige Generalsekretär des niederländischen Propagandaministeriums zum Präsidenten der niederländischen Kulturkammer ernannt, aber der konkurrierende Präsident des von Seyß-Inquart gestützten Kulturrates war nicht auszuschalten[1]. Schließlich wählte Schmidt als Pressebeauftragten des "Arbeitsbereiches der NSDAP" in den Niederlanden keinen Vertreter des RMVP, sondern den Presseexponenten des Auswärtigen Amtes (Janke) und Schmidts Nachfolger Ritterbusch den Vertreter das Reichspressechefs (Dittmar)[2].

---

1) Über den Wunsch Goebbels' die gesamte Propaganda auch in den besetzten niederländischen Gebieten zu zentralisieren vgl. Goebbels' Tagebücher, a.a.O., Notiz vom 23. September 1943, S.422f.

2) Vgl. J. C. H. de Pater, De Hauptabteilung für Volksaufklärung und Künste, a.a.O., S. 64 f.

Der direkte Kontakt vom RMVP zur HAVP fand über die Propagandaabteilung der Goebbels-Behörde statt. Während die Propaganda-Filialen in Frankreich, Serbien und Griechenland von der Auslandsabteilung des RMVP als Aufsichts- und Weisungsinstanz abhingen, unterstanden alle übrigen Dienststellen für "Volksaufklärung und Propaganda" in den deutschbesetzten Gebieten der Propagandaabteilung des RMVP[3]. Ihr Leiter war seit 1938 Ministerialdirektor Gutterer, der auch nach seiner Ablösung im August 1940[4] in der Rolle des Staatssekretärs für alle "Hollandfragen" im Propagandabereich zuständig blieb. Gutterer führte die notwendigen Korrespondenzen mit der HAVP und trat selbst in Erscheinung, sobald dies die politische Lage erforderte[5]. Daneben schalteten sich die zuständigen Abteilungen des RMVP in Personal- und Rechtsfragen ein. So waren Ministerialdirigent Dr. Erich Müller[6] als Leiter der Personalabteilung sowie Regierungsrat Dr. Hilleke (als Vertreter des Leiters der Rechtsabteilung, Prof. Dr. Hans Schmidt-Leonhardt) maßgeblich beteiligt an allen diesbezüglichen Entscheidungen der HAVP in Den Haag[7]. Die direkten Weisungen von Goebbels für die besetzten

---

3) Vgl. W. A. Boelcke, Kriegspropaganda, a.a.O., S. 186.

4) Gutterer war bereits 1925 der NSDAP beigetreten, wurde 1930 zum Gaupropagandaleiter in Hannover ernannt und zog 1933 ins Propagandaministerium ein. Dort übernahm er 1938 die Leitung der Propagandaabteilung. Im August 1940 wurde Gutterer zum Direktor II im RMVP, im Mai 1941 zum Staatssekretär ernannt. Sein Nachfolger in der Propagandaabteilung wurde ORR Ernst Braeckow, der bis zum Juli 1940 stellvertretender Leiter der Abteilung Deutsche Presse war. Ebd., S. 57 ff.

5) Ersichtlich aus den Akten des RMVP, die sich im RvO in der Sammlung Collectie Duitse Instellingen archiviert finden.

6) Müller war in der Eigenschaft als SS-Standartenführer vorübergehend "Verbindungsführer" zum Reichssicherheitshauptamt. 1944 schied er aus dem RMVP aus. Vgl. W. A. Boelcke, Kriegspropaganda, a.a.O., S. 61.

7) Müller suchte die personelle Besetzung der Den Haager Zweigstelle im Sinne Goebbels gegen das AA und den Reichspressechef vorzunehmen. Hilleke wurde bei allen bedeutenden gesetzgeberischen Schritten der HAVP, wie der Errichtung des DVK, der NKK, oder der Konzipierung des Schriftleitergesetzes nach Den Haag entsandt.

niederländischen Gebiete liefen einerseits über die zuständigen Abteilungsleiter des RMVP, zum anderen über die täglichen "Ministerkonferenzen"[8]. Der Propagandaminister fuhr 1940 und 1942 persönlich in die Niederlande[9], empfing 1941 Mussert[10] und Goedewaagen[11] und traf verschiedentlich mit Seyß-Inquart zusammen[12].

Obwohl die HAVP in mancher Beziehung mit Seyß-Inquarts Kultur- und Propagandaplänen in Streit lag - man denke an die Kontroversen um den vom Reichskommissar angeregten und geförderten Kulturrat - schien Goebbels ein äußerst gutes Verhältnis zum obersten Repräsentanten des Reichs in den Niederlanden zu besitzen. In seinen Tagebüchern von 1942 und 1943 jedenfalls sparte er nicht mit Lob über Seyß-Inquart[13], wie sich aus folgenden Passagen entnehmen läßt:

15. Februar 1942[14]:
"Seyß-Inquart verfolgt ... eine zurückhaltende Politik, die zwar nicht ganz nationalsozialistisch, aber immerhin brauchbar ist."

---

8) Täglich einberufene, einstündige Mitarbeiterkonferenzen Goebbels' an denen etwa 20, ab Mitte 1941 etwa 50 Personen teilnahmen. Neben verschiedenen Abteilungsleitern des RMVP fanden sich Funk-, Film- und Presseleute ein sowie die Vertreter der Gauleitung Berlin, der Reichspropagandaleitung, der AO, der Kammern der RKK, der Propagandaleitung der NSDAP, sowie der Verbindungsleute zu anderen Ministerien und zum OKW. IMT. Bd. XVII, S. 160 und 261. W. A. Boelcke, Kriegspropaganda, a.a.O., S. 49 f. W. v. Oven, Mit Goebbels bis zum Ende, Buenos Aires 1949-1950, 2 Bde, Bd. I, S. 17.

9) Goebbels traf am 29. Juni 1940 mit Schmidt in Den Haag zusammen. Vgl. DZN vom 30. Juni 1940, S. 1. Er besuchte am 19. November 1942 die Grebbelinie. Vgl. DZN vom 20. November 1942, S. 1.

10) Am 24. Januar 1941. Vgl. DZN vom 25. Januar 1941, S. 1.

11) Als Goedewaagen die einzelnen Kammern der RKK besichtigte, wurde er am 29. August 1941 von Goebbels empfangen. Vgl. DZN vom 30. August 1941, S. 1.

12) U. a. zusammen mit Mussert. Außerdem sprachen sich Goebbels und Seyß-Inquart bei einem "Führerempfang" am 3. Oktober 1942. Vgl. A. E. Cohen, Not. Nr. 73, a.a.O., S. 1.

13) Vgl. Goebbels' Tagebücher.

14) Ebd., S. 90. Vgl. auch die Notiz vom 8. März 1943, S. 252 f.

8. September 1943[15]:

"Ich habe den Eindruck, daß die Behandlung der Bevölkerung eines besetzten Gebietes verhältnismäßig am besten in den Niederlanden gehandhabt wird. Seyß-Inquart versteht es meisterhaft, mit Zuckerbrot und Peitsche abzuwechseln und harte Maßnahmen mit einer großen Elastizität durchzuführen. Man merkt ihm doch die gute Habsburger Schule an."

23. September 1943[16]:

"Voll des Lobes ist der Führer über Seyß-Inquart. Dieser führt die Niederlande außerordnetlich geschickt und elastisch; er wechselt klug zwischen Milde und Härte ab und verrät damit beste österreichische Schule. Im Gegensatz dazu steht Terboven, der nur eine harte Hand kennt, und Best in Dänemark, der nur die weiche Hand kennt."

2. November 1943[17]:

"Seyß-Inquart ist ein kluger Politiker, der zweifellos größere Aufgaben erfüllen könnte, als die, die Niederlande zu verwalten."

Obwohl Goebbels die Niederländer in kultureller Hinsicht geringschätzte, unterstützte er die Besatzungspolitik Seyß-Inquarts innerhalb seiner Kompetenzen, von wenigen Ausnahmen abgesehen. Als dieser z. B. die Berliner Kultur- und Propagandazentrale um die Errichtung eines deutschen Theaters in den Niederlanden bat, billigte der Propagandaminister das Vorhaben trotz seiner Skepsis einem möglichen Erfolg gegenüber[18].

---

15) Ebd., S. 389.

16) Ebd., S. 441 f.

17) Ebd., S. 460.

18) Ebd., S. 61. Eintragung vom 28. Januar 1942: "Ich bewillige Seyß-Inquart für den Haag die Errichtung eines Theaters, das Oper, Operette und Schauspiel pflegen soll. Ich tue das mit einem weinenden und einem lachen Auge; denn eigentlich haben die Holländer eine so große kulturelle Unterstützung garnicht verdient. Vielleicht haben sie auch garnicht das nötige Verständnis dafür. Aber Seyß-Inquart drängt sehr darauf, und vor allem die Deutschen in Holland haben einen gewissen Anspruch darauf." Am 15. Februar 1942 äußerte sich Goebbels folgendermaßen: "Der Holländer ist an sich ein unpolitisches Wesen. Der Calvinismus und die materielle Genußsucht haben ihm einen ganz eigenen öffentlichen Charakter verliehen. Mit kulturellen Einrichtungen kann man deshalb in Holland nicht sehr viel machen, weil der Holländer an solche Dinge garnicht gewöhnt ist und sie kaum kennt. Seine Sturheit ist unüberbietbar." Ebd., S. 90.

"Ausgedehnte" Aussprachen mit Seyß-Inquart verzeichnen die Tagebücher am 15. Februar 1942[19], am 6. März[20] und am 2. November 1943[21]. Jedes dieser Treffen verlief nach den Schilderungen Goebbels' äußerst positiv. Es hat den Anschein, als habe Seyß-Inquart seinem Gastgeber nicht nur ausgiebig geschmeichelt[22], sondern auch bewußt oder unbewußt ein falsches Bild von der Lage in den besetzten niederländischen Gebieten entworfen. Nur so lassen sich die allzu optimistischen Vorstellungen des Propagandaministers über die künftige Entwicklung in den Niederlanden verstehen[23].

In keiner Tagebuchaufzeichnung zum Thema Niederlande wird die gewünschte Propagandaführung des RMVP direkt erwähnt. Ein Zeichen dafür, wie eng Goebbels Propaganda mit der Politik verknüpfte bzw. für identisch hielt. Seine auf den "Ministerkonferenzen" vorgetragenen Direktiven bestätigen diesen Eindruck. Danach erschienen neben der Propagandaargumentation, dem Themenzwang, sowie dem Themenverbot vor allem direkt Anweisungen zur politischen Aktion: Am 19. Mai 1940 z. B. beauftragte Goeb-

---

19) Ebd., S. 90.

20) Ebd., S. 251.

21) Ebd., S. 460.

22) Am 6. März 1943 notierte Goebbels: Seyß-Inquart "ist ein begeisterter Anhänger meiner jüngsten Politik und verspricht sich davon in den besetzten Gebieten außerordentlich viel." Ebd., S. 251.

23) Am 15. Februar 1942 glaubte Goebbels, "daß die weitere Entwicklung uns auch stimmungsmäßig in den Niederlanden größere Chancen gibt." Am 6. März 1943 notierte er: "Jedenfalls kann ich bei dieser Unterredung feststellen, daß die Chancen meiner politischen Linienführung überall im Wachsen sind." Ebd., S. 90 und S. 251. - Als Goebbels im November 1942 von seiner Reise aus den Niederlanden zurückkehrte, konnte er sich begeistern: "Diese Menschen leisten in ihrer täglichen Arbeit gewaltige Kriegsdienste für unser Reich." Im ganzen Westen und in Holland hätten alle Schlote geraucht, und es sei ein imponierendes Bild gewesen festzustellen, "wieviele Millionen Menschen doch heute für unsere Rüstung arbeiten". Vgl. W. A. Boelcke, (Hrsg.) Wollt Ihr den totalen Krieg. Die geheimen Goebbels-Konferenzen 1939-1943. Stuttgart 1967, S. 303.

bels "Herrn Gutterer, bei Stapo und SD darauf zu dringen, daß in den neu besetzten Gebieten, vor allem in Holland, sofort Jagd auf deutsche Emigranten, auf Hetzzentralen gegen das Reich und auf die Karteilisten mit den Namen der noch im Reich lebenden Mitarbeiter gemacht wird"[24]. Am 28. Oktober 1940 befahl der Minister, die noch in Frankreich, Belgien und den Niederlanden kursierenden Filme mit der Darstellerin Francoise Rosay, sofort zu beschlagnahmen und ihre Aufführung zu verbieten[25]. Prophylaktisch wurde erwogen, "englandfreundliche bzw. deutschfeindliche" Kundgebungen in den belgischen und niederländischen Kinos während der Wochenschauen mit Hilfe von Lichtbildbekanntmachungen zu verbieten[26].

Wie sehr Goebbels die politische Maßnahme als Mittel der Propagandaführung schätzte, zeigte sich am deutlichsten am Beispiel seiner Anweisungen anläßlich des Amsterdamer Februarstreikes von 1941[27]. Am 26. Februar 1941 beauftragte der Minister Gutterer, mit den Dienststellen des RMVP in Den Haag Kontakt aufzunehmen[28], "um dort zu veranlassen, daß mit radikalen Mitteln die Amsterdamer Streikbewegung und ihre etwaige Ausweitung sofort unterdrückt werde." Als geeignete Maßnahmen empfahl Goebbels "die Einstellung des Straßenbahnverkehrs, die Schließung der Kinos und Theater, allgemeines Ausgehverbot nach 18 Uhr und die Verhängung einer hohen Buße für die Stadt Amsterdam ... Darüber hinaus müsse durch Sofortmaßnahmen erreicht werden, daß die Kreise der Streiktreiber und -hetzer von der übrigen Bevölkerung geschieden würden, sodaß sich der Unwille der geschädigten Bevölkerung sehr bald gegen diese Elemente zu richten beginne." Offensichtlich verfuhr Goebbels nach der nationalsozia-

24) Anw. 3 der geheimen MK vom 19. Mai 1940. W. A. Boelcke, Kriegspropaganda, a.a.O., S. 357.

25) Die französische Schauspielerin hatte 1939/40 die deutschen Frauen über den Rundfunk zum Widerstand aufgerufen. Anw. 3 der geheimen MK vom 28. Oktober 1940. Ebd., S. 559.

26) Anw. 4 der geheimen MK, ebd.

27) Vgl. S. 38f.dieser Arbeit.

28) Anw. der geheimen MK vom 26. Februar 1941. W. A. Boelcke, Wollt Ihr den totalen Krieg, a.a.O., S. 130. Vgl. auch W. A. Boelcke, Kriegspropaganda, a.a.O., S. 625.

listischen "Sündenbock-Theorie", indem er in erster Linie "jüdische Kreise" für die Streikbewegung verantwortlich machte. Seiner Ansicht nach "würden abschreckende Maßnahmen gegen Juden von erheblich beruhigender Wirkung sein." Goebbels sah einen Tag später in den Vorgängen in Amsterdam ein "Schulbeispiel" für die Richtigkeit seiner stets vertretenen Auffassung, "daß man dem Versuch von Unruhen und Kundgebungen sofort mit kleinen Mitteln entgegentreten solle, wenn man verhindern wolle, daß man später erheblich größere Mittel anwenden müsse"[29].

In den folgenden Tagen berichtete Gutterer über die Verhältnisse in den Niederlanden, die sich "langsam zu konsolidieren" schienen[30]. In der Konferenz vom 4. März 1941 nahm Goebbels dennoch Anstoß "an den zu milden Verfahren gegen aufrührerische Elemente in den Niederlanden." Er sagte u. a., es "gehe nicht an, daß man jüdische Banden, die sich gegen deutsche Soldaten tätlich vergingen, zu Gefängnis oder Zuchthaus verurteile, während in Deutschland ein unter Ausnutzung der Verdunkelung begangener Diebstahl bereits mit dem Tode bestraft werde"[31]. Wieder wurde Gutterer eingeschaltet, um die deutschen Dienststellen in den Niederlanden "nochmals auf dieses Problem hinzuweisen" und zu veranlassen, "daß Strafen verhängt werden, die auch der psychologischen Einstellung des deutschen Volkes und der deutschen Soldaten in den besetzten Gebieten entsprächen." Am 7. März 1941[32] endlich zeichneten sich einige Erfolge im Sinne Goebbels ab, da "auf Grund der Vorstellungen des Propagandaministeriums die Todesurteile in Amsterdam jetzt energischer verhängt würden." Jedoch sollte Gutterer erneut in Amsterdam vorstellig werden, um zu erwirken, daß die Verurteilten erhängt anstatt erschossen würden.

Die von Goebbels gewünschten drastischen Abschreckungsmaßnahmen nach dem Amsterdamer Streik machen deutlich, daß ihm die Einstel-

---

29) Anw. 6 der geheimen MK vom 27. Februar 1941. W. A. Boelcke, Kriegspropaganda, a.a.O., S. 627.

30) Anm. 1 der geheimen MK vom 28. Februar 1941, ebd., S. 628.

31) Anw. 4 der geheimen MK vom 4. März 1941, ebd., S. 631.

32) Anw. 2 der geheimen MK vom 7. März 1941, ebd., S. 636.

lung der niederländischen Bevölkerung entweder völlig fremd oder aber völlig gleichgültig war. Immerhin standen seine Methoden in schroffem Gegensatz zu seiner Überzeugung, die Niederländer in einem Jahr zum Nationalsozialismus bekehren zu können, wie er einmal vor seinem niederländischen Kollegen und zugleich Untergebenen Goedewaagen geäußert hatte[33]. Sucht man nach dem Sinn dieser politischen Direktiven, so läßt sich vermuten, daß die "Rücksichtnahme" auf die "psychologische Einstellung des deutschen Volkes" ausschlaggebend war. Niemals sollte in der deutschen Öffentlichkeit der Eindruck entstehen, als gehe es der Bevölkerung in den deutschbesetzten Gebieten besser als den Deutschen selbst. So mußte auf Weisung Goebbels' vom 24. Juni 1940 "mit Rücksicht auf die deutsche Frau" verschwiegen werden, daß niederländische Kinder in Deutschland einen Sommeraufenthalt erhielten[34]. Als Seyß-Inquart das RMVP um RM 300.000 zur Verschickung niederländischer Kinder nach dem Reich bat, wurde diese Bitte vom Minister gewährt, jedoch mit der Auflage, "daß über diese Aktion weder in der deutschen Presse noch sonst irgendwie Veröffentlichungen erscheinen dürfen, da es sich um eine lediglich fürs Ausland berechnete Propaganda-Aktion handelt, die im deutschen Volke zweifellos nur negativ aufgenommen wird[35]

Andere Weisungen, die Goebbels im Rahmen seiner geheimen Konferenzen für die besetzten niederländischen Gebiete erteilte, tauchten nur sehr sporadisch auf. Die konzentrierte Propagandalenkung der deutschen Publizistik, die viel Zeit in Anspruch nahm sowie die positive Einstellung gegenüber Seyß-Inquart mögen dazu beigetragen haben, daß Goebbels' direkte Einflußnahme auf die NS-Propaganda in den Niederlanden nicht kontinuierlich, sondern in größeren unregelmäßigen Abständen und weniger direkt

---

33) Vgl. T. Goedewaagen, Autobiographie, a.a.O., S. 176.

34) Anw. 3 der geheimen MK vom 24. Juni 1940. Vgl. W. A. Boelcke Kriegspropaganda, a.a.O., S. 404.

35) Anw. 6 der geheimen MK vom 25. Juli 1940, ebd., S. 437. Als die "Leipziger Illustrierte" entgegen allen Weisungen über die Verschickung niederländischer Kinder in die Ostmark sowie über die Beschenkung niederländischer Verwundeter durch den Reichskommissar berichtete, reagierte Goebbels äußerst ärgerlich. Vgl. Anw. 3 der geheimen MK vom 4. Oktober 1940, ebd., S. 538.

als indirekt über seine Den Haager Vertreter erfolgte[36].

82 Geheime Dienstbesprechungen beim Generalkommissar zur besonderen Verwendung

Den täglichen Pressekonferenzen in Den Haag waren die sogenannten Dienstbesprechungen bei Generalkommissar zbV Schmidt vorgeschaltet[37]. Es handelte sich dabei vornehmlich um Absprachen zwischen dem Generalkommissariat für Propagandafragen (Schmidt) und dem für Sicherheit (Rauter). Der erste Bericht über eine solche Besprechung zwischen Schmidt mit seinen Ressortchefs und den Vertretern Rauters sowie dem Referenten der Generalkommissare Wimmer und Fischböck liegt vom 15. Juli 1940 vor[38].

Die geheimen Unterredungen im Reichskommissariat ermöglichten eine Art ministerieller Weisungs- und Kontrolltätigkeit, wie sie im großen Maßstab von Goebbels auf seinen "Ministerkonferenzen" im RMVP gehandhabt wurden. Planung sowie Koordinierung

---

36) Die betreffenden Direktiven fanden sich vornehmlich im Bereich der anti-englischen und anti-monarchistischen, das niederländische Königshaus betreffenden Propaganda, sowie hinsichtlich der Ernährungslage in den Niederlanden.

37) Außer den geheimen Dienstbesprechungen führte Schmidt nahezu täglich um 10 Uhr sogenannte Pressebesprechungen. Obwohl die Teilnehmer in Schmidts Vormerkbuch von 1940 nicht genannt sind, läßt sich annehmen, daß es sich vor allem um den Leiter der Pressekonferenzen,Janke, seine Mitarbeiter und die Referenten für Zeitschriften und Bildpresse handelte.

38) RvO, A'dam. Archiv-HSSPF, 54 a. Bericht Nr. 1 über die Besprechung bei Generalkommissar zbV am 15. Juli 1940. (zit. DB). Die Berichte sind nur von den Jahren 1940 und 1941 vollständig erhalten. An den DB bei Schmidt nahmen anfangs 10, später 16 Personen teil, von denen dem RvO folgende bekannt sind: GK Schmidt (Vorsitzender), seine politischen Referenten Eftger, Volkmar, Sommer, Hushahn, später der persönliche Pressereferent des RK, Harster; von der HAVP Tiedemann, Fink, manchmal Bergfeld; von den Gewerkschaften Hellwig; von Seiten der übrigen Generalkommissare Rabl (Verwaltung und Justiz), Boeckh (Finanz und Wirtschaft), Obersturmführer Gern (Sicherheitswesen). Angaben von E. Groeneveld (RvO) vom 9. Mai 1968.

von politischer Aktion und Propaganda standen dabei im Vordergrund. Auf den Dienstbesprechungen, die jeden zweiten Tag stattfanden und Schmidt wie auch gelegentlich Seyß-Inquart als Befehlsbühne dienten, wurden entscheidende Propagandavorhaben projektiert und gegebenenfalls der Einsatz politischer Machtmittel zu ihrer Unterstützung beschlossen. Wie in Berlin betrafen die Weisungen in starkem Maße die Bereiche der Nachrichtenpolitik und des politischen Kommentars. Allerdings lag der Akzent in Den Haag weniger auf der speziellen Polemik Goebbels', als vielmehr auf Informationen über die politische Lage, auf Absprache über gezielte Aktionen oder Gegenaktionen. Es standen Beobachtungen und Mitteilungen im Vordergrund, die die innenpolitische Situation und Entwicklung in den besetzten niederländischen Gebieten betrafen sowie die diesbezüglichen Unternehmungen der Alliierten (insbesondere die Londons und der niederländischen Exilregierung). Die proalliierten Demonstrationen der niederländischen Bevölkerung und ihr Widerstand gegenüber der deutschen Besatzungsmacht bildeten die Ausgangssituation für alle werbenden sowie abwerbenden Maßnahmen der NS-Propagandaführung in Den Haag.

Die Konsolidierungspropaganda des Reichskommissariats hatte in den Dienstbesprechungen ihre Quelle. Sie gliederte sich nach einem groben Schema in "Abwerbung von England" und "Werbung für Deutschland". Beide Zielsetzungen, Aggression nach außen, Aufbau im Innern, liefen parallel nebeneinander her. Jedoch schien die Abkehr der niederländischen Bevölkerung von England als Voraussetzung einer erfolgreichen Propaganda für Deutschland von den Nationalsozialisten erkannt worden zu sein.

Die Begriffe "England" und "Deutschland" sind in diesem Zusammenhang zu verstehen als Synonyme für ideologische und politische Systeme. Abwerbung von England bedeutete danach Abwerbung von der englischen "Ideologie"(Demokratie, Liberalismus, "Plutokratie", Individualismus etc.), von der englischen Politik (Kriegführung unter Churchill und der niederländischen Exilregierung) und von der englischen Gegenpropaganda, wie sie von der

BBC und vor allem von "Radio Oranje"[39] in die Niederlande getragen wurde. Werbung für Deutschland bedeutete dagegen, Werbung für die"deutsche Ideologie"(Nationalsozialismus mit Akzent auf Antisemitismus und "europäische Neuordnung"), für die deutsche Politik (Kriegführung unter Hitler und NS-Innenpolitik) sowie für die niederländischen Nationalsozialisten.

Werbung und Abwerbung vollzogen sich in Propagandaaktionen und Propagandaparolen, die den niederländischen Verhältnissen angepaßt waren. Dementsprechend ging es bei den Anweisungen in erster Linie nicht um Massenveranstaltungen, Führerkundgebungen und Aufmärsche, sondern um Schrift- und Bildpropaganda mit dem Ziel, die niederländische Öffentlichkeit zu überzeugen bzw. abzuschrecken. Nachdruck verliehen wurde der propagandistischen Absicht auch hier mit politischen Maßnahmen, die scheinbar mit Propaganda wenig oder nichts zu tun hatten: Wiederholt wurden in den Dienstbesprechungen Polizeiaktionen, Strafverfolgungen, Abschreckungsurteile sowie Maßnahmen gegen Juden und Kirchen beschlossen und deren Ausführung befohlen. Im Bereich der Publizistik versuchte man von dieser Zentrale aus alle kritischen Stimmen, insbesondere die der Presse, durch Verbote oder in weniger krassen Fällen durch Geldbußen auszuschalten. Der politische Terror, wie er von Schmidt im Rahmen seiner Dienstbesprechungen ausgelöst wurde, umfaßte auch die Abschirmungsmaßnahmen nach außen: Dazu gehörten u. a. das Abhörverbot der ausländischen Sender gekoppelt mit schwerster Strafandrohung[40] sowie die Errichtung von Störsendern als technische Abwehrmaßnahme[41].

---

39) Radio Oranje war der offizielle Rundfunk der niederländischen Exilregierung in London. Neben ihm gab es die niederländische Sektion des BBC. Der Seemannssender "De Brandaris", der am 1. Juli 1941 seine Arbeit aufnahm, fusionierte am 1. November 1942 mit Radio Oranje. Vgl. H. J. v. d. Broek, Hier Radio-Oranje. Vijf jaar radio in oorlogstijd, A'dam 1947, S. 116 f.

40) Vgl. DB Nr. 13/11 vom 5. August 1940: "Da beabsichtigt ist, einige Hörer ausländischer Sender mit 10 bis 15 Jahren Zuchthaus zu bestrafen, bittet Schmidt die Sicherheitspolizei um möglichst rasche Benennung derartig bewiesener Fälle, damit einige Beispiele durchexerziert werden können." RvO, A'dam. Archiv-HSSPF 54 a.

41) Ebd. DB Nr. 19/8 vom 17. August 1940: "Der Radio Oranje wird in zwei Tagen durch einen in Lille stehenden Störsender systematisch gestört werden."

Im folgenden seien einige der auf den Dienstbesprechungen erteilten Anweisungen zur Propagandaführung in den Niederlanden wiedergegeben. Da sich Schmidt vor allem als Antisemit, als Agitator gegen die niederländische Exilregierung und das Königshaus sowie als Förderer der NSB unter Mussert exponierte, sollen die Beispiele aus diesen Bereichen gewählt werden:

(a) als Antisemit

<u>22. August 1940[42]:</u>

"Die antisemitische Zeitschrift "Misthorn" wird von Pg. Schmidt stärkstens unterstützt und weiter ausgebaut werden. Die Zeitung soll 'das Schwarze Korps' der Niederlande werden."

<u>6. Januar 1941[43]:</u>

"Auf Beschluß des Bioskopbundes wird den Juden der Zutritt zu den holländischen Filmtheatern verboten. In der Presse wird diese Maßnahme entsprechend begründet und kommentiert werden. Die holländischen Gastwirte werden aufgefordert werden, sich dem Vorgehen des Bioskopbundes anzuschließen."

<u>18. Mai 1941[44]:</u>

"Der Generalkommissar z.b.V. wird (im Notfalle mit Hilfe der WA) den Strand judenfrei machen. Er bittet die Sicherheitspolizei davon Kenntnis zu nehmen. Zunächst wird er durch die Presse einen entsprechenden Versuch machen."

(b) als Agitator gegen die niederländische Exilregierung und das Königshaus

<u>22. Juli 1940[45]:</u>

"Grundsätzliche Sprachregelung: zwischen der Königin und Churchill wird kein Unterschied gemacht. Wer für die Königin der Niederlande eintritt, tritt für Churchill ein, alle Kundgebungen für die Königin oder das Königshaus sind daher Kundgebungen für Churchill und werden dementsprechend behandelt."

<u>17. August 1940[46]:</u>

"Von der Propagandaabteilung werden Klebezettel verteilt mit der Aufschrift: England kämpft für uns, die Königin betet für uns, Deutschland beschützt uns."

---

42) Ebd. DB Nr. 22/5. Fehler bei "Misthoorn" im Original.

43) Ebd. DB Nr. 46/1.

44) Ebd. DB Nr. 41/18a/9. WA= Wehrabteilung der NSB.

45) Ebd. DB Nr. 5/7.

46) Ebd. DB Nr. 19/6.

28. August 1941[47]:

"Als Gegenpropaganda wird von deutscher Seite zum Geburtstag der ehem. Königin folgendes veranlaßt:
a) Parteigenossen und Angehörige des Reichskommissars tragen demonstrativ an diesem Tage Uniform. Auch die NSB und die NSNAP sind dazu aufgefordert worden.
b) Das Wort 'Oranje-Bolschewisten' wird in der Nacht zum Samstag als Aufschrift an Stadtmauern geschrieben.
c) Propagandazettel und Flugblätter werden verteilt.
d) Das V mit Eichenlaub 'Deutschland siegt' wird als Abzeichen getragen."

(c) als Förderer der NSB

30. Juli 1940[48]:

"Van Gelkerken möchte am Donnerstag auf dem Malyfeld in Den Haag einen Vorbeimarsch von 1500 Angehörigen seines Jugendsturmes unternehmen. Der Reichskommissar wird vorbeifahren und freundlich winken."

24. Oktober 1940[49]:

"Der Generalkommissar z.b.V. stellte fest, daß die NSB langsam an Auftrieb gewinne. Demnächst würden die WA und die niederländische SS wieder öffentlich auftreten dürfen. Man will auf diese Weise der 'Ned. Unie' propagandistisch zuvorkommen."

1. Februar 1941[50]:

"Die Zeitung 'Het Vaderland' hat in unsachlicher Weise Herrn M u s s e r t , den Leiter der NSB, angegriffen. Die Zeitung wird vom Generalkommissar z.b.V. zu einer Buße von Hfl. 10000.- bestraft werden."

Die geheimen Dienstbesprechungen bei Schmidt spiegeln nicht nur die internen Vorgänge zur Lenkung und Kontrolle der NS-Propaganda in den besetzten niederländischen Gebieten, sondern lassen auch die Verflechtung mit dem RMVP deutlich erkennen: Sonderwünsche der Berliner Zentrale klangen an; einige Male wirkte der Propagandaminister mit seinen Direktiven direkt auf die Besprechungen ein[51]. Daß die Mitarbeiterkonferenzen bei Goebbels im

---

47) Ebd. DB Nr. 41/30/2. V = Victorie (Sieg).

48) Ebd. DB Nr. 8/6. Fehler bei Geelkerken im Original.

49) Ebd. DB Nr. 39/2.

50) Ebd. DB Nr. 53/4.

51) 1940 gab Goebbels eine neue Parole für die Propaganda gegen →

Rahmen der Den Haager Filiale imitiert werden sollten, ist offensichtlich, allerdings blieben die Dienstbesprechungen bei Schmidt ohne den Spiritus rector der NS-Propaganda vergleichsweise farblos und undifferenziert.

83 Sprachregelungen aufgrund der Pressekonferenzen

Nach den geheimen Pressebesprechungen und Dienstbesprechungen im Generalkommissariat zbV, bei denen die zuständigen Abteilungsleiter und Referenten der deutschen Besatzungsmacht unter sich blieben, erfolgte über die Pressekonferenzen der direkte Kontakt zu den niederländischen Pressevertretern[52]. Die Anweisungen der deutschen Pressekonferenzen sind außer in den Mitteilungen und Berichten des ANP an die Redaktionen in den für den internen Dienstgebrauch aufgezeichneten Sprachregelungen erhalten[53]. Die für die Provinzbeauftragten und ihre Pressereferenten bestimmten Zusammenfassungen der täglichen, später wöchentlichen Presseanweisungen enthalten außer reinen Sprachregelungen (etwa dem Austausch des Begriffes "Rote Armee" durch "Sowjetarmee"), Zensuren für Pressearbeit[54], vertraulichen Mitteilungen[55] vor allem folgende Direktiven:

→ England heraus mit dem Tenor: "England Dein Feind". (DB Nr. 10/11). In der DB vom 5. August 1940 (DB Nr. 13/7) hieß es: "Zurzeit kursieren Gerüchte, daß Deutschland sich gegen England wende und dann Rußland zerschlage. Im Auftrag von Goebbels müsse gegen diese Gerüchte heftig vorgegangen werden."

52) Vgl. S. 125 dieser Arbeit.

53) Rund 220 Blätter verzeichnen die "Sprachregelungen aufgrund der Pressekonferenzen" vom 20. November 1940 bis zum 23. Februar 1943. RvO, A'dam. Archiv-GKzbV, HAVP 39 d. (zit. SR).

54) Lob oder Tadel einzelner Redakteure oder Zeitungen zogen in den meisten Fällen die Übernahmepflicht bzw. das Übernahmeverbot des betreffenden Artikels nach sich.

55) Die vertraulichen Mitteilungen betrafen zumeist in Vorbereitung befindliche Verordnungen, Propagandaveranstaltungen, sowie Ankündigungen von Konferenzbesuchern.

I Verbote:

(a) Themenverbot
(b) Vorlagepflicht
(c) Lokal begrenztes Verbot
(d) Themenverbot ohne Kommentar
(e) Kommentarverbot
(f) Aufforderung zur Reserve

II Gebote:

(a) Themenzwang
(b) Themenvorschlag
(c) Kommentarzwang
(d) Kommentarwunsch
(e) Themenverstärkung
(f) Anweisung zur Aufmachung

Um Inhalt und Form der vergleichsweise simplen Lenkungsvorgänge zu verdeutlichen, seien einige Beispiele zu den oben genannten Verboten und Geboten zitiert[56].

I (a) Themenverbot-4. Februar 1941:

"Die Presse wurde nachdrücklich darauf hingewiesen, daß es unmöglich länger geduldet werden könne, daß bei der Aufnahme von Zeitungsanzeigen noch eine mehr oder weniger hinterhältige proenglische Propaganda getrieben werde. Wenn z. B. in Zeitungsanzeigen 'Minister Eden-Hüte' angepriesen würden, dann stelle dies eine Geschmacklosigkeit dar, die auch unter politischen Gesichtspunkten als bedenklich bezeichnet werden müsse."

(b) Vorlagepflicht-20. November 1940:

"Veröffentlichungen über Vorgänge auf dem Gebiete des Polizeiwesens sind vorlagepflichtig."

(c) Lokal begrenztes Verbot-3. März 1941:

"Die Berichterstattung über die in der letzten Nacht im Haag erfolgten Bombenabwürfe wurde für die Ortspresse freigegeben, allerdings mit der Auflage der Vorzensur."

(d) Themenverbot ohne Kommentar-7. November 1941:

"Zur Nachricht des englischen Rundfunks über die erfolgte erste Sitzung des 'Niederländischen Seegerichtshofes in England' wurde in der heutigen Pressekonferenz festgestellt, daß die hiermit eingeleiteten gerichtlichen Verfahren gegen unwillige niederländische Seeleute ein weiteres Mittel darstellen, diese unter stärksten Druck zu setzen und in englische Dienste zu pressen. Diese Meldung ist von den Blättern nicht ohne entsprechenden Kommentar zum Abdruck zu bringen."

(e) Kommentarverbot-13. Mai 1941:

"Über die Heß-Tragödie und ihre reorganisatorischen Auswirkungen darf ausschließlich amtliches deutsche Material ohne Kommentar und ohne Veröffentlichung von Bildern gebracht werden."

---

56) Ebd.

(f) Aufforderung zur Reserve-5. März 1941:

"Im Zusammenhang mit der Einsetzung der Regierungskommissare in Amsterdam, Hilversum und Zaandam wurde die Presse aufgefordert, sich bei 'Nachrufen' für die abgetretenen Bürgermeister Zurückhaltung aufzuerlegen."

II (a) Themenzwang-18. Februar 1941:

"In der heutigen Pressekonferenz wurde die Entfernung von Juden aus den Blutspenderlisten bis zum 1. März mit der Auflage der Veröffentlichung bekanntgegeben."

(b) Themenvorschlag-26. Februar 1942:

"Die britischen Zeitungsstimmen über die katastrophale Wirkung der Schiffsversenkungen durch deutsche U-Boote verdienen besondere Beachtung und können bei der Herausstellung der neuen Versenkungszahlen im Mittleren Atlantik mit verwertet werden."

(c) Kommentarzwang-13. April 1942:

"Die Presse ist gehalten, die Bekanntmachung des Reichskommissariats 'Todesstrafe für Saboteure' zu kommentieren. In dieser Stellungnahme muß zum Ausdruck kommen, daß es begrüßenswert ist, wenn die deutschen Sicherheitsbehörden in aller Schärfe gegen Sabotagehandlungen und ähnliche Bestrebungen einschreiten, die den innerlichen Frieden des niederländischen Volkes und das erfolgreich begonnene Aufbauwerk zu gefährden versuchen. Der Kommentar muß außerdem eine ernste Warnung enthalten."

(d) Kommentarwunsch-23. November 1940:

"Zum außenpolitischen Sektor ist erwünscht, daß die Blätter in eigenen Kommentaren auf die verzweifelte Lage Englands auf militärischem und diplomatischem Gebiet und die rasch zunehmende Schwächung des englischen Ansehens in der Welt hinweisen ..."

(e) Themenverstärkung-15. Januar 1941:

"Die Presse wurde aufgefordert, mehr als bisher die englische Blockade in eigenen Betrachtungen im eigenen wohlverstandenen Interesse Hollands als flagrante Verletzung des Völkerrechts zu brandmarken."

(f) Anweisung zur Aufmachung-14. März 1941:

"In der heutigen Pressekonferenz wurde die Verlautbarung des Wehrmachtsbefehlshabers in den Niederlanden über die Vollstreckung der 18 Todesurteile verlesen. Die Verlautbarung ist auf der Frontseite der Blätter zu veröffentlichen und kann in einer ein- oder zweispaltigen Aufmachung gebracht werden. Eine noch größere Aufmachung wurde untersagt..."

Verbote und Gebote hielten sich 1940 und 1941 die waage, rund ein Viertel des Sprachregelungstextes bestand in diesen Jahren aus Propagandamitteilungen ohne direkten Weisungscharakter. 1942 erschienen etwa doppelt soviel Verbote wie Gebote, die Vorlagepflicht wurde häufiger angewandt. Die wenigen erhaltenen Sprachregelungen von 1943 enthielten mit einer Ausnahme ausschließlich Verbote.

Zur Beseitigung der propagandistischen "Mißstände" bei einzelnen Zeitungen, die trotz der Lenkungsmaßnahmen der Pressekonferenzen auftraten, wurden schärfere politische Mittel eingesetzt[57]: "Mehrere Tageszeitungen, die trotz Warnungen und Auferlegung von Geldbußen ihre deutschfeindliche Einstellung nicht aufgaben, wurden verboten. Bei führenden Tageszeitungen wurden bedeutende Redaktionsänderungen vorgenommen, Verschiedene deutschfeindliche ältere Hauptschriftleiter von Landes- und Provinzzeitungen wurden durch jüngere, der neuen Zeit mehr aufgeschlossene Schriftleiter ersetzt." Im Zuge dieses politischen Terrors wurde das kommunistische "Volksdagblad" am 4. Juli 1940 verboten. Seit 5. Juli 1940 mußte "De Standaard" mit allen Nebenausgaben sein Erscheinen für acht Wochen einstellen. Am 20. Juli 1940 wurde der Verlag "De Arbeiderspers" unter Aufsicht des NSB-Funktionärs H.J. Kerkmeester gestellt, so daß praktisch die gesamte sozialdemokratische und gewerkschaftliche Presse nazifiziert erschien. Das gleiche geschah am 1. September 1940 mit dem evangelischen Wochenblatt "De Reformatie". Ebenfalls unter direkte Kontrolle und Lenkung geriet am 5. Februar 1941 "De Standaard", als der NSB-Propagandist Blokzijl auf Befehl der Deutschen die redaktionelle Leitung des Blattes übernahm. Am 16. Juli 1941 schließlich erhielt das "Algemeen Handelsblad" einen neuen Chefredakteur, der die vollständige Nazifizierung des Blattes einleitete[58].

Verbote im Bereich der Provinzpresse erfolgten anfangs auf Anraten des persönlichen Pressechefs des Reichskommissars, Hushahn,

57) Tätigkeitsbericht der PA, S. 1 f.

58) RvO. A'dam. Doc. II 616. Übersicht der deutschen Maßnahmen im Bereich der Presse.

der von den betreffenden Provinzbeauftragten die Zustimmung einholen mußte. Nach seinem Ausscheiden aus dem Reichskommissariat im Februar 1941 gingen die Verbote von Sommer, dem persönlichen Referenten Schmidts, aus. Beide wurden von den zuständigen Pressestellen der Generalkommissariate Schmidt und Rauter für die notwendig erachteten Schritte instruiert, die ständig um das Alleinrecht der Presseverbote stritten. Bei der Beobachtung der opponierenden Presseorgane schaltete sich auch die NSB ein, die den Propagandareferenten der Provinzbeauftragten sogenannte verkehrte Artikel steckte. Schließlich verstand das DVK im Rahmen der Pressereorganisation eine Anzahl von Verboten durchzusetzen[59].

B4 Pressemaßnahmen

Außer der direkten Propagandaführung, die vor allem über die Ministerkonferenzen im RMVP, über die geheimen Dienstbesprechungen bei Schmidt und die deutschen und niederländischen Pressekonferenzen erfolgte, gingen indirekte Lenkungs- und Kontrollmaßnahmen von allen Abteilungen und Referaten der HAVP wie des DVK aus. Dabei handelte es sich um Anregung, Vorbereitung und Durchführung legislativer, organisatorischer, wirtschaftlicher und politischer Maßnahmen zur Gleichschaltung der niederländischen Publizistik sowie um selbständige Propagandaaktionen der zuständigen Instanzen unter teilweiser Einbeziehung der einheimischen Massenmedien. Auskunft über die verschiedenen Maßnahmen und Aktionen der deutschen Besatzungsmacht während und nach dem vollzogenen Aufbau des deutschen und niederländischen Propagandaapparates geben u. a. die Verordnungsblätter für die besetzten niederländischen Gebiete und die Tätigkeitsberichte der HAVP und des DVK.

An allen Maßnahmen und Aktionen im Bereich der Presse waren außer der PA die anfangs selbständigen Referate Bildpresse und

---

59) RvO, A'dam. Afd. Bronnenpublicaties, Telexberichten Rijkscommissariaat. Regestenlijst Nr. 8, Bijvoegsel bij Aanwinstenlijst Nr. 89 vom Juni 1953, S. 41 ff.

Zeitschriften beteiligt. Während die PA vor allem auf ihre Lenkungs- und Kontrollfunktionen fixiert war, konzentrierten sich die HAVP-Referate seit Beginn der Okkupation stärker auf die organisatorische und wirtschaftliche "Neuorientierung" des niederländischen Pressewesens. Der "Tätigkeitsbericht 1940 - 1942"[60] des Referates Bildpresse etwa verzeichnet, daß seit Aufnahme der Arbeit im Juli 1940 "vor allen Dingen mit der Reorganisation und der Arisierung sämtlicher in Frage kommender Firmen und Einzelpersonen auf dem Gebiete des Bildpressewesens begonnen" worden sei. Die Betriebe und Einzelpersonen wurden danach ebenfalls auf ihre politische Zuverlässigkeit hin geprüft. Unter Einschaltung der Wirtschaftsprüfstelle beim Reichskommissariat, später in enger Zusammenarbeit mit dem "Verbond van Nederlandsche Journalisten" und dem DVK wurden "sämtliche nichtarischen Firmen arisiert oder ausgeschaltet". Dasselbe galt für die politisch "unzuverlässigen" Betriebe und Einzelpersonen. Im Zuge der Reorganisation der niederländischen "Bildberichter" und Bildbüros wurden gleichzeitig einschneidende Maßnahmen auf den Gebieten illustrierte Presse und Tagespresse vorgenommen, vor allem sämtliche illustrierten Kirchenblätter ausgeschaltet. Das Bildpressereferat sorgte außerdem dafür, daß einige niederländische Verlage zu 50 Prozent und mehr in deutsche Hände gespielt wurden und daß 50 Prozent des in der niederländischen Presse verwandten Bildmaterials aus deutschen Quellen stammen mußte.

Im Januar 1942 gab das DVK allgemeine Richtlinien für Fotoredakteure, -reporter und -pressebüros heraus[61], in denen detaillierte Angaben über verbotene, erwünschte, vorlagepflichtige sowie unerwünschte Bilder gemacht wurden. Zu den verbotenen Bildern gehörten etwa solche, auf denen noch lebende Mitglieder des Hauses Oranien, jüdische Personen oder ausländische Modefabrikate abgebildet waren, falls diese nicht auf besonderen Wunsch des Bildpressereferates der HAVP freigegeben waren. Erwünscht waren andererseits Aufnahmen von NS-Organisationen, von nieder-

---

60) RvO, A'dam. Archiv-GKzbV, HAVP 44 c.

61) RvO, A'dam. Doc. II 616.

ländischer Kultur oder "positiven" Regierungsmaßnahmen (besonders auf dem Gebiet der Landwirtschaft). Für alle Zweifelsfragen übernahmen das Referat Bildpresse der HAVP und das "Bureau Fotopers" des DVK die Filterfunktion. Sie entschieden in letzter Instanz, welche Aufnahmen den Achsenmächten nützen und welche ihnen schaden konnten.

Das Referat Zeitschriften war in seinem Bereich wie das Bildpressereferat damit beschäftigt, das niederländische Pressewesen zu "arisieren" und zu "reorganisieren": Hierzu gehörten u. a. das Verbot sämtlicher jüdischer Zeitschriften, die Fusionierung niederländischer mit deutschen Verlagen oder die Genehmigung von Neugründungen, etwa NSB-Kreisblättern. Die erforderlichen Lektorate zur Kontrolle des niederländischen Zeitschriftenmarktes wurden in erster Linie für landwirtschaftliche und kirchliche Blätter eingerichtet. Außerdem wurde die Einfuhr deutscher Zeitschriften propagiert: Während vor der Okkupation in den Niederlanden nur etwa 17.000 deutsche Zeitschriften und Illustrierte pro Woche gegenüber 10.000 englischen und französischen abgenommen wurden, wuchs der Stand im Herbst 1940 durch "intensive Werbung" der Zeitschriftenverlage auf etwa 225.000 deutsche Zeitschriften pro Woche, während keine englischen und französischen erschienen[62]. In Zusammenarbeit mit der PPP[63] erfolgten die verschiedenen Gleichschaltungs-Maßnahmen: Ab 1. Januar 1941 erschien anstelle von 34 Fachzeitschriften im Bereich der Arbeiterbewegung eine einzige Zeitschrift unter dem Titel "De Arbeider" in einer Gesamtauflage von ca. 400.000 Exemplaren[64]. Im Frühjahr 1941 sollten die übrigen Fachzeitschriften zusammengelegt werden, ebenfalls mit dem Ziel "jeder Fachorganisation im Prinzip nur ein Organ zuzusprechen"[65].

62) Vgl. Wochenspiegel der HAVP, Nr. 1, S. 8 ff.

63) Vgl. S.136 dieser Arbeit.

64) Vgl. Wochenspiegel der HAVP, Nr. 3 vom 6. Dezember 1940. RvO, A'dam. Archiv-GKzbV, HAVP 19 c.

65) Monatsbericht der HAVP für April 1941 vom 7. Mai 1941. Ebd., 22 a.

841 Journalistenbesluit

Zur "Erfassung" und "Neuordnung" des niederländischen Pressewesens im Sinne der NS-Weltanschauung erschienen im Laufe der Besatzungszeit eine Fülle von Verordnungen und Verfügungen. Ein erster Schritt auf diesem Wege war die Verordnung des Reichskommissars für die besetzten niederländischen Gebiete vom 17. August 1940[66] über die Marktregelung von Druckerzeugnissen. Danach bedurfte die "Durchführung von Planungen auf allen Gebieten des Pressewesens" der Genehmigung des Reichskommissars. Als Planungen galten insbesondere "Neugründungen, wesentliche Änderungen im Aufbau, die Zielsetzung und Verbreitung von Büchern und periodischen Druckschriften, ferner Titeländerungen, Zusammenlegungen sowie Ausdehnung der Werbung über das bisherige Verbreitungsgebiet hinaus, Änderungen der Erscheinungszeit und der Erscheinungshäufigkeit, Einführung von Bezirksausgaben und Beilagen". Zuwiderhandlungen wurden als "Verbrechen" eingestuft und sollten adäquat bestraft werden.

Am selben Tag erschien eine Verordnung vom Generalsekretär des "Department van Justitie" zur Sicherung der Unabhängigkeit der Presse[67], nach der alle Verleger "einer Tages- oder Wochenzeitung, illustrierten Zeitung, Zeitschrift, Korrespondenz oder eines sonstigen periodischen Druckerzeugnisses sowie die Inhaber oder Geschäftsführer einer Unternehmung, die sich ganz oder überwiegend mit der Herstellung oder dem Vertrieb solcher Presseerzeugnisse befaßt", verpflichtet waren bis zum 25. September 1940 beim zuständigen Polizeidirektor einen ausgefüllten Fragebogen zur Verlagssituation einzureichen. Außerdem enthielt die Verordnung die Verpflichtung, "für vollständige oder teilweise Abtretungen, Veräußerungen oder Belastungen" der genannten Verlagsunternehmen die vorherige Zustimmung des Generalsekretärs im Justizministerium einzuholen[68].

---

66) VOBL. Niederlande. VO 102/40.

67) Ebd., VO 103/40.

68) Am 24. September 1941 gingen die Rechte des Justizministeriums an das DVK über. Ebd., VO 188/41.

Die einschneidenste legislative Maßnahme im Pressebereich erfolgte am 2. Mai 1941 mit dem Erlaß der niederländischen Schriftleiterverordnung, die einen Tag später auf einer Journalistenkundgebung in Utrecht verkündet wurde. Der sogenannte Journalistenbesluit[69], der vom DVK "als Ergebnis monatelanger, sorgfältiger Vorbereitung, in engster Zusammenarbeit mit der Hauptabteilung Volksaufklärung und Propaganda" erlassen wurde, regelte die Rechte und Pflichten des Journalistenstandes in Einklang mit der nationalsozialistischen Weltanschauung mit der Absicht, auf diesem Fachgebiet "nicht nur vom Presseerzeugnis her, sondern bereits vom geistigen Urheber her eine Lenkung des Inhalts und der Aufmachung durchzuführen"[70]. Er bezweckte weiter "eine reinliche Trennung der Funktionen der geschäftlichen und der redaktionellen Leitung der Zeitungen und Zeitschriften, die "Befreiung" der Schriftleiter von "Verlegerwillkür" und unterirdischen Einflüssen, die sichtbare Abgrenzung der Verantwortung für die einzelnen redaktionellen Rubriken (obligatorischer Abdruck dem Impressums), die Stärkung des Verantwortungsbewußtseins gegenüber der Allgemeinheit, die Hebung der gesellschaftlichen Stellung der Schriftleiter, kurzum eine Reform des gesamten Pressewesens nach ähnlichen Grundsätzen, wie sie schon vor einer Reihe von Jahren im nationalsozialistischen Deutschland im Schriftleitergesetz niedergelegt wurden"[71].

Tatsächlich war der Verordnungstext des niederländischen "Journalistenbesluit" mit wenigen Ausnahmen mit dem des deutschen Schriftleitergesetzes vom 4. Oktober 1933[72] identisch. Hier wie dort galt als "Schriftleiter", wer durch "Wort, Nachricht oder Bild" an der Gestaltung des "geistigen Inhalts" von Zeitungen und Zeitschriften mitwirkte[73]. Voraussetzung für die

---

69) Ebd., VO 83/41.

70) Übersicht DVK 1941, 1, S. 3. Bericht der HAVP für den Monat Februar 1941 vom 5. März 1941. RvO, A'dam. Archiv-GKzbV, HAVP 20 a.

71) W. Janke, Regungen des neuen Geistes, a.a.O., S. 51. Vgl. auch den Tätigkeitsbericht der PA, S. 2.

72) RGBL. I, S. 713. Vgl. auch K. F. Schrieber, Das Recht der Reichskulturkammer, Bd. 1, Berlin 1935, S. 13 ff.

73) VOBL. Niederlande, VO 83/41, § 1.

Zulassung zum Schriftleiterberuf waren in den besetzten niederländischen Gebieten wie in Deutschland der Besitz der niederländischen bzw. deutschen Staatsangehörigkeit, die Vollendung des 21. Lebensjahres, die fachmännische Ausbildung sowie "Eigenschaften, die die Aufgabe der geistigen Einwirkung auf die Öffentlichkeit erfordert"[74]. Der Nachweis der arischen Abstammung, der im Journalistenbesluit fehlte, wurde aufgrund einer Verfügung des Vorsitzenden vom "Verbond van Nederlandsche Journalisten" wenige Tage später angeordnet[75]. Da die Berufsliste der Schriftleiter beim niederländischen Presseverband geführt wurde, gehörte die Ausschaltung der jüdischen Journalisten nunmehr zur offiziellen nationalsozialistischen Pressepolitik in den besetzten niederländischen Gebieten. Neben den später hinzugekommenen Arisierungsbestimmungen definierte der "Journalistenbesluit" auch die beruflichen und moralischen Pflichten eines Schriftleiters[76], der nicht nur seinen Beruf "gewissenhaft auszuüben", sondern sich auch durch sein Verhalten "innerhalb und außerhalb des Berufs" der erforderlichen Achtung "würdig zu erweisen" habe. Die Aufgabe der Schriftleiter lautete auch hier, "die Gegenstände, die sie behandeln, wahrhaft darzustellen und nach ihrem besten Wissen zu beurteilen"[77]. Schließlich folgten Bestimmungen über den "verbandsrechtlichen" sowie den "strafrechtlichen" Schutz des Schriftleiterberufs[78]. Anders als im deutschen Schriftleitergesetz waren im niederländischen Pendant nicht "Berufsgerichte der Presse" ausschlaggebend im Falle eines Berufsvergehens, sondern der Generalsekretär des DVK bestimmte selbst die verschiedenen Ordnungsstrafen (Verwarnung, Geldstrafe, Löschung aus der Berufsliste)[79].

---

74) Ebd., § 5. Nach dem Strafgesetzbuch verurteilte Personen waren ausgenommen.

75) Danach waren die jüdischen Journalisten verpflichtet, sich bis zum 1. Juli 1941 beim niederländischen Journalistenverband zu melden. Vgl. Pressegesetzgebung in: H. A. Goedhart, De Pers in Nederland, a.a.O., S. 267.

76) VO 83/41, §§ 12/13.

77) Vor allem sollten Interessen und Gemeinschaftswillen des niederländischen Volkes, seine Kultur und Wirtschaft nicht geschwächt oder die religiösen Empfindungen anderer verletzt werden.

78) Ebd., §§ 20 - 27 und §§ 28 - 34.

79) RGBL. I, S. 713, §§ 25 - 28. VO 83/41, §§ 26, 27.

Mit dem "Journalistenbesluit" wurde die Kontrolle über die niederländische Presse durch die deutsche Besatzungsmacht perfektioniert, der gesamte niederländische Zeitungsmarkt als Instrument der Nachrichtenverbreitung und Meinungsbildung in die Verfügung des Reichskommissariats gestellt. Der Zeitungsbesitzer und -verleger war ausgeschaltet bzw. auf die rein wirtschaftlichen Belange seines Betriebes zurückgedrängt, der Schriftleiter für den Inhalt der Zeitung berufs-, straf- und zivilrechtlich zur Verantwortung zu ziehen, der Hauptschriftleiter für die Gesamthaltung des Textteiles verantwortlich. Er hatte außerdem für den Abdruck eines ausführlichen Impressums zu sorgen[80].

Sobald der "Journalistenbesluit" erlassen war, begann das DVK mit seiner Durchführung. Dies war u. a. möglich, da die Presseabteilung "eine sehr große Anzahl Einzelheiten über alle in den Niederlanden erscheinenden Tageszeitungen und Zeitschriften, sowie über die bei ihnen tätigen Schriftleiter gesammelt hatte". Detaillierte Anweisungen von Goedewaagen verließen das DVK in Form von Durchführungsverordnungen[81].

842 Reorganisation

Bereits am 8. Oktober 1940 wurden "Papier, Papierwaren, Papierrohstoffe" in den besetzten niederländischen Gebieten als Zuteilungswaren gekennzeichnet[82] - eine von vielen Maßnahmen, die in Deutschland mit Ausbruch des Krieges zur Personal-, Papier-, Strom- und Brennstoffersparnis getroffen worden waren[83]

80) VO 83/41, § 18.

81) Übersicht DVK 1941, 1, S. 3. Vermutlich stammten die Angaben aus der bereits erwähnten Fragebogen-Aktion, die im Herbst 1940 mit allen niederländischen Verlagsunternehmen durchgeführt wurde. - Die Durchführungsverordnungen betrafen u. a. die Funktionstrennung von Verleger und Hauptschriftleiter (13. Juni 1941), das Anzeigenwesen (24. Juni 1942), den Registrierzwang für Kunstkritiker (21. September 1942). Vgl. H. A. Goedhart, De Pers in Nederland, a.a.O., S. 269, 281, 289.

82) VOBL. Niederlande. VO 171/40.

83) Vgl. O. J. Hale, Presse in der Zwangsjacke, a.a.O. S. 282.

Die Papierrationierung als Mangel- und Folgeerscheinung des Zweiten Weltkrieges wurde von den Nationalsczialisten zur Schließung und Zusammenlegung von Zeitungs- und Zeitschriftenverlagen benutzt[84], um damit sowohl der politischen als auch der monopolitischen Konzentration der NS-Publizistik weiteren Vorschub zu leisten. Für die PA in Den Haag machte die im Sommer 1941 "mehr und mehr fühlbare Papierknappheit" eine "Einschränkung der Presse notwendig, die ebenfalls aus politischen Gründen sehr nützlich wurde"[85].

Infolgedessen ernannte Generalkommissar zbV Schmidt unter Mitwirkung des DVK am 15. August 1941 eine "Commissie voor Persreorganisatie", in der Deutsche und Niederländer (vor allem NSB-Funktionäre) saßen[86]. Unter dem Vorsitz von Blokzijl erhielt die Kommission den Auftrag, "verschiedene Reorganisationsformen der niederländischen Tagespresse zu studieren" mit dem Ziel, die 80 bestehenden Blätter auf 30 zu reduzieren. Als offizieller Grund galt die Einsparung von Papier aufgrund der kriegsbedingten schlechten Rohstofflage. Mitglieder der Kommission waren außer Blokzijl Dreves, stellvertretender Leiter der PA, Van Megchelen, Vorsitzender des "Verbond van Nederlandsche Journalisten", Kerkmeester, Vorsitzender der PPP, Kars, Vorsitzender der NDP[87]. Die Verwaltungsaufgaben wurden einem Büro in Den Haag unter der Leitung von B. L. Poelstra übertragen. Die "Commissie voor Persreorganisatie" bestand vom 1. September 1941 bis zum 21. Februar 1942[88].

Nach dem Willen der deutschen Besatzungsmacht sollte die erste

---

84) Ebd., S. 283. Von 15.000 Zeitschriften in Deutschland vor dem Krieg waren 1943 nur noch 2.500 erhalten.

85) Tätigkeitsbericht der PA, S. 2.

86) RvO, A'dam. Kollektion-Huyts, Persverslagen vom 15. August 1941. (zit. PV).

87) Ebd. Vgl. auch M. Blokzijl, Persreorganisatie in Nederland, in: H. A. Goechart, De Pers in Nederland, a.a.O., S. 46 ff.

88) Vgl. Tätigkeitsbericht der PA, S. 2. PV vom 18. und 21. August 1941.

Pressereorganisation mit Hilfe der Zwangskontingentierung des Papiers bereits am 1. Oktober 1941 abgeschlossen sein. In dieser äußerst kurzen Frist von vier Wochen fertigte das DVK die Verbotslisten und die Blokzijl-Kommission leitete die Durchführung der Liquidationen, Fusionierungen bzw. Neugründungen ein. Kennzeichnend für die Arbeitsweise der Kommission war, daß nicht sie oder das DVK für die getroffenen Maßnahmen verantwortlich zeichneten, sondern nach außen hin das "Rijksburau voor de Grafische Industrie" in Amsterdam als Papierzentrale eingeschaltet wurde. Von hier aus ging eine kurze Mitteilung an die betroffenen Blätter mit der Nachricht, daß aufgrund der Papierknappheit keine weiteren Lieferungen erfolgen könnten und die vorrätigen Papierreserven des Verlages beschlagnahmt werden müßten[89]. Das bedeutete die gesamte bzw. teilweise Stillegung der betroffenen Druckerei. Begonnen wurde mit der Ausschaltung jener Zeitungen, die in jüngster Vergangenheit durch illoyales Verhalten gegenüber der Besatzungsmacht aufgefallen waren und auf diese Weise einen großen Abonnenten- und Anzeigenkundenkreis gewonnen hatten. Dieser "unehrlichen Konkurrenz" sollte im Rahmen der Pressereorganisation ein Ende bereitet werden[90].

Das Ergebnis der ersten Pressereorganisation sah folgendermaßen aus[91]: Von den noch existierenden 111 Tageszeitungen wurden 56, von 599 Nachrichten- und Annoncenblättern 470, von 4.000 Zeitschriften 2.800, von über 2.000 Kirchenblättern 1.800 ausgeschaltet. Übrig blieben:

(a) 55 Tageszeitungen,

(b) 129 Nachrichten- und Annoncenblätter,

(c) 1.200 Zeitschriften und

(d) 200 Kirchenblätter.

---

89) M. Blokzijl, Persreorganisatie in Nederland, a.a.O., S. 40. J. B. Th. Spaan, Pers en Propaganda, a.a.O., S. 152.

90) PV vom 22. August 1941.

91) Vgl. die Angaben im Tätigkeitsbericht der PA und bei M. Blokzijl, Persreorganisatie in Nederland, a.a.O., S. 48. Nachrichten- und Annoncenblätter umfaßten alle mehrmals wöchentlich erscheinenden Zeitungen.

Prozentual am stärksten betroffen waren demnach die Kirchenblätter (90 Prozent)[92], die Nachrichten- und Annoncenblätter (78 Prozent) und die Zeitschriften (70 Prozent). Die größte Anzahl der Stillegungen lag jedoch im Bereich der Zeitschriften. Von den Maßnahmen der ersten Pressereorganisation waren 191 Verlagsbetriebe unmittelbar betroffen; 4.062 Personen wurden entlassen[93], obwohl laut Blokzijl versucht worden war[94], die "unvermeidlichen sozialen und wirtschaftlichen Folgen aufzufangen". Politische Folgen für die Tageszeitungen ergaben sich zudem mit der Ernennung eines neuen kollaborationswilligen Hauptschriftleiters bei etwa einem Fünftel aller Blätter.

Nutznießer der Pressereorganisation waren die nationalsozialistischen Blätter, u. a. die DZN und das NSB-Organ "Het Nationale Dagblad", das seinen Umfang zur gleichen Zeit verdoppeln konnte. Die mittlerweile zunehmende Papierknappheit veranlaßte die PA auf der Pressekonferenz vom 18. März 1942 eine am 23. März 1942 in Kraft tretende Umfangsbeschränkung verschiedener Presseorgane bekanntzugeben[95]. Im "Einvernehmen" mit Generalkommissar zbV Schmidt sollte bis auf weiteres der Umfang von Abendausgaben von Tageszeitungen, von Tageszeitungen ohne Morgenausgabe, von Nachrichtenblättern sowie Sonntagsmorgenausgaben "auf höchstens je 4 Seiten je Ausgabe" reduziert werden[96]. Am 11. Juni 1942 wurde die "Umfangseinschränkung der Tagespresse" mit Wirkung ab 15. Juni 1940 weiter fortgesetzt[97]:

---

92) Bereits am 21. August 1941 hatte Blokzijl Maßnahmen gegen die konfessionelle Presse angekündigt. Vgl. PV unter diesem Datum. Vgl. auch J. Meulenbelt, De duitse tijd, a.a.O., S. 114.

93) Vgl. J. B. Th. Spaan, Pers en Propaganda, a.a.O., S. 123.

94) M. Blokzijl, Persreorganisatie in Nederland, a.a.O., S. 47.

95) Vgl. SR vom 18. März 1942.

96) Die Beschränkung des maximalen Zeitungsumfangs auf vier Seiten erfolgte in Deutschland erst mit Sommerende 1944. Vgl. O. J. Hale, Presse in der Zwangsjacke, a.a.O., S. 274.

97) SR vom 11. Juni 1942.

Außer der Begrenzung auf vier Seiten Höchstumfang einer Ausgabe der gesamten Tagespresse wurde veranlaßt, daß alle Morgenausgaben der Blätter mit Morgen- und Abendausgabe sowie alle Sonntagsausgaben einzustellen seien. Den verbleibenden Abendausgaben war ein Umfang von sechs Seiten gestattet. Als Ausgleich durften die betroffenen Blätter ihre Samstagausgabe um zwei Seiten erhöhen. Von der Vier-Seiten-Regelung und dem außerdem angeordneten Auflagenstop wurde "Het National Dagblad" ausgenommen.

Auf Grund der sich mehr und mehr verschlechternden Rohstofflage beschränkte die zweite Pressereorganisation den niederländischen Zeitungs- und Zeitschriftenmarkt immer drastischer. Tatsächlich schrumpfte der Papiervorrat für die Tagespresse von 17.000 t im Jahr 1941 auf 5.000 t im Jahr 1942[98]. Der Umfang der einzelnen Ausgaben, vor allem der Provinzpresse, wurde immer weiter vermindert, so daß im Herbst 1944 die überregionalen Tageszeitungen noch einen Umfang von zwei Seiten pro Ausgabe besaßen. Zum Papiermangel kamen der Ausfall von Elektrizität und personelle Schwierigkeiten bedingt durch den Arbeitseinsatz und Razzien, die die Zeitungszustellung immer weniger gewährleisteten. Auf diese Weise wurde die legale niederländische Presse schließlich vom Krieg "wegorganisiert"[99].

85 <u>Rundfunkmaßnahmen</u>

Das niederländische Rundfunksystem unterschied sich sowohl vom europäischen mit seiner staatlichen, halbstaatlichen oder privaten Monopolstellung, als auch vom amerikanischen Kommerzsystem. Hier wurden die Programme der Sender von einer Reihe privater Rundfunkgesellschaften mit Sendevollmacht bestritten. Nach dem Beispiel der niederländischen "Gesinnungspresse" vertraten die vier großen Rundfunkgesellschaften die vorherrschenden geistigen Strömungen des Landes: Mit je einem knappen Viertel Sende-

---

98) Vgl. PV vom 3. Juli 1942.

99) Vgl. <u>J. B. Th. Spaan,</u> Pers en Propaganda, a.a.O., S. 154.

zeit (die restlichen 5 Prozent wurden unter den kleinen Vereinigungen verteilt)[100] konkurrierten miteinander[101]:

(a) "De Algemeene Vereeniging Radio Omroep" (AVRO) als politisch und religiös unabhängig deklarierte Gesellschaft,

(b) "De Katholieke Radio Omroep" (KRO) als Organ der römisch-katholischen Kirche,

(c) "De Nederlandsch Christelijke Radio Vereeniging" (NCRV) als Vertretung des orthodoxen Protestantismus, jedoch nicht der protestantischen Kirchen oder verwandter Gruppen sowie

(d) "De Vereeniging van Arbeiders Radio Amateurds" (VARA) als Rundfunkvertretung der Arbeiterbewegung.

Als Kontaktorgan der Rundfunkgesellschaften fungierte das "Centraal Bureau voor de Omroep"[102]. Die Finanzierung der Privatunternehmen geschah auf freiwilliger Basis durch Höherbeiträge der Mitglieder und Förderer sowie durch Einnahmen aus den Programmzeitschriften. Während die Studios Eigentum der AVRO, KRO, NCRV und VARA waren, wurden die Sendeanlagen 1935 einer öffentlichen Gesellschaft, "De Nederlandsche Omroep-Zender-Maatschappij" (NOZEMA), übertragen. Mit 60 Anteilen Staatskapital zu 40 Anteilen Privatkapital der großen Rundfunkorganisationen war die Verstaatlichung des niederländischen Rundfunks im technischen Bereich eingeleitet[103]. Weitere Pläne und Vorbereitungen zur Umstruktierung des Rundfunksystems kamen durch die Okkupation des Landes im Sommer 1940 zum Erliegen.

Die Rundfunksituation in den besetzten niederländischen Gebieten war fortan in jeder Beziehung von den Entschließungen der deutschen Besatzungsmacht abhängig. Allerdings profitierte die-

100) Die bedeutendste der kleinen Rundfunkorganisationen war der "Vrijzinnig Protestantsche Radio Omroep" (VPRO).

101) Vgl. J. de Boer, Omroep en publiek in Nederland tot 1940, Deel I, De plaats van de omroep in het openbare leven in Nederland tot 1940, Leiden 1946, S. 2 f.

102) Staatliche Rundfunkinstanzen waren der "Radioraad" als Kontaktorgan zur Regierung, die "Radio-Omroepcontrolecommissie" zur Sicherheit des Staates, der öffentlichen Ordnung und guten Sitten und die "Algemeene Programma-Commissie" als Beobachtungszentrale. Vgl. J. B. Th. Spaan, Pers en Propaganda, a.a.O., S. 180.

103) Ebd., S. 179 f.

se wenig vom wirkungsvollsten und schlagkräftigsten Propagandainstrument der Nationalsozialisten[104], da sich die"Einfuhr" ausländischer Rundfunksendungen nicht wie die von Presse- oder Filmerzeugnissen an den Landesgrenzen aufhalten ließ. So entbrannte seit Beginn der Okkupation der aussichtslose Kampf der deutschen Besatzungsmacht gegen die Sendetätigkeit des BBC, vor allem gegen das für die besetzten niederländischen Gebiete bestimmte, in der Landessprache abgefaßte Programm des Senders Oranje[105].

Als erste Abwehrmaßnahme erließ Seyß-Inquart am 4. Juli 1940[106] ein Abhörverbot ausländischer Sender "zum Schutze der niederländischen Bevölkerung vor unwahren Nachrichten". Danach durften nur Sender abgehört werden, die sich innerhalb der besetzten niederländischen Gebiete oder des "Großdeutschen Reichs einschließlich des Protektorats Böhmen und Mähren sowie des Generalgouvernements für die besetzten polnischen Gebiete" befanden. Ein Vergehen gegen die Verordnung sollte mit Gefängnis bis zu zwei Jahren und einer Geldstrafe bis zu 100.000 Gulden, "besonders schwere Fälle" mit Gefängnis bis zu zehn Jahren bestraft werden.

Eine weitere Maßnahme in diesem Sinne erfolgte mit der Verordnung Seyß-Inquarts vom 12. Juli 1940[107] "über die vorläufige Regelung des Drahtfunkverkehrs". Danach war dem niederländischen Radiorat von jedem Drahtfunkbetrieb binnen sieben Tagen "ein für die Programmauswahl und die technische Durchführung der Sendungen verantwortlicher Leiter" zu benennen, der für alle Übertragungen verantwortlich zeichnen sollte. Zugelassen waren ausschließlich Sendungen der abhörfreien Sender, vom Radiorat freigegebene Industrieschallplatten sowie Marktberichte oder Ankündigungen von Luftschutzmaßnahmen.

---

104) Vgl. H. Pohle, Der Rundfunk als Instrument der Politik. Zur Geschichte des deutschen Rundfunks von 1923/38, Hamburg 1955, S. 220.

105) Vgl. S. 240 dieser Arbeit.

106) VOBL. Niederlande. VO 35/40.

107) Ebd. VO 40/40.

851 Rijksradio-omroep

Unterdessen bereitete die Abteilung Rundfunk der HAVP die "Reorganisation des holländischen Rundfunks" vor[108]. Nach einer Besprechung Tauberts am 24. Oktober 1940 mit dem Reichsintendanten der RRG, Dr. Glasmeier[109], wurde die "geplante Auflösung der holländischen Rundfunk-Gesellschaften und die Neubildung eines nach RRG-Vorbild aufgebauten holländischen Rundfunks" von der RRG gebilligt[110].

Am 11. Dezember 1940 ernannte Goedewaagen A. Dubois, den bisherigen Direktor der NOZEMA und Präsidenten des Weltrundfunkvereins, zum "Bevollmächtigten" für die Konzentration der AVRO, KRO, NCRV, VARA und VPRO und berief W. v. d. Vegte als Abteilungsleiter für Rundfunkangelegenheiten in das DVK[111]. Mit diesen Berufungen waren die Voraussetzungen zur Zentralisation des niederländischen Rundfunkwesens gegeben. Von diesem Tage an unterstanden die vormals privaten Gesellschaften einer "einheitlichen Leitung", obwohl ihre Programme vorerst weitergesendet wurden wie bisher.

---

108) Wochenspiegel der HAVP, Nr. 1, a.a.O., S. 2.

109) RvO, A'dam. Archiv-GKzbV, HAVP 46 h. Aktenvermerk Tauberts vom 25. Oktober 1940.

110) Zum "RRG-Vorbild": Vor 1933 hatten die Anteile der elf Rundfunkgesellschaften in den Händen des Reiches, der Länder und der Gemeinden, die Anteile der damaligen RRG in den Händen des Innenministeriums und des Postministeriums gelegen. Mit der Errichtung des RMVP verblieb der Reichspost allein die technische Verwaltung der Sendeanlagen, die Vertretung des Reiches in der RRG wurde dem Innenministerium entzogen und an Goebbels übertragen. (Vgl. RGBL I, S. 449). Im Laufe von 1933 wurden die verschiedenen Rundfunkgesellschaften aufgelöst und in die RRG.m.b.H. überführt, alle Gesellschaftsanteile dem RMVP zugewiesen. Die Rundfunkgebühren wurden zwischen RMVP und Reichspostministerium im Verhältnis 60 zu 40 verteilt. Den Etat der RRG bestimmte das RMVP. Politische Richtlinien erhielt der Intendant in den Ministerkonferenzen von Goebbels, detaillierte Weisungen kamen von den Abteilungen Rundfunk, Ausland, Propaganda und Presse im RMVP. RvO, A'dam. Archiv-GKzbV, HAVP 56 f. Bericht der Rundfunkabteilung vom 5. Mai 1942.

111) Vgl. Übersicht DVK 1941, 1, a.a.O., S. 5 f. Wochenspiegel der HAVP, Nr. 4 vom 17. Dezember 1940, a.a.O., S. 1 f. Vgl. auch J. B. Th. Spaan, Pers en Propaganda, a.a.O., S. 182. Zum Weltrundfunkverein im Zweiten Weltkrieg vgl. H. Pohle, Der Rundfunk als Instrument der Politik, a.a.O., S. 358 ff.

Eine Woche später, am 19. Dezember 1940, veröffentlichte der Reichskommissar für die besetzten niederländischen Gebiete eine Verordnung "über Maßnahmen auf dem Gebiete des niederländischen Rundfunks"[112], "die die Verstaatlichung sämtlicher Rundfunksender und Drahtfunkbetriebe in Holland, und die Einführung von Rundfunkpflichtgebühren ab 1. Januar 1941" vorsah[113]. Im Einzelnen bedeute dies, daß Errichtung, Unterhaltung und Betrieb der für die Verbreitung von Rundfunkdarbietungen erforderlichen Sendeanlagen sowie der Drahtfunkbetriebe nunmehr ausschließlich durch den Staat, d. h. den "Staatsbedrijf der Posterijen, Telegrafie en Telefonie" (PTT), erfolgen sollte. Die NOZEMA war damit als halbstaatliche Sendebetriebsgesellschaft ausgeschaltet; "nach Möglichkeit" sollten die früheren Eigentümer entschädigt, das Betriebs- und Verwaltungspersonal in den Staatsbetrieb des PTT übernommen werden. Die ehemals freiwillig zahlenden Hörer als Mitglieder der verschiedenen Rundfunkgesellschaften hatten von 1941 ab eine Rundfunkgebühr zu entrichten[114], die neun Gulden pro Jahr betragen sollte[115]. Obwohl mit dieser Regelung bereits das Todesurteil über die privaten Rundfunkgesellschaften gesprochen war, hielten diese ihre unsichere Position noch einige Monate mit oberflächlichen und farblosen Programmen aufrecht.

Mit einer zweiten Verordnung "über Maßnahmen auf dem Gebiete des niederländischen Rundfunks" errichtete Seyß-Inquart am 12. März 1941[116] den niederländischen Staatsrundfunk unter der Bezeichnung "Rijksradio-omroep" (Reichsrundfunk). Hierdurch wurde festgelegt, daß künftig die "Gestaltung und Ausführung des Programms des niederländischen Rundfunks und Drahtfunks ... ausschließlich von Staats wegen" erfolgen sollte. Die bestehenden Rundfunkorganisationen wurden aufgelöst, ihr Vermögen ging, soweit es nicht bereits durch die erste Rundfunkverordnung an den Staatsbetrieb des PTT übertragen worden war, in das Eigentum des Staatsrund-

---

112) VOBL. Niederlande. VO 232/40.

113) Notiz Tauberts zur "Rundfunkneuorganisation in Holland" an die Rundfunkkommandostelle des RMVP und die RRG vom 16. Dezember 1940. RvO, A'dam. Archiv-GKzbV, HAVP 47 d.

114) VO 232/40, §§ 1 bis 3.

115) Vgl. J. B. Th. Spaan, Pers en Propaganda, a.a.O., S. 182.

116) VOBL. Niederlande. VO 49/41.

funks über. Der neuerrichtete "Rijksradio-Omroep" besaß, laut Verordnung, Rechtspersönlichkeit und unterstand der Aufsicht des Generalsekretärs im DVK. Dieser ernannte und entließ einen Generaldirektor, der den Staatsrundfunk gerichtlich und außergerichtlich vertreten sollte.

Goedewaagen bestimmte durch eine Verfügung vom 29. März 1941 Dr. W. A. Herweyer zum Generaldirektor des Reichsrundfunks "De Nederlandse Omroep", wie der vollständige Name des neuen Staatsbetriebes lautete, und ernannte A. Dubois zum "Liquidator der ehemaligen Rundfunkgesellschaften". Wenig später wurde der niederländische Rundfunk "arisiert", "sabotierende Elemente" wurden entfernt[117]. Nach der "Ausschaltung der Juden und der judenfreundlichen Mitarbeiter aus dem Rundfunk" fand eine "allmähliche Durchsetzung der Gefolgschaft mit Nationalsozialisten" (1942: 20 Prozent) statt[118]. Parallel lief der "Aufbau der inneren Organisation des Rundfunks nach dem Vorbild des deutschen Rundfunks"[119]: etwa Zentralisation der Orchester, der Verwaltung usw., Gründung einer Betriebsgemeinschaft, eines Rundfunkverbandes, Gleichschaltung der Rundfunkkalender und -zeitungen[120]. Die Ende 1941 noch bestehenden fünf Programmblätter wurden von der Rundfunkabteilung des DVK aufgelöst und an ihre Stelle trat eine einzige Rundfunkzeitschrift "De Luistergids" (Hörerführer) unter der Hauptschriftleitung von Dr. J. Smit.

Im Rahmen der Gründung des niederländischen Staatsrundfunks begann der "Berichtendienst Nederlandsche Omroep" (BNO) im März 1941 seine Tätigkeit. Die Rundfunkredaktionen wurden zu diesem Zweck teilweise aus dem ANP herausgelöst und als Unterabteilung des "Rijksradio-omroep" geführt. Der Nachrichtendienst BNO, einer "gesprochenen NSB-Zeitung" vergleichbar[121], setzte sich zusammen aus den Redaktionen Inland, Kultur, Wirtschaft, Indi-

---

117) Übersicht DVK 1941, 1, a.a.O., S. 6.

118) Arbeitsbericht der Abteilung Rundfunk, am 30. Mai 1942 an die HAVP gesandt. RvO, A'dam. Archiv-GKzbV, HAVP 56 f.

119) Ebd.

120) Vgl. Übersicht DVK 1941, 1, a.a.O., S. 7. J. B. Th. Spaan, Pers en Propaganda, a.a.O., S. 183.

121) J. B. Th. Spaan, Pers en Propaganda, a.a.O., S. 184.

sche Kolonien und England. Sein Fundament war bereits im Juli 1940 innerhalb des ANP gelegt worden, als eine kleine Rundfunkredaktion eingerichtet wurde, die ausschließlich Rundfunkberichte produzierte mit dem Ziel, "das so sehr geschockte Volksvertrauen in die Rundfunkjournalistik" zurückzugewinnen[122]. Aus diesem Grunde standen Wortsendungen mit "stark propagandistischem Charakter" im Vordergrund der Tätigkeit des BNO[123].

Im "Arbeitsbericht der Abteilung Rundfunk"[124] der HAVP finden sich 1942, rückblickend auf die letzten zwei Jahre, außer den Ergebnissen im organisatorischen Bereich (Auflösung der privaten Rundfunkgesellschaften, Verstaatlichung der Rundfunksender und Drahtfunkbetriebe, Einführung der Rundfunkpflichtgebühr, Ausschaltung der Juden, Aufbau der inneren Organisation) sowohl die Kontrollfunktionen als auch die Aktionen zur politischen und kulturpolitischen Steuerung des Rundfunkprogrammes verzeichnet. Danach wurde das gesamte Wortprogramm sowie der Nachrichtendienst BNO von hieraus "vorgeprüft", die Einhaltung der Zensur ständig überwacht, die technische Sicherung des Rundfunkprogramm-Betriebes, auch in Fällen von Unruhen oder Feindeinwirkungen, gewährleistet, da sämtliche wichtigen Rundfunkleitungen über die deutsche Dienststelle liefen und die Sender nötigenfalls von dort besprochen werden konnten.

Der Programmbetrieb in den besetzten niederländischen Gebieten erfolgte außer über den Niederländischen Staatsrundfunk über den Großdeutschen Rundfunk, denen Ende 1942 folgende Sender zur Ver-

---

122) Vgl. G. Noordhuis, De B.N.O., Het gesproken dagblad, in: H. A. Goedhart, De Pers in Nederland, a.a.O., S. 191. Gemeint war der plötzliche Übergang der Rundfunkberichterstattung von antideutscher zu prodeutscher Tendenz nach der Besetzung des Landes im Mai 1940, der die niederländische Bevölkerung völlig "aus dem Gleichgewicht" gebracht hatte.

123) J. B. Th. Spaan, Pers en Propaganda, a.a.O., S. 184.

124) RvO, A'dam. Archiv-GKzbV, HAVP 56 f. Begleitschreiben vom 30. Mai 1942.

fügung standen[125]:

I <u>Niederländischer Staatsrundfunk</u>

Bezeichnung	Standort
<u>Mittelwelle</u>	
Hilversum I	Jaarsveld
Hilversum II	Lopik
<u>Kurzwelle</u> (Richtstrahler nach Niederl. Ost-Indien)	
POV	Kootwijk

II <u>Großdeutscher Rundfunk</u>

Bezeichnung	Standort
Friesland	Kootwijk
Bremen	Lopik
Deutscher Kurzwellensender Zone Südamerika	Huizen
Sondersendung für das AA	Huizen

125) Arbeitsbericht der Abteilung Rundfunk vom 1. bis 30. November 1942. RvO, A'dam. Archiv-GKzbV, HAVP 46 a. Im Mai 1943 wurde als Reaktion auf die verstärkte feindliche Rundfunk-Propaganda der Sender Hilversum II (Lopik) auf Wunsch von Goebbels aus dem Verband des Niederländischen Staatsrundfunks herausgenommen und für die Kriegsdauer im Rahmen der deutschen Europasender eingesetzt. Es war beabsichtigt, Hilversum II mit einem auf England ausgerichteten Programm zu betreiben. Außerdem wurde von Goebbels die Einstellung der niederländischen Sendungen über die Sender Bremen (Lopik) und Friesland (Kootwijk) angeordnet. Für den besonderen Englandsender Hilversum II mietete der Europasender wenig später, nachdem der Niederländische Staatsrundfunk aufgrund der Einziehung der Rundfunkgeräte reduziert werden mußte, zwei der vier Hilversumer Funkhäuser sowie geeignet erscheinende Mitarbeiter und Klangkörper. Aus Hilversum wurde fortan der musikalische Teil des Englandprogrammes der Sender Hilversum II und Calais gesendet, während der politische Teil über die Leitung von Berlin zugespielt wurde. Seit 29. Juni 1943 lief der ehemalige Sender Hilversum II unter der Bezeichnung Calais II. Vgl. Berichte der Abteilung Rundfunk der HAVP vom 3. Mai, 31. Mai und 29. Juni 1943. RvO, A'dam. Archiv-GKzbV, HAVP 60 b und 46 a.

Bei den Steuerungsfunktionen handelte es sich nach Darstellung der Rundfunkabteilung um den Einsatz für die Verbrauchslenkung (Frauenfunk), für die Erzeugungslenkung (Landfunk), für die Jugenderziehung (Jugendfunk) und für das Winterhilfswerk, um die allmähliche Ausschaltung der französischen, englischen und amerikanischen Unterhaltungsmusik zugunsten der niederländischen und deutschen Musik sowie die stärkere Pflege der deutschen ernsten Musik und die Heranziehung deutscher Künstler. Dazu kam politische Propaganda durch Vorträge, Reportagen, Hörspiele und in aufgelockerter Form durch das politische Kabarett und die "politischen Plaudereien" von Max Blokzijl. Schließlich gehörte zum abgelaufenen Programm der Rundfunkabteilung die stärkere Ausrichtung eines der beiden Rundfunksender auf europäische Fragen, die Werbung für den Einsatz im Osten, die Einführung von PK-Berichten in niederländischer Sprache sowie der Einsatz der niederländischen Sender für die Wehrmacht und die Truppenbetreuung.

852 Abbau

Der niederländische Rundfunk war nach Verlautbarung seiner deutschen Weisungs- und Kontrollinstanz "in den letzten zwei Jahren zu einem wirksamen propagandistischen Führungsinstrument umgebaut worden, ohne daß seine Aufgabe, zu unterhalten, dadurch beeinträchtigt wurde"[126]. Daß diese Feststellung eher rhetorische als realistischen Charakter besaß, zeigte sich in einer Reihe von Beschwerden und Klagen der Rundfunkabteilung über das angeblich so wirksame Propagandainstrument. Geklagt wurde vor allem über das mangelnde Niveau der Programmgestaltung, deren Ursachen größtenteils im Personalbereich lagen: Die mit Errichtung des "Rijksradio-omroep" aus politischen Gründen in Führungspositionen beförderten Nationalsozialisten brachten weder ausreichend rundfunkfachliche Voraussetzungen, noch genügend propagandistische Kenntnisse mit, um NS-Rundfunkpropaganda nach den Vorstellungen ihrer deutschen Kollegen zu betreiben. So hatte man an-

126) Vgl. Anm. 124.

fangs einen Ausweg darin gesehen, daß die neu in den Betrieb gekommenen Nationalsozialisten "das politische Gesicht des Rundfunks maßgebend bestimmten, während die Mitarbeiter der früheren Rundfunkgesellschaften mehr die Formgebung der Sendungen in der Hand hatten"[127]. Allerdings erwies sich diese Arbeitsteilung nach Inhalt und Form einer Sendung als wenig geeignet, funkisch wirkungsvolle Sendungen zu erzielen. Wenn die politisch Verantwortlichen z. B. ein rundfunktechnisch ungeeignetes Manuskript als Sendevorhaben akzeptierten, konnte keine formgebende oder ausführende Abteilung dieses als Grundlage zu einer propagandistisch "guten" Sendung verwerten. Mit diesen Erfahrungen schien es nach eineinhalb Jahren Niederländischer Staatsrundfunk "unerläßlich", einige Änderungen des Betriebes durchzuführen[128].

Alle Unternehmungen der Deutschen im Bereich des Rundfunks, so einschneidend sie auch sein mochten, führten letztlich zu keinem positiven Ergebnis im Sinne der NS-Propagandaführung. Die Besatzungsmacht hatte seit Beginn der Okkupation keine andere Wahl, als mit Hilfe einiger Störsender und "Verboten und Strafandrohungen ihren verbitterten Kampf gegen die alliierten Kriegsnachrichten zu führen. Sie verlor diesen Kampf, lange bevor sie den Krieg selbst verloren hatte"[129]. Was auch immer über den nazifizierten niederländischen Rundfunk verbreitet wurde, konnte von der niederländischen Bevölkerung anhand der BBC-Nachrichten überprüft und relativiert werden. So kam es, daß die deutsche Besatzungsmacht in den besetzten niederländischen Gebieten als letzten Ausweg, den sogenannten Feindsendern zu be-

---

127) Brief Tauberts an Herweijer vom 23. November 1942, RvO, A'dam. Archiv-GKzbV, HAVP 59 h.

128) Ebd., S. 3. Taubert schlug u. a. vor, für jede Sendung eine einzige und eindeutige Verantwortung vom Sendungsentwurf bis zur Aufführung sicherzustellen.

129) J. B. Th. Spaan, Pers en Propaganda, a.a.O., S. 179. Eine verschärfte Verordnung zum "Schutz vor unwahren Nachrichten und Verbot von Druckwerken" erschien am 9. Januar 1943. Danach sollte das Abhören feindlicher Sender bis zu fünf Jahren Gefängnis und mit Geldstrafe bis zu 100.000 Gulden, in schweren Fällen bis zu zehn Jahren Zuchthaus bestraft werden. Vgl. VOBL. Niederlande. VO 1/43, Abschnitt V, § 11.

gegnen, eine offizielle Bankrotterklärung der deutschen Rundfunkpropaganda erstattete: Am 13. Mai 1943, einige Tage nach dem April-Mai-Streik der Niederländer[130], ordnete der Höhere SS- und Polizeiführer, Rauter, unter Hinweis auf das vom Reichskommissar für die besetzten niederländischen Gebiete verhängte Polizeistandrecht "aus Gründen der Wahrung der öffentlichen Ordnung und Sicherheit" an[131], daß alle "Rundfunkempfangsanlagen, Zubehör- und Ersatzteile" mit sofortiger Wirkung eingezogen und beim örtlich zuständigen Polizeiverwalter abzuliefern waren, während die Drahtfunkanlagen von dieser Maßnahme unberührt blieben. Betroffen waren sowohl Privatpersonen als auch "Groß- und Kleinhändler" der Rundfunkbranche; ausgenommen waren alle Dienststellen des Deutschen Reiches, der deutschen Wehrmacht, der Waffen-SS, der deutschen Polizei und des Arbeitsbereiches der NSDAP in den Niederlanden. Ausnahmegenehmigungen sollten auf Antrag deutsche Staatsangehörige, Mitglieder der NSB und Angehörige der in der deutschen Wehrmacht und anderen Formationen freiwillig dienenden Niederländer erhalten. Bei Übertretungen sollten Höchststrafen verhängt werden.

Mit dieser Maßnahme wurde zwar das Abhören der alliierten Sender erschwert, unterbunden werden konnte es jedoch nicht. Tausende von verborgenen Rundfunkgeräten ermöglichten der niederländischen Bevölkerung weiter "schwarz" zu hören, was vor allem der Sender Oranje in den folgenden Monaten für seine bedrängten Landsleute ausstrahlte. Daneben verstärkte die Untergrundpresse die Verbreitung von Kriegsnachrichten. Den Hauptschaden dieser Maßnahme erlitt somit der Niederländische Staatsrundfunk, der nach reichlich zwei Jahren Bestehen zwei Drittel seiner Hörer und damit auch seiner Rundfunkgebühren verlor. Sein finanzieller Abstieg spiegelt sich deutlich in den Zahlen der Empfangsgeräte und Drahtfunkanschlüsse in den besetzten niederländi-

---

130) Vgl. S. 44 dieser Arbeit.

131) VOBL. Niederlande. Erlaß 48/43. Rauter hatte die Beschlagnahme der Rundfunkapparate bereits 1941 angeregt, aber dem Widerstand der Propagandainstanzen nachgegeben. Vgl. L. de Jong, Die Niederlande im zweiten Weltkrieg, a.a.O., S. 30.

schen Gebieten zwischen 1940 und 1944[132]:

Datum	Anzahl angegebener Empfangsgeräte	Anzahl Drahtfunkanschlüsse
30. 6. 1940	1.086.513	326.585
30. 6. 1941	1.188.962	222.680
30. 6. 1942	1.185.798	269.473
31. 3. 1943	-	326.651
30. 6. 1944	-	438.753

In den Sommermonaten 1943 verlor der niederländische Rundfunk nicht nur die Mehrzahl seiner Hörer, er büßte auch die Programmzeitschrift "De Luistergids" ein und hatte außerdem sein zweites Programm (Hilversum II) an den deutschen Europasender abzutreten. Nach dem "Dollen Dinsdag", im Herbst 1944, wurden nahezu alle Abteilungen des "Rijksradio-omroep" aufgelöst - die deutsche Besatzungsmacht nahm die Rundfunkpropaganda wieder selbst in die Hand.

86 Filmmaßnahmen

Nach dem niederländischen Filmgesetz gelangten vor der Okkupation nur solche Filme zur Aufführung, die von der "Centrale Commissie voor de Filmkeuring"[133] zugelassen worden waren. Hier bot sich für die deutsche Besatzungsmacht ein erster Ansatzpunkt, um rasch und gezielt in einzelne Bereiche des niederländischen Filmwesens einzugreifen. So wurde der Filmprüfungskommission, deren Leiter sein Amt am Tage der Kapitulation zur Verfügung gestellt hatte, am 20. Mai 1940 nahegelegt, weiterzuarbeiten wie bisher mit der Auflage, sogenannte Hetzfilme und Streifen mit antideutscher Tendenz abzusetzen. Es durften sogar einige hundert französische und englische Filme, die zuvor negativ bewertet worden waren, in den Spielplan der niederländischen Filmtheater aufgenommen werden[134].

---

132) J. B. Th. Spaan, Pers en Propaganda, a.a.O., S. 179.

133) Die Zentrale Filmprüfungskommission setzte sich aus Vertretern aller Bevölkerungsgruppen zusammen.

134) Vgl. J. B. Th. Spaan, Pers en Propaganda, a.a.O., S. 174.

Jedoch sollte diese relative Freizügigkeit nur wenige Wochen dauern: Am 19. Juli 1940 veröffentlichten die Generalsekretäre in den Ministerien für Inneres und für Justiz eine Verordnung "über die Vorführung von Filmen"[135], nach der in den besetzten niederländischen Gebieten nur Eigenproduktionen der Niederlande (nach dem 14. Mai 1940 durch die Zensur genehmigt), Produktionen des Großdeutschen Reiches einschließlich des Protektorats Böhmen und Mähren, nach dem 31. Dezember 1936 durch Zensur genehmigt, sowie im Gebiet des Großdeutschen Reiches zur Aufführung freigegebene Produktionen vorgeführt werden durften.

Am 4. Oktober 1940 folgte eine Verordnung der Generalsekretäre in den Ministerien für Unterricht, Künste und Wissenschaften, des Innern und für Justiz "über die Organisation des Filmwesens"[136]. Nach wochenlangen Vorarbeiten des Filmreferates der HAVP umfaßte diese "das gesamte Filmwesen und zwar Produktion, Verleih, Lichtspieltheater, Schmalfilmwesen und berufsständische Fragen"[137]. Danach wurde das Filmwesen dem Ministerium für Unterricht, Künste und Wissenschaften unterstellt, die "Zusammenfassung und Betreuung aller auf dem Gebiet des Films Tätigen" wurde dem "Nederlandsche Bioscoopbond"[138] (niederländische Betriebsorganisation der Filmberufe) übertragen, dem alle Filmschaffenden im weitesten Sinne angehören mußten[139]. Der Vorsitzende des Lichtspielbundes, der diesen gerichtlich und außergerichtlich vertrat, wurde - laut Verordnung - vom Generalsekretär des Unterrichtsministeriums bestellt und abberufen, in seiner Tätigkeit angewiesen und überwacht. Eine Einflußnahme auf alle Sparten des Films sollte künftig allein über diese Instanz möglich sein: Damit war die "Neuordnung" des niederländischen Filmwesens eingeleitet, der HAVP eine Basis zur einheitlichen Lenkung und Kontrolle des einheimischen Filmes geschaffen. Mit

135) VOBL. Niederlande. VO 57/40.

136) Ebd., VO 160/40.

137) Vgl. Wochenspiegel der HAVP, Nr. 1, a.a.O., S. 15.

138) Niederländischer Lichtspielbund.

139) Insbesondere Produktionsleiter, Regisseure, Komponisten, Manuskriptverfasser, musikalische Leiter, Aufnahmeleiter, Architekten, Kameraleute, Tonmeister, Haupt- und Nebendarsteller. VO 160/40, § 4.

Hilfe des "neugeordneten" Lichtspielbundes, der alsbald zur Filmgilde der niederländischen Kulturkammer umgebildet werden sollte, schwanden allmählich "die volksfremden Elemente aus den Theatern und Verleihbüros, während immer mehr die Aufmerksamkeit auf jene Filme gelenkt wird, die an einer gesunden Volksaufklärung und Volkerziehung im neuen Geiste mitarbeiten können"[140].

Das neuerrichtete Propagandaministerium beschleunigte diese Entwicklung. Bereits am 11. Februar 1941 erfolgte von hieraus die "Neuordnung" der "Centrale Commissie voor de Filmkeuring": Der stellvertretende Vorsitzende und die 64 Mitglieder der Kommission wurden entlassen und durch einen NSB-Funktionär mit neugebildetem Ausschuß ersetzt. Unter dem geänderten Namen "Rijksfilmkeuring" (Staatsfilmprüfstelle) begann der nazistisch orientierte Ausschuß seine Tätigkeit unter "ganz neuen Maßstäben". Zugleich wurde auch der Vorsitz des Lichtspielbundes einem niederländischen Nationalsozialisten (NSB) übertragen.

Weiter bestimmte der Generalsekretär im DVK am 9. Juli 1941 die "Pflichtvorführung von Filmen"[141], nach der die Besitzer von Lichtspieltheatern gehalten waren, "bestimmte Filme wegen ihres großen volksaufklärerischen, erzieherischen oder kulturellen Wertes vorzuführen". Schließlich regelte eine ausführliche "Filmverordnung 1941"[142] vom 20. August des Jahres das niederländische Lichtspielwesen von Grund auf. Es wurde bestimmt, daß die öffentliche Vorführung nur einem Film zu erteilen sei, der entweder in den besetzten niederländischen Gebieten hergestellt oder im Gebiet des Großdeutschen Reiches zur Aufführung freigegeben war, der die öffentliche Ordnung oder Sicherheit weder gefährdete noch störte, der den Anforderungen der "neuzeitlichen Staatsführung und Volkserziehung" entsprach (§ 2). Die Zulassung erfolgte durch den Vorsitzenden der "Rijksfilmkeuring" nach Anhörung der Mitglieder. Dessen Entscheidung konnte allerdings je-

---

140) Übersicht DVK 1941, I, S. 8.

141) VOBL. Niederlande. VO 132/41.

142) Ebd., VO 165/41. Damit trat die VO 57/40 über die Vorführung von Filmen außer Kraft.

derzeit vom Generalsekretär des DVK widerrufen werden[143].
Nach Erlaß der Verordnung wurden im ganzen Land etwa 400 Kontrolleure, zumeist NSB-Mitglieder am Ort, ernannt, die die Befolgung der Vorschriften durch regelmäßigen Filmbesuch zu überprüfen und der zuständigen Abteilung des DVK Mitteilung hierüber zu machen hatten[144].

Als einige Monate später die niederländische Kulturkammer und mit ihr die Filmgilde errichtet wurde, deren Leiter (G. J. Teunissen; NSB) bereits Vorsitzender des "Nederlandsche Bioscoopbond" und der "Rijksfilmkeuring" war, schien die "Neuordnung" des niederländischen Filmwesens komplett. Unterdessen hatte das niederländische Propagandaministerium mit der Planung und Vorbereitung eigener Filmproduktionen begonnen: "Nederland Film" wurde im August 1941 zur Herstellung von Kultur-, Dokumentar- und Propagandafilmen gegründet. Die später errichtete "N. V. Nederlandse Filmjournaal-maatschappij" erhielt als einzige einheimische Filmgesellschaft die Konzession, Wochenschauen zu produzieren. Schließlich wurde die gesamte niederländische Filmproduktion abhängig gemacht von einer Lizenz des DVK[145].

Der starke Rückgang des Filmangebots im Laufe der Besatzungszeit war ein Ergebnis der NS-Filmpolitik in den besetzten niederländischen Gebieten[146]:

Staaten	1939	1940	1941	1942	1943
USA	1.117	422	-	-	-
Deutschland	304	347	362	397	435
England	85	55	-	-	-
Frankreich	271	96	-	-	-
Niederlande	460	368	586	441	264
Italien	-	-	16	42	42
Sonstige	43	39	21	29	33
	2.280	1.327	985	909	774

143) Der Generalsekretär des DVK ernannte, suspendierte, entließ den Vorsitzenden, die Mitglieder und die stellvertretenden Mitglieder der Staatsfilmprüfstelle (§ 5).

144) Vgl. Übersicht DVK 1941 I, S. 9.

145) Verfügung Goedewaagens vom 12. Dezember 1942. Übersicht DVK 1942 II, S. 7.

146) Vgl. J. B. Th. Spaan, Pers en Propaganda, a.a.O., S. 177. Auf die Zahlen von 1944/45 wurde verzichtet, da in diesen Jahren aus Gründen der Stromersparnis viele Lichtspieltheater geschlossen blieben.

Der Filmbesuch übertraf dagegen, nach geringer rückläufiger Tendenz in den Jahren 1940 und 1941, die Vergleichsziffern der Vorkriegsjahre: In den 340 Lichtspieltheatern mit 172.840 Sitzplätzen wurden 1942 ca. 43 Millionen Besucher gezählt. Ein Zeichen dafür, daß der Wunsch der niederländischen Bevölkerung nach Ablenkung selbst die Abneigung gegenüber der deutschen Propaganda übertraf. Um sich mit einem der "nichtssagenden deutschen Unterhaltungsfilme" vom Kriegsgeschehen abzulenken, wurden selbst die propagandistisch wirkungsvollen Wochenschauvorführungen in Kauf genommen[147].

Für die Vorführung der eigentlichen Propagandafilme sorgte das DVK. Mit der rechtlichen Handhabe zur Pflichtvorführung von Filmen ausgestattet, wies die niederländische Propagandazentrale die Lichtspieltheater an, bestimmte Spiel- und Kurzfilme in den Spielplan aufzunehmen[148]: "Der ewige Jude" z. B. mußte in der Zeit zwischen August 1941 und November 1942 gezeigt werden. Die Vorführungspflicht betraf 1941 folgende kleinere Propagandastreifen: "Mit Deutschland gegen den Bolschewismus", "Mit Deutschland gegen den Kapitalismus", "Mit Deutschland für ein neues Europa", "Mit Deutschland für freie Niederlande", "Wo liegt Eure Zukunft" (Propaganda für den Arbeitsdienst) "Unsere Kolonien in der Brandung" und "Die neue Zeit bricht an". Für das Jahr 1942 handelte es sich etwa um die Kurzfilme "Germanische Freiwillige in die Waffen-SS", "Unser eigenes Land und Volk", "Männer, auf die die Niederlande bauen", "Der Feldzug im Osten", "Arbeite in Deutschland" und "Man ist nie zu alt, um zu lernen"[149]. Für März 1943 verzeichnete das DVK "Tausend Menschen, tausend Sorgen" (Propaganda für den niederländischen Volksdienst) und "Ein Tag

147) Ebd., S. 173 f. Die Teilnahme am Wochenschauprogramm wurde am 8. März 1943 zur Pflicht gemacht. Eine Verordnung des Generalsekretärs des DVK bestimmte, daß während der Vorführung der Wochenschau das Betreten oder Verlassen des Filmtheaters verboten sei, d. h. jeder Besucher gezwungen werden sollte, vor dem Hauptfilm die Propagandastreifen zu konsumieren. Eine andere Vorschrift besagte, daß während der Vorführung der Wochenschau nicht gelacht, gehüstelt oder auf andere Weise Mißbilligung oder Spott gezeigt werden dürften.

148) Vgl. Übersicht DVK 1941 II, S. 7.

149) Vgl. Übersicht DVK 1942 I, S. 6.

voller Spannung" aus der Serie "Was für eine Zeit"; 1944 schließlich "Der Mensch begibt sich in Sicherheit" und "Die Jugend tritt an" (Propaganda für die niederländische Arbeitsfront) sowie "Selbstschutz ist Selbsterhaltung" (Propaganda für den Luftschutz)[150].

87) <u>Propagandaaktionen</u>

Ähnlich wie die Propagandaabteilung des RMVP waren die entsprechenden Abteilungen und Referate der HAVP und des DVK in Den Haag für alle politischen, kulturpolitischen, wirtschaftspolitischen, rassenpolitischen Propagandaaktionen, für Veranstaltungen, Ausstellungen, Repräsentation u. ä. zuständig. Als Propagandamittel dienten die wichtigsten Medien Presse, Rundfunk und Film, aber auch Plakate, Spruchbänder, Flugblätter, Maueranschläge, Fahnen usw., gewöhnlich unter Straßenpropaganda subsummiert; daneben wurden vor allem Propagandaschriften und -broschüren eingesetzt[151]. Die Wahl der Mittel entsprach der politischen Entwicklung in den fünf Besatzungsjahren. Nach der schematischen Untergliederung der Okkupation in drei Phasen, die von den Kriegsumständen und den jeweils dominierenden deut-

150) Vgl. Übersicht DVK März 1943, S. 2. Übersicht DVK im ersten Vierteljahr 1944, S. 6.

151) Abgesehen von den Propagandasymbolen, die auf Briefmarken, Münzen, in öffentlichen Gebäuden usw. angebracht wurden. - Das Referat Aktivpropaganda gab in den ersten Besatzungsmonaten u. a. eine Führer-Broschüre heraus, "betreute" eine Rundreise deutscher Journalisten in den Niederlanden, eröffnete eine Freimaurerausstellung und unterstützte vor allem die Propagandaleitung der NSB bei ihren Aktionen. Vgl. die Wochenspiegel der HAVP. - Zur Routinearbeit des Propagandareferates gehörte die Organisierung von unzähligen kleinen Kulturveranstaltungen, die in Zusammenarbeit mit NSDAP, NSB, KdF, Vreugde en Arbeid (KdF-Pendant), Nederlands-Duitse Kultuurgemeenschap, Truppenbetreuung und privaten Veranstaltern (Koning) durchgeführt wurden. Zwischen 600 und 800 Veranstaltungen monatlich boten etwa die Operette "Lisa benimm Dich", das Ensemble "Jubel", die Kapelle Rudi Paetzold, den Dichter Rudolf Kienau, einen Vortrag von Prof. H. Merx, die Tegernseer Bauernbühne u. ä. RvO, A'dam. Archiv-GKzbV, HAVP 20 d-e. Veranstaltungspläne des Referates Aktivpropaganda.

schen Repräsentanten (Seyß-Inquart, Schmidt, Rauter) geprägt waren, lassen sich auch drei Propagandaformen unterscheiden:

1. Phase der Versprechungen - indirekte Propaganda/Werbung
2. Phase der Gebote und Verbote - direkte Propaganda
3. Phase des Terrors[152] - indirekte Propaganda/Subversion

Aus der Fülle des NS-Propagandaaufgebots in den besetzten niederländischen Gebieten seien einige charakteristische Aktionen skizziert.

871 Phase der Versprechungen

Kennzeichnend für die Phase der Versprechungen war eine Äußerung Seyß-Inquarts in seiner Antrittsrede vom 29. Mai 1940[153], nach der die Deutschen nicht in die Niederlande gekommen waren, "um ein Volkstum zu bedrängen und zu zerstören und um einem Lande die Freiheit zu nehmen", sondern um als "Schützer und Förderer" des "blutsnahen" Volkes für ein neues Europa einzutreten. Die Sympathiewerbung gehörte, laut Seyß-Inquart, mit zu seinen von Hitler erhaltenen Instruktionen[154]. Sie wurde im Rahmen von Wiederaufbauarbeiten, Kinderverschickungen und -bescherungen, Winterhilfsaktionen praktiziert, propagandistisch verpackt und über Presse, Rundfunk und Film verbreitet. "Der Wiederaufbau des Landes", hieß es etwa in Seyß-Inquarts erstem Bericht an Hitler[155], "wurde für die Niederländer in den Vordergrund gerückt. Anläßlich eines Besuches in Middelburg wurde die Bedeutung der Erhaltung historischer Baudenkmäler als Ausdruck des Gestaltungswillens eines Volkes hervorgehoben; durch die Errichtung eines Wiederaufbaufonds die soziale Seite dieser Aktion betont." An

---

152) Die Gliederung der Besatzungszeit nach den genannten Phasen stammt von A. F. G. Hoesel, zit. bei J. B. Th. Spaan, Pers en Propaganda, a.a.O., S. 133.

153) A. Seyß-Inquart, Vier Jahre in den Niederlanden, a.a.O., S. 7 ff.

154) Vgl. Aussagen Seyß-Inquarts nach dem Kriege. IMT XV, S. 698-699.

155) 1. Bericht Seyß-Inquarts, a.a.O., S. 422/23.

Ort und Stelle überzeugte sich der Reichskommissar von den in den Maitagen verursachten Kriegsschäden[156], um diese in möglichst kurzer Frist beseitigen zu lassen[157]. Beim Abschied und Empfang von 6.000 niederländischen Kindern, die im Sommer 1940 in den "Heimatgau des Führers" verschickt wurden, war Seyß-Inquart zugegen[158]. In der Pose des Wohltäters bereiste er auch die Provinzen seines "Reiches"[159] und "betreute" am 5. Dezember 1940 persönlich "eine Kinderbescherung für die armen Glasbläserkinder" in Leerdam[160]. Die Kinderverschickung nach der Ostmark hatte sich, nach Angaben des Referates Aktivpropaganda der HAVP, "stimmungsmäßig sehr positiv ausgewirkt", die Kinderbescherung war "propagandistisch von außerordentlicher Wirksamkeit"[161].

Die wohl größte "soziale" Propagandaaktion des Reichskommissariats in den ersten Monaten der Okkupation schloß sich an die

---

156) Seyß-Inquart besuchte am 12. Juni 1940 Middelburg, am 21. Juni 1940 Rotterdam, am 22. Juni 1940 Utrecht, Rhenen, Arnhem und Nijmegen. Vgl. DZN vom 12. Juni 1940, S. 6. DZN vom 22. Juni 1940, S. 4. DZN vom 23. Juni 1940, S. 4.

157) Aus diesem Grunde wurde auch am 15. Juli 1940 der "Nederlandsche Opbouwdienst" ins Leben gerufen, deren Aufbauarbeiten monatelang propagandistisch verwertet wurden. Unter der Leitung von Major J. N. Breunese arbeiteten niederländische Berufsoffiziere und ihre Mannschaften als relativ unpolitische Organisation am Wiederaufbau der zerstörten Gebiete. Auf seinem Höchststand im Juli 1940 erreichte der Aufbaudienst 64.000 Mann. Vgl. W. Warmbrunn, The Dutch under German Occupation, a.a.O., S. 46. Vgl. auch Chronologisch Overzicht, S. 781.

158) Während der Ferien in Österreich wurden die Kinder von Reportern begleitet. Vgl. DZN vom 22. Juli 1940, S. 1, vom 11. Juli 1940, S. 4, vom 28. Juli 1940, S. 3, vom 14. August 1940, S. 3, vom 2. Oktober 1940, S. 8.

159) Seyß-Inquart besuchte im Sommer 1940 u. a. am 19. Juni Delft am 23. Juni Amsterdam, am 29. Juni Friesland und Groningen, am 30. Juni Zwolle und Drente, am 1. und 2. August Limburg, am 4. August Amsterdam usf. Die Daten sind der DZN, jeweils am folgenden Tag entnommen.

160) Wochenspiegel der HAVP, Nr. 3, S. 4.

161) Wochenspiegel der HAVP, Nr. 1, S. 16, Nr. 3, S. 4.

Errichtung der "Stichting Winterhulp Nederland" (WHN), die dem deutschen Winterhilfswerk nachgebildet war[162]. Mit diesem "Hilfsfonds" für "bedürftige niederländische Staatsangehörige" sicherte sich die deutsche Besatzungsmacht das Monopol im Bereich der Wohlfahrt[163]. Nach außen hin als niederländische Einrichtung mit gänzlich unpolitischem Charakter deklariert, wurde die WHN in Wirklichkeit von der HAVP vorbereitet, organisiert, propagandistisch unterstützt und gesteuert mit dem Ziel, möglichst breite Schichten der niederländischen Bevölkerung für die NS-Sozialpolitik zu gewinnen[164]. Am 4. Dezember 1940 wurde die niederländische Presse angewiesen[165], "die bevorstehende WHN-Sammlung ... nach Kräften durch intensive Propaganda zu fördern". Das Referat Aktivpropaganda als zentrale Propagandainstanz der WHN legte vor allem Wert "auf die möglichst sofortige Betreuung der Bedürftigen", da die "praktische, allen ins Auge fallende Hilfe zugleich auch die beste Propaganda für die Ankurbelung der Gebefreudigkeit bedeutet"[166]. Zur Aktivierung und Ausrichtung der im ganzen Land verstreuten Mitarbeiter der WHN gab das Propagandareferat Schulungsbriefe heraus, deren erste gedruckte Auflage 50.000 Exemplare betrug[167]. Das Referat Bildpresse setzte für die zum Jahreswechsel stattfindende WHN-Sammlung "entsprechende Bildberichter" ein, "damit gutes propagandistisches Material in die Presse kommt"[168]. Am 6.

---

162) Erlaß des Reichskommissars für die besetzten niederländischen Gebiete vom 22. Oktober 1940. VOBL. Niederlande. VO 186/40.

163) W. Warmbrunn, The Dutch under German Occupation, a.a.O., S. 46. Der Stiftung WHN folgte am 28. Juli 1941 die des "Nederlandse Volksdienst" (NVD), der der NSV nachgebildet wurde.

164) Vgl. Documentatie, a.a.O., S. 376.

165) SR vom 4. Dezember 1940.

166) Wochenspiegel der HAVP Nr. 4, S. 6.

167) Vgl. die Wochenspiegel der HAVP, Nr. 6, S. 3, Nr. 8, S. 3, Nr. 10, S. 6.

168) Wochenspiegel des Referates Bildpresse für die Beauftragten in den Provinzen vom 22. Januar 1941, RvO, A'dam. Archiv-GKzbV, HAVP 44 e.

Januar 1941 wurde die Presse "erneut aufgefordert, propagandistische Äußerungen namhafter Persönlichkeiten zu Gunsten des holländischen Winterhilfswerks an auffallender Stelle zu bringen"[169]. Am 11. März 1941 wurde auf Anregung der WHN "ein erneuter Appell an die auf der Pressekonferenz vertretenen Blätter gerichtet, von sich aus diese Aktion in verstärktem Maße zu fördern" und bestimmt, "daß eine Presseverlautbarung der WHN in besonders guter Aufmachung und wörtlicher Wiedergabe in Kastenform auf der ersten Seite zu veröffentlichen war". Am 16. April 1941 übermittelte die WHN den Blättern ein Memorandum über Notzustände in den Niederlanden, "das nach einer Auflage der Presse-Abteilung in den Donnerstagabendausgaben in guter Aufmachung auf der ersten Seite erscheinen soll"[170].

Die Winterhilfspropaganda, im Sommer 1941 mit der des neuerrichteten "Nederlandse Volksdienst" (NVD) koordiniert, war exemplarisch für die Sympathiewerbung der deutschen Besatzungsmacht auf der ideologischen Basis von "Rasse und Reich". Mit Hilfe von sozialen und pseudosozialen Lockmitteln sollte die Nazifizierung der niederländischen Bevölkerung gefördert, die "germanische" Zusammenarbeit zwischen Deutschen und Niederländern angebahnt werden[171].

872 Phase der Gebote und Verbote

Bereits in der "Neujahrsbotschaft" des Reichskommissars für das Jahr 1941 zeichnete sich ab, daß die Phase der Versprechungen,

169) SR vom 4./6. Januar 1941.

170) SR vom 11. März 1941 und vom 16. April 1941.

171) Vgl. Documentatie, a.a.O., S. 377. Der Leiter des Münchener Büros der NSV, Hilgenfeldt, äußerte in einem Interview am 16. Juli 1942 in Den Haag: "Ihr Land besitzt dieselben biologischen Voraussetzungen wie das unsere. Auch in Deutschland entsprang diese Idee einem sehr kleinen Kreis und entwickelte sich von hieraus weiter. Adolf Hitler hat mit sieben anderen das gesamte Volk für seine Idee gewonnen. Ich bin der Ansicht, daß die Winterhilfe Niederlande einmal auf dieselbe Weise eine Symphonie der Gemeinschaft werden wird wie im Reich".

ohne Gegenleistungen von Seiten der niederländischen Bevölkerung zu erwarten, auslief. Nun war der Zeitpunkt gekommen, argumentierte Seyß-Inquart, da mit dem Aufbau eines neuen Europa begonnen werden müsse. Nun standen auch die Niederländer vor der Wahl: "Mit uns oder gegen uns!"[172]. Dementsprechend nahm die Propaganda der deutschen Besatzungsmacht künftig direktere, aggressivere Formen an: Die Einrichtung der unzähligen NS-Institutionen (u. a. Nederlandse Arbeidsdienst, Nederlandse Landstand, Nederlandse Volksdienst, Vrijwilligerslegioen Nederland) wurde mit großem propagandistischen Aufwand begleitet. Antisemitische und antienglische Propagandakampagnen häuften sich, insbesondere nach dem Amsterdamer Februarstreik. Die Propaganda zur Verbesserung der Ernährungslage wurde intensiviert (Erzeugungsschlacht, Kampf dem Schwarzhandel, dem Schwarzschlachten usw.). Offensichtlich begannen militärstrategische Überlegungen teilweise die politischen Gesichtspunkte der Anfangsphase zu verdrängen.

Als Höhepunkt der verschiedenen Propagandaaktionen zur Kriegslage, erfolgte im Sommer 1941 - nach dem deutschen Einfall in die Sowjetunion - die sogenannte V-actie[173]: "V = Victorie, want Duitsland wint voor Europa op alle Fronten" hieß die nationalsozialistische Losung gegen den Bolschewismus, die zugleich auch eine verschärfte Propaganda gegen England und das Haus von Oranien mit sich brachte[174]. Im Auftrag Goebbels'[175] wurde die V-Kampagne als Reaktion auf die vorangegangene V-Propaganda der Engländer inszeniert. Während die Niederländer das

---

172) A. Seyß-Inquart, Ins neue Jahr, DZN vom 31. Dezember 1940, S. 1.

173) V = Sieg, denn Deutschland siegt für Europa an allen Fronten.

174) Unter dem Schlagwort "Oranjebolschewisme" wurde das Zusammengehen der niederländischen Königin mit den Alliierten, vor allem mit den russischen "Untermenschen" gebrandmarkt. Vgl. J. B. Th. Spaan, Pers en Propaganda, a.a.O., S. 160.

175) Vgl. Bericht Finks an alle Beauftragten des RKs und ihre Propagandareferenten vom 17. Juli 1941. RvO, A'dam. Archiv-BRK (Zeeland), T 179812-5.

Morsezeichen V längst als Symbol des Widerstandes benutzten, übernahmen die Nationalsozialisten den Siegesruf ihrer Gegner als eigenes Propagandainstrument - und dokumentierten damit ihre Vorliebe für Humor, wie Fink den niederländischen Pressevertretern am 17. Juli 1941 zu verstehen gab[176].

Die großangelegte V-Aktion des Reichskommissariats, die vom 18. Juli bis zum 5. September 1941 dauern sollte, war von der HAVP bis ins Detail vorgeplant. Unter der Leitung Finks wurden sowohl die NSB als auch die NSDAP aufgefordert, "eine große Propagandaaktion gegen die von England in den besetzten Gebieten verbreitete Aktion 'V'" zu unterstützen. Die Einzelanweisungen über den Einsatz der verschiedenen Propagandamittel lauteten[177]

"1. Ab 18. Juli 1941, nachts 0,^{oo} Uhr, werden zunächst in den Großstädten Amsterdam, Den Haag, Rotterdam und Utrecht grosse Transparente an öffentlichen Gebäuden, Bahnhöfen und über die Strassen gespannt mit der Inschrift 'V dat is Viktorie, dat is Duitschland wint voor Europa op alle fronten.'
2. Gleichzeitig werden über drei Millionen kleine Handklebezettel durch Angehörige der NSB und NSDAP an Automobile, Strassenbahnen, Wände, Zäune usw. geklebt.
3. Die deutschen und niederländischen Nationalsozialisten tragen ausserdem neben dem Parteiabzeichen ein orange V-Abzeichen aus Metall.
4. Auf grossen öffentlichen Plätzen werden Kioske aufgestellt, etwa 3 m hoch und mit der gleichen Parole. Eine Seite bleibt offen für ein grosses Plakat. Die Säulen tragen einen Hoheitsadler.
5. Weiter werden auf öffentlichen Plätzen grosse Wandkarten in Kästen aus Holz aufgestellt, die von den Dienststellen der Partei täglich auf den Stand des Wehrmachtsberichtes gebracht werden.
6. Durch die Firma 'Remarco' werden an öffentlichen Anschlag-

---

176) Vgl. J. B. Th. Spaan, Pers en Propaganda, a.a.O., S. 160.

177) Bericht Finks an den GK für Verwaltung und Justiz vom 18. Juli 1941. RvO, A'dam. Archiv-GKzbV, HAVP 19 c.

flächen, aber auch an öffentlichen Gebäuden, Bretterzäunen und Häusern grosse Plakate geklebt, die ebenfalls nur die Parole tragen. Auf diese Plakate werden später kleinere Plakate geklebt mit den Wehrmachts-Siegesnachrichten, die in den nächsten Tagen zu erwarten sind.

7. Die Dienststellen beider Parteien tragen weisse Fahnen mit orange V.
8. Mitglieder beider Parteien werden mit Schablonen und Leimfarbe auf Trottoire und Bretterzäune ebenfalls die Parole schreiben.
9. In der Presse wird der Wehrmachtsbericht jetzt stets auf der ersten Seite in einem besonderen Kasten gebracht werden, an dessen Kopf steht 'Deutschland kämpft für Europa'. Bei Sondermeldungen wird der Kopf gewechselt in die Worte der Parole.
10. Der Rundfunk gibt das Morsezeichen für V (drei Punkt/Strich) vor und nach dem Wehrmachtsbericht und wird dieses Morsezeichen musikalisch in gesteigerter Form weiterhin in die Sendungen einfügen. Der Sender Bremen-Friesland hat als neues Pausenzeichen das Deutschland-Motiv mit anschliessendem dreimaligem V-Morsezeichen. Der Sender Hilversum wird das musikalische Motiv 'Gloria-Viktoria' für die Zeit der Aktion wählen.
11. In der Wochenschau wird am Schluss ebenfalls das V-Motiv bildlich und musikalisch gebracht.
    Es ist ausserdem zu erwarten, dass auf weithin sichtbaren Plätzen, wie Fabrikschornsteinen, unzugänglichen Brücken usw. Transparente angebracht werden."

Für den ersten Bedarf ließ die HAVP u. a. folgendes Propagandamaterial anfertigen: je 20 Transparente (20 mal 2 m) für Amsterdam, Den Haag, Rotterdam, je 5 Transparente für die 11 Provinzhauptstädte, ferner 550 Transparente (8 mal 1.20 m) für die Dienststellen des Reichskommissariats, der NSB und der NSDAP; 250 Fahnen (2 mal 1.20 m); 2.000 Karten von Europa für je 10 Plakatständer mit aufklappbarem Oberteil und Drahtverspannung für Amsterdam, Rotterdam und Den Haag und je 2 für die Provinzhauptstädte; 250.000 schwarz-weiß-rote V-Abzeichen (2 cm); 1.500 Schablonen[178].

Die Propagandareferenten der Beauftragten wurden von Fink angewiesen, täglich ein kurzes Fernschreiben an die HAVP durchzugeben, in dem über die Wirkung der Propagandakampagne berichtet, Verbesserungsvorschläge eingereicht und auftretende Gegenpropaganda sofort gemeldet werden sollten. Diese Aktion, so hieß es, "wird vom Führer außerordentlich genau beobachtet, weshalb wir dafür sorgen müssen, daß sie 100%ig durchschlägt. In zwei bis drei Wochen muß der Fall der englischen V-Propaganda ausgestanden sein"[179].

In den Jahren 1942/43 folgten andere Propagandaaktionen, oftmals vom DVK entworfen und der HAVP zur Genehmigung vorgelegt: Etwa eine weitere Aktion "Erzeugungsschlacht"[180] oder die Aktionen "Arbeit und Gewinn" und "1. Mai"[181]. Routinepropaganda lieferte das DVK vor allem in Form von Propagandablättern (Orde, Victorie, Blokkade, Toekomst u. a.) mit ca. 2 Millionen Auflage monatlich, mit einer gleich starken Auflage Broschüren (Landesverraders, Voor het te laat is, Kamp-serie, Boerenland in Boerenhand, Onze voorouders, Opbouw-serie), mit Filmen, Plakaten, Wandzeitungen, Reimbüchern, Diapositiven.

Auf dem Höhepunkt der Nazifizierungsbestrebungen, in der sogenannten Phase der Gebote und Verbote, ergoß sich ein Propagandastrom über das Land, der der von Goebbels propagierten "totalen" Kriegführung entsprach.

---

178) Vgl. den Bericht Finks an alle BRK vom 17. Juli 1941.

179) Ebd., S. 3.

180) Plan voor een propagandaactie in zake de voedselvoorziening, 1942. RvO, A'dam. Archiv-DVK, PG 120, 12.

181) Vgl. Übersicht DVK 1942 I, S. 7.

873 Phase des Terrors

In den letzten Monaten vor Kriegsende offenbarte sich die ausweglose Situation der deutschen Besatzungsmacht immer deutlicher. Die vom Reichskommissar erteilte "Anweisung zur Propaganda" vom 20. Oktober 1944[182] suchte die uneingestandene Niederlage mit Rechtfertigungen und Anschuldigungen zu decken: "Es muß immer wieder auf die verschiedenste Weise darauf verwiesen werden, daß die schwierige Kohlen- und Lebensmittelversorungslage, die für die westlichen Gebiete im Laufe des Winters zu einer Katastrophe werden kann, auf das Verhalten der Feindseite zurückzuführen ist ... Die Propaganda ist darauf abzustellen, daß die von so vielen Niederländern gewünschte Invasion und die versuchte Befreiung der Niederlande durch unsere Feinde die Ursache der Schwierigkeiten und allfälligen Katastrophen ist ... Die Niederländer verdanken daher ihre heutige Notlage dem Versagen, ja mehr noch dem verbrecherischen Prestigebedürfnis der Londoner Emigranten, die heute mit ihrem Geschrei ihre Verantwortung und Schuld für die Notlage in den Westgebieten abzuwälzen und zu vertuschen suchen." In der Phase des Terrors mit ihren Strafandrohungen, Standgerichten, Geiselerschießungen, Todesurteilen zeigten sich die Nazifizierungsmethoden der vorangegangenen Jahre als überholt. Spätestens nach dem sogenannten Dollen Dinsdag, als die Niederländer fälschlicherweise ihre Befreiung feierten, und dem sich anschließenden Eisenbahnerstreik während der Schlacht um Arnhem wurde deutlich, auf wessen Seite die niederländische Bevölkerung stand[183].

Dieser Situation paßte sich das Referat Aktivpropaganda mit verschiedenen Formen der Subversivpropaganda an, die teilweise bereits seit 1943 in Gebrauch waren. Damals hatte die HAVP mit der Verbreitung "von tausenden künstlich nachgemachter illegaler Blätter" begonnen (u. a. die bedeutendsten: Trouw, De Waarheid, Ons Volk), um mit ihrer Hilfe Verwirrung und Unsicherheit in die proalliierten Bevölkerungskreise zu tragen. Diese teil-

---

182) RvO, A'dam. Archiv-GKzbV, HAVP 21 aa.

183) Vgl. L. de Jong, De Bezetting V, a.a.O., S. 53 f., 76 f. W. Warmbrunn, The Dutch under German Occupation, a.a.O., S. 14 f.

weise von im KZ Vught gefangengesetzten Druckern hergestellten, raffinierten Imitationen erweckten den Eindruck von echten Untergrundzeitungen - allein in einigen Passagen waren antideutsche durch antialliierte Tendenzen ersetzt[184].

Eine andere Form der Subversion, "ein Vorbild für indirekte Propaganda"[185] erfand die HAVP mit der Zeitschrift "De Gil" (gellender Schrei), dem "periodisch erscheinenden Organ für die nüchternen Niederlande"[186]. Als quasi antideutsches Blatt mit anti-NSB-Tendenz, im legalen Straßenverkauf erhältlich, griff "De Gil" die Niederländer packende Probleme (z.B. die bevorstehende Invasion) heraus, stellte diese vorgetäuscht freimütig zur Debatte, um anschließend ironisch oder brutal mit den Ängsten und Sorgen der zwischen Hoffnung und Hoffnungslosigkeit schwankenden Bevölkerung zu spielen: Denkbarer Nachkriegsterror der Bolschewisten z. B. wurde ausgemalt oder ein "Massengrab Niederlande" als Folge möglicher alliierter Bombenangriffe auf Nordseedeiche und -schleusen besungen. Obwohl die Niederländer begriffen, daß es sich bei "De Gil" um kein illegales Blatt handelte, konnten die 14 erschienenen Nummern mit einer Auflage von 150 - 200.000 Exemplaren vertrieben werden[187].

Als sich die HAVP nach dem "Dollen Dinsdag" auf einen kleinen Propagandastab reduzierte und jene subversiven Publikationen eingestellt wurden, übernahm der "Kampfsender" Hilversum, wie die niederländische Rundfunkstation mittlerweile hieß, die Gil-Propaganda und setzte sie im sogenannten Radio-Gil-Club noch eine Zeitlang fort.

---

184) Vgl. P. Rijser, Nazi-propaganda in bezet Nederland, a.a.O., S. 197 f. Täuschungsmanöver dieser Art wurden auch mit Pamphleten und Broschüren durchgeführt.

185) J. B. Th. Spaan, Pers en Propaganda, a.a.O., S. 168.

186) Vgl. Faksimile "De Gil", Nr. 1, ebd., S. 197.

187) Der Einfluß der subversiven Propaganda war, wenn auch nicht überwältigend, so doch größer als der der üblichen NS-Propaganda. Schon aus Neugier wurde der Blickfänger "De Gil" gekauft, dessen Inhalt teilweise sogar Humor verriet. Vgl. P. Rijser, Nazi-propaganda in bezet Nederland, a.a.O., S. 198.

Im übrigen schrumpfte die Propaganda der deutschen Besatzungsmacht aus technischen und materiellen Gründen Ende 1944 auf ein Minimum zusammen: "So endete die Nazipropaganda in den Niederlanden, indem sie das wahre Gesicht des Nationalsozialismus zeigte: dynamisch, negativ und destruktiv"[188].

188) Ebd.

9 Gegenmaßnahmen des Widerstandes: Die Untergrundpresse

In den vorangehenden Kapiteln dieser Arbeit wurde zu zeigen versucht, wie das Hitlerregime neben der wirtschaftlichen Ausbeutung der Niederlande zugunsten der deutschen Kriegführung vor allem die Nazifizierung der niederländischen Bevölkerung anstrebte.
Anschließend stellt sich die Frage, inwieweit Besatzungspolitik und Besatzungspropaganda des Reichskommissariats und seiner Hilfsorgane diesen Zielsetzungen nachkamen. Werner Warmbrunn, der die niederländische Reaktion auf die deutsche Besatzungsmacht besonders ausführlich analysiert[1], kommt zu dem Schluß, daß die Bestrebungen Hitlers, der niederländischen Wirtschaft einen Maximalbeitrag abzufordern, ohne die öffentliche Ordnung und das öffentliche Leben in den besetzten Gebieten ernstlich zu gefährden, im großen und ganzen erfolgreich waren, die ideologischen Bekehrungsversuche jedoch in ihrer Gesamtheit fehlschlugen[2].

Außerhalb der Kollaboration (vor allem der einheimischen NS-Parteien) konnte der Nationalsozialismus in den Niederlanden nicht Fuß fassen. Im Gegenteil förderte er die passive, widerwillige Haltung weiter Bevölkerungsschichten gegenüber der deutschen Besatzungsmacht und forcierte den aktiven Widerstand kleinerer Kreise (Priester, Studenten, Ärzte, Zionisten u.a.). Dazu kam, daß die Nazifizierungsbestrebungen des Hitlerregimes, vor allem das zunehmend brutalere Vorgehen gegen die Juden

---

1) W. Warmbrunn, The Dutch under German Occupation, 1940 -1945. Stanford 1963.

2) Da die ideologische Ausgangsbasis der Expansionspolitik des Reiches die Indoktrination besonders der "germanischen" Europäer verlangte,und die Kriegslage 1940/41 einen deutschen Sieg zu versprechen schien, versuchten die Nazifizierungspolitiker, NS-Grundsätze und -Institutionen in den Niederlanden zu etablieren, noch bevor der Krieg zuende war. Ebd. S. 277.

des Landes, fortwährend mit den patriotischen, religiösen, moralischen und ideologischen Wertmaßstäben der Mehrzahl der niederländischen Bevölkerung kollidierten.

Einer der maßgebenden Gründe für das Versagen der NS-Besatzungspolitik und -Propaganda im Bereich der ideologischen Angleichungsbestrebungen lag nicht zuletzt in einer kontinuierlich wachsenden niederländischen Untergrundpresse, die sich vor allem in den letzten Kriegsjahren zu einem entscheidenden Katalysator der Widerstandsaktionen gegen den deutschen Besatzungsterror entwickeln sollte: Die erste dieser Untergrundpublikationen erschien am 15. Mai 1940 als handgeschriebenes Blatt unter dem Titel "Geuzenactie" - einen Tag nach der Kapitulation der niederländischen Truppen. Das zweite bereits zeitungsähnliche "Bulletin" verzeichnete einen Monat später eine erste Auflage von 1.200 Exemplaren[3]. Ende 1940 existierten bereits über 60 Widerstandsorgane mit einer Totalauflage von annähernd 57.000 Exemplaren. Im Zuge der Ausschaltung jeder legalen Opposition verdoppelte sich die Anzahl der Untergrundorgane im folgenden Jahr, stagnierte danach und verringerte sich sogar um einige Publikationen, während die Auflagenhöhe der vorhandenen illegalen Presse ständig zunahm. Im Dezember 1943 verzeichneten allein die fünf großen Blätter "Vrij Nederland", "Het Parool", "Je Maintiendrai", "Trouw", "De Waarheid"[4] eine Auflage von

---

3) Vgl. L. E. Winkel, De ondergrondse pers 1940-1945 (RvO, A'dam, Monografieën Nr. 6) s'Gravenhage 1954, S. 402 ff.

4) Außer den sich besonders in den letzten Kriegsjahren mehrenden reinen Nachrichtenblättern und der weitverbreiteten Gruppenpresse hatten die genannten fünf großen Blätter auf teilweise hohem intellektuellem Niveau überregionale Bedeutung: "Vrij Nederland" (Amsterdam), dessen erste Nummer vom 31. August 1940 datiert, erschien monatlich, hektographiert, seit Dezember 1941 gedruckt. Das von jungen Calvinisten gegründete und später von H. M. van Randwijk geleitete Blatt erreichte bis 1944 eine Auflage von 40.000, danach einen Anstieg auf 100.000. Tendenz: liberal-protestantisch, sozialistisch. - "Het Parool" (Amsterdam, Den Haag, Utrecht), vom Sozialisten und Journalisten F. J. Goedhart als hektographierter "Nieuwsbrief van Pieter't Hoen" eingeführt, erschien seit Februar 1941, anfangs und zuletzt wöchentlich, in der Zwischenzeit ein- bis zweimal monatlich, seit August 1941 gedruckt mit einer Auflage von 60.000 Exemplaren, für das Jahr 1944 mit →

rund 450.000 Exemplaren. Während der fünfjährigen Okkupation der Niederlande erschienen insgesamt 1.200 Untergrundzeitungen[5]. In den letzten Kriegsmonaten waren die illegalen Presseerzeugnisse weiter verbreitet als die regulären deutschgelenkten Organe.

Die niederländische Untergrundpresse war in erster Linie von der Intention geleitet, die einheimische Bevölkerung vor der Unterwerfung unter die deutsche Herrschaft zu warnen und zur Auflehnung gegen den Feind zu ermutigen[6]. Daneben hatte sie die Funktion, zu informieren - insbesondere nachdem 1943 die Rundfunkgeräte konfisziert worden waren - und innen- sowie außenpolitische Tagesereignisse zu kommentieren. Außerdem boten die illegalen Blätter ein Forum zur Diskussion von Grundsatzfragen der Okkupation sowie der Situation nach der Befreiung. Als "Gewissen der Nation" weckte die Untergrundpresse den

---

→ sätzlichen Informationsblättern seit September des Jahres mit einer Verbreitung von 100.000. Tendenz: liberal, sozialistisch. - "Je Maintiendrai" (Utrecht, Amsterdam) erschien im Januar 1943, anfangs hektographiert, seit Oktober des Jahres gedruckt mit einer Auflage von 20.000, kurz vor Kriegsende mit 40.000 Exemplaren, in den Jahren zweimal im Monat, seit 1945 wöchentlich. Tendenz: monarchistisch, nationalistisch, konservativ. - "Trouw" (Meppel, Amsterdam), deren Gründer sich von "Vrij Nederland" gelöst hatten, erschien seit Januar 1943 ein- bis zweimal monatlich mit einer Auflage von 60.000. Mit nahezu 60 Lokal- und Regionalausgaben und wöchentlich erscheinenden Nachrichtenblättern mit einer Verbreitung von 2.000.000 im Januar 1945 entwickelte sich die "Trouw" zu einem der größten und einflußreichsten Untergrundblätter der Niederlande. Tendenz: monarchistisch, orthodox-protestantisch. - "De Waarheid" (Amsterdam), Hauptwiderstandsorgan der Kommunistischen Partei, erschien seit November 1940 mit einer Vielzahl von Regionalausgaben hektographiert in unregelmäßigen Abständen mit einer Auflage von 100.000. Tendenz: Parteilinie, für konstituionelle Monarchie. Vgl. W. Warmbrunn, The Dutch under German Occupation, a.a.O., S. 225 ff. L. E. Winkel, De ondergrondse pers, a.a.O., S. 322 ff., 227 ff., 140 ff., 277 ff., 364 ff.

5) L. E. Winkel, a.a.O., S. 7.

6) Vgl. W. Warmbrunn, The Dutch under German Occupation, a.a.O., S. 221 ff.

Widerstand gegen die deutsche Besatzungsmacht. Vielfach war die publizistische Aufgabe ihrer Herausgeber eng mit einer politischen Funktion in Widerstandsorganisationen verknüpft. Zusammen mit den Kirchen spielte sie eine "entscheidende Rolle im Immunisierungsprozeß der Niederländer gegen die NS-Ideologie"[7], wenn ihren Aufrufen zum aktiven Widerstand von der Mehrzahl der Bevölkerung auch nur vergleichsweise selten Folge geleistet wurde[8].

Wie wenig die Besatzungspolitik und -propaganda im Laufe des Krieges erreichte, spiegelt sich besonders deutlich in den von den Nationalsozialisten selbst erstellten Berichten zur Lage in den besetzten niederländischen Gebieten: Vor allem die sogenannten Informations- und Stimmungsberichte des Sonderreferates Kulturaustausch im Generalkommissariat zbV und die SD-"Meldungen aus den Niederlanden" vom Generalkommissariat für das Sicherheitswesen schildern, wenn auch teilweise sehr subjektiv, die "Auswirkungen und Aufnahme der allgemeinen Propaganda, Presse- und Rundfunklenkung"[9]. Die Unzufriedenheit, mit der besonders die SS-Dienststellen die politische Entwicklung in den besetzten Gebieten verfolgten, zeichnet sich in nahezu jeder Nummer der SD-Meldungen ab: Beobachtet wurde etwa im Pressebereich "eine gewisse Zunahme der Unfreundlichkeit gegenüber Deutschland in der holländischen Presse" sowie der überragende "politische

---

7) Ebd., S. 276.

8) Oftmals zeigten sich die Untergrundjournalisten bitter enttäuscht, wenn ihre Hoffnungen auf organisierten, systematischen, kontinuierlichen Widerstand der niederländischen Bevölkerung fehlschlugen - Ausnahme: die beiden großen Streiks im Februar 1941 und April/Mai 1943. Vgl. Het woord als wapen. Keur uit de Nederlandse ondergrondse pers 1940-1945. Bronnenpublicaties Diversen Nr. 1, s-Gravenhage 1952, S. 414 f.

9) RvO, A'dam. Afd. Voorbereiding Publicaties. Voorlopig Overzicht van de "Stimmungsberichte "Lijst Nr. 1/2; Afd. Bronnenpublicaties, Lijst Nr. 3. Archiv-GKzbV, Referat Sonderfragen, Stimmungsberichte 73d, 74a. Archiv-HSSPF. SD-Meldungen aus den Niederlanden. Die "Stimmungsberichte", die von einem Vertreter des AA, Legationsrat Wickel, von 1940-1943 zusammengestellt wurden, stammten von einer Anzahl "Vertrauenspersonen", zumeist kollaborationswilligen Niederländern, von denen allerdings nur wenige der NSB angehörten.

Einfluß der englischen Nachrichtensendungen" als Ausgangspunkt "einer umfangreichen Flüster- und Gerüchtepropaganda"[10], "antideutsche Meinungsbildung" der niederländischen Tageszeitungen, die "die bisher gewährte Pressefreiheit für ihre auf die ablehnende Einstellung der Leserschaft ausgerichtete Berichterstattung auszunutzen" suchten[11], das "passive Verhalten der niederländischen Presse zu den Fragen des gemeinsamen Aufbaues und ihre mehr oder weniger spürbare deutliche Ablehnung des deutschen Standpunktes"[12], "das in den früheren Lageberichten aufgezeigte negative Bild" zur Haltung des größten Teiles der Presse[13], die Abneigung selbst der großen Tageszeitungen, "positiv mitzuarbeiten" sowie das "völlige Ignorieren der deutschen Wünsche"[14].

Je mehr sich jedoch die reguläre niederländische Presse den Anweisungen und Befehlen der deutschen Besatzungsmacht zu beugen hatte, je einförmiger und eintöniger sie somit wurde, um so mehr nahm das Interesse an den illegalen Publikationen zu. Dem SD fiel unterdessen die Aufgabe zu, den vermeintlichen "Führer", die nach Meinung der deutschen Besatzungsmacht von London aus gelenkte Organisationszentrale der niederländischen Untergrundpresse, ausfindig zu machen. Da jedoch keine solche Zentrale existierte und die "Hetzschriftenverbreitung der Opposition" im Laufe der Jahre nicht nachlassen wollte[15], richtete die Abteilung IV des Befehlshabers der Sicherheitspolizei und des SD ein besonderes Referat zur Aufspürung und Bekämpfung der illegalen Presse ein. Zweigreferate in den Außenstellen ergänzten den politischen Abwehrapparat; für größere Aktionen, etwa das "Aufrollen" der Redaktionen von "Trouw" und "Het Parool", wurden beson-

10) SD-Meldungen vom 6. Juli 1940, S. 1, 3, 4.

11) SD-Meldungen vom 5. Oktober 1940, S. 20.

12) SD-Meldungen vom 19. November 1940, S. 17.

13) SD-Meldungen vom 3. Dezember 1940, S. 21.

14) SD-Meldungen vom 28. Januar 1940, S. 17.

15) SD-Meldungen vom 22. April 1941, S. 15 und vom 16. Dezember 1941, S. 6.

dere Sachbearbeiter eingesetzt[16]. Mancher Redaktionsstab fiel diesen Unternehmungen zum Opfer[17], manches Widerstandsorgan mußte sein Erscheinen einstellen, aber die niederländische Untergrundpresse in ihrer Gesamtheit breitete sich mit jedem Tag, der das Land der Befreiung näher brachte, weiter aus.

Dieser Entwicklung standen partielle Erfolge der deutschen Besatzungsmacht gegenüber. Daß eine Partei wie die im Sommer 1940 gegründete "Nederlandsche Unie" mit ihren teilweise durchaus NS-verwandten Leitbildern eine relativ große Anhängerschaft unter der niederländischen Bevölkerung finden konnte, war ein Symptom dafür[18].

Die Mehrzahl der niederländischen Bevölkerung läßt sich jedoch weder mit dem Extrem der Kollaboration noch mit dem des aktiven Widerstandes identifizieren. Sie beugte sich widerwillig dem Arrangement mit dem Feind, wo es unumgänglich erschien, und hoffte im übrigen auf die Beseitigung der Feindherrschaft.

---

16) Die von den Deutschen abgefangenen illegalen Blätter wurden in der Abteilung III des Befehlshabers der Sicherheitspolizei und des SD "ausgewertet", die Resultate in den "Meldungen aus den Niederlanden" verwertet. Vgl. L. E. Winkel, De ondergrondse pers, a.a.O., S. 36 f.

17) Über 70 Mitarbeiter allein von "Vrij Nederland" und nahezu 120 Mitarbeiter des Blattes "Trouw" wurden hingerichtet. Vgl. W. Warmbrunn, The Dutch under German Occupation, a.a.O., S. 227 ff.

18) Vgl. J. B. Th. Spaan, Pers en Propaganda, a.a.O., S. 138. Junge Niederländer folgten dem Ruf der Deutschen an die Ostfront, in die Kriegsmarine usw. Von Spaan wie auch von Meulenbelt ("De duitse tijd") wird daneben ein Ansteigen des Antisemitismus in den Nachkriegsjahren als Folge der NS-Propaganda konstatiert. "Nederlandsche Unie": Vgl. S. 31 dieser Arbeit.

Abkürzungsverzeichnis

AA	= Auswärtiges Amt
A'dam	= Amsterdam
ADAP	= Akten zur deutschen Auswärtigen Politik
ANP	= Algemeen Nederlandsch Persbureau
AO	= Auslandsorganisation
AO	= Anordnung
AVRO	= Algemeene Vereeniging Radio Omroep
BBC	= British Broadcasting Corporation
BDC	= Berlin Document Center
BDM	= Bund Deutscher Mädel
BNO	= Berichtendienst Nederlandsche Omroep
BRK	= Beauftragter des Reichskommissars
CDI	= Collectie Duitse Instellingen
CNO	= Collectie Nederlandse Overheidsinstellingen
DB	= Dienstbesprechungen
DG	= Deutscher Generalstaatsanwalt
DGFP	= Documents on German Foreign Policy
DNB	= Deutsches Nachrichtenbüro
DVK	= Department van Volksvoorlichting en Kunsten
DZN	= Deutsche Zeitung in den Niederlanden
FOSD	= Foreign Office State Department
FU	= Freie Universität (Berlin)
Gestapo	= Geheime Staatspolizei
GKzbV	= Generalkommissar zur besonderen Verwendung
HAVP	= Hauptabteilung Volksaufklärung und Propaganda
HJ	= Hitlerjugend
HSSPF	= Höherer SS- und Polizeiführer
IfP	= Institut für Publizistik (FU/Berlin)
IMT	= International Military Tribunal
KB	= Kabinett
KdF	= NS-Gemeinschaft "Kraft durch Freude"
KRO	= Katholieke Radio Omroep
KZ	= Konzentrationslager
MK	= Ministerkonferenz
NCRV	= Nederlandsch Christelijke Radio Vereeniging
NDP	= Nederlandsche Dagbladpers
NJK	= Nederlandsche Journalistenkring
NKK	= Nederlandsche Kultuurkamer
NKR	= Nederlandsche Kultuurraad
Not.	= Notitie
NOZEMA	= Nederlandsche Omroep-Zender-Maatschappij
NRC	= Nieuwe Rotterdamsche Courant
NPP	= Nederlandse Periodieke Pers
NS	= nationalsozialistisch
NSB	= Nationaal Socialistische Beweging der Nederlanden
NSDAP	= Nationalsozialistische Deutsche Arbeiterpartei
NSNAP	= Nationaalsocialistische Nederlandsche Arbeider Partij
NSV	= Nationalsozialistische Volkswohlfahrt
NVD	= Nederlandse Volksdienst
NVV	= Nederlands Verbond van Vakverenigingen
OKH	= Oberkommando des Heeres
OKW	= Oberkommando der Wehrmacht
ORR	= Oberregierungsrat

PA = Presseabteilung
Port. = Portefeuille
PP = Provinciale Pers
PPP = Provinciale en Periodieke Pers
PTT = Staatsbedrijf der Posterijen, Telegrafie en Telefonie
PV = Persverslagen
RGBL = Reichsgesetzblatt
RK = Reichskommissar
RKK = Reichskulturkammer
RKM = Reichskriegsministerium
RMVP = Reichsministerium für Volksaufklärung und Propaganda
RR = Regierungsrat
RRG = Reichsrundfunkgesellschaft
RvO = Rijksinstituut voor Oorlogsdocumentatie
RvV = Raad van Voorlichting voor de Nederlandse Pers
RV = Reichsverteidigung
RZV = Reichsverband der deutschen Zeitungsverleger
SA = Sturmabteilung
SD = Sicherheitsdienst
SG = Secretaris-Generaal
SR = Sprachregelung
SS = Schutzstaffel
UK = unabkömmlich (zum Wehrdienst)
USS = Unterstaatssekretär
VARA = Vereeniging van Arbeiders Radio Amateurs
VB = Völkischer Beobachter
VO = Verordnung
VPRO = Vrijzinnig Protestantsche Radio Omroep
VJHZG = Vierteljahreshefte für Zeitgeschichte
WA = Weerafdeling der NSB
WHN = Winterhulp Nederland
WHW = Winterhilfswerk
ZV = Zeitungsverlag

Politische Funktionen der Generalkommissare zur besonderen Verwendung und für das Sicherheitswesen

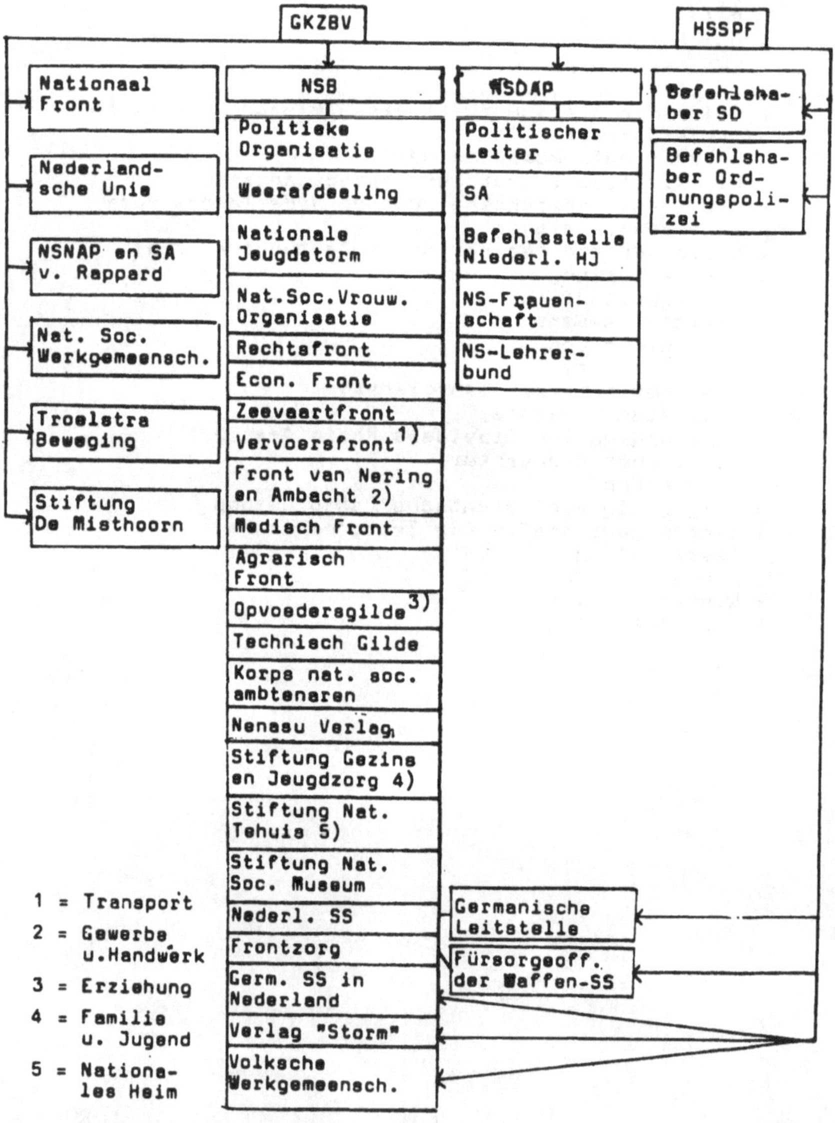

Zusammengestellt aus Angaben in Documentatie (A'dam, 1947. Vgl. Bibliographie), die 1940 und 1941 betreffen.

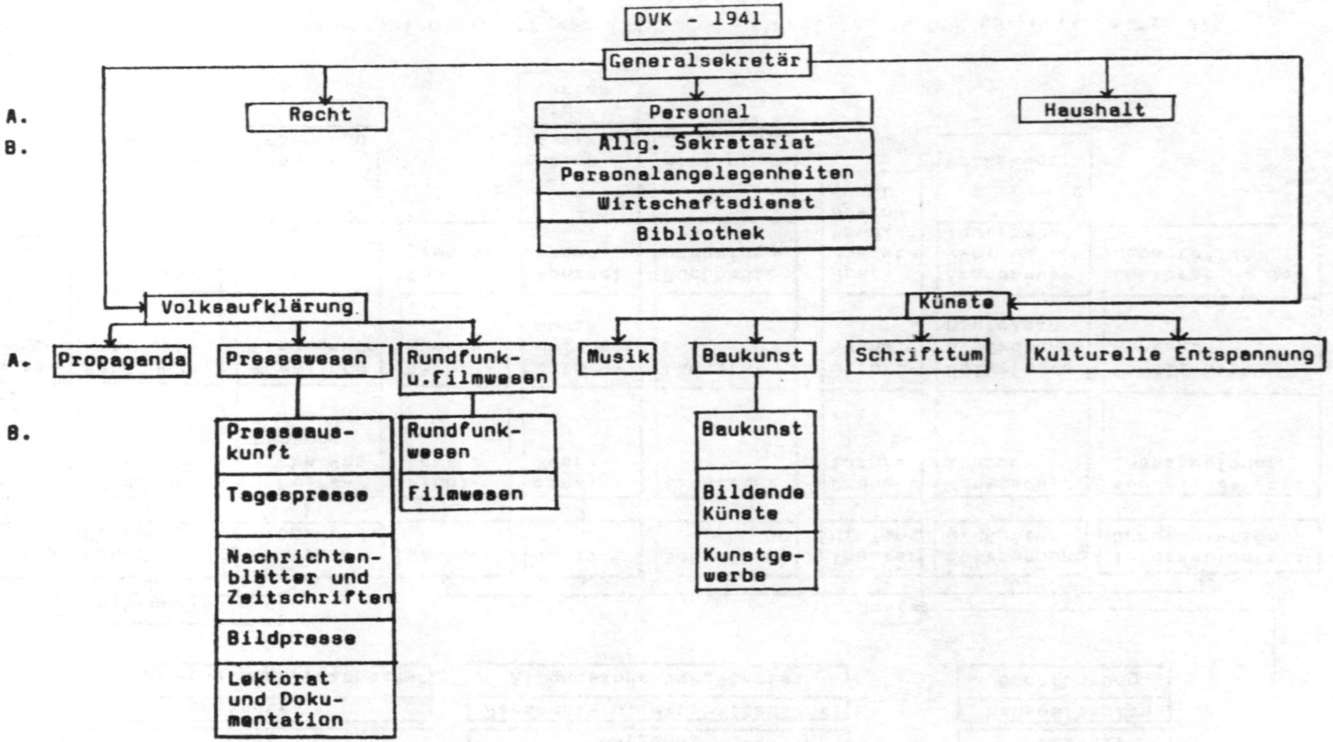

A. = Abteilung
B. = Büro

Organisationsplan des DVK von 1941. RvO, A'dam. Archiv-DVK KB, Port. g Map 275.

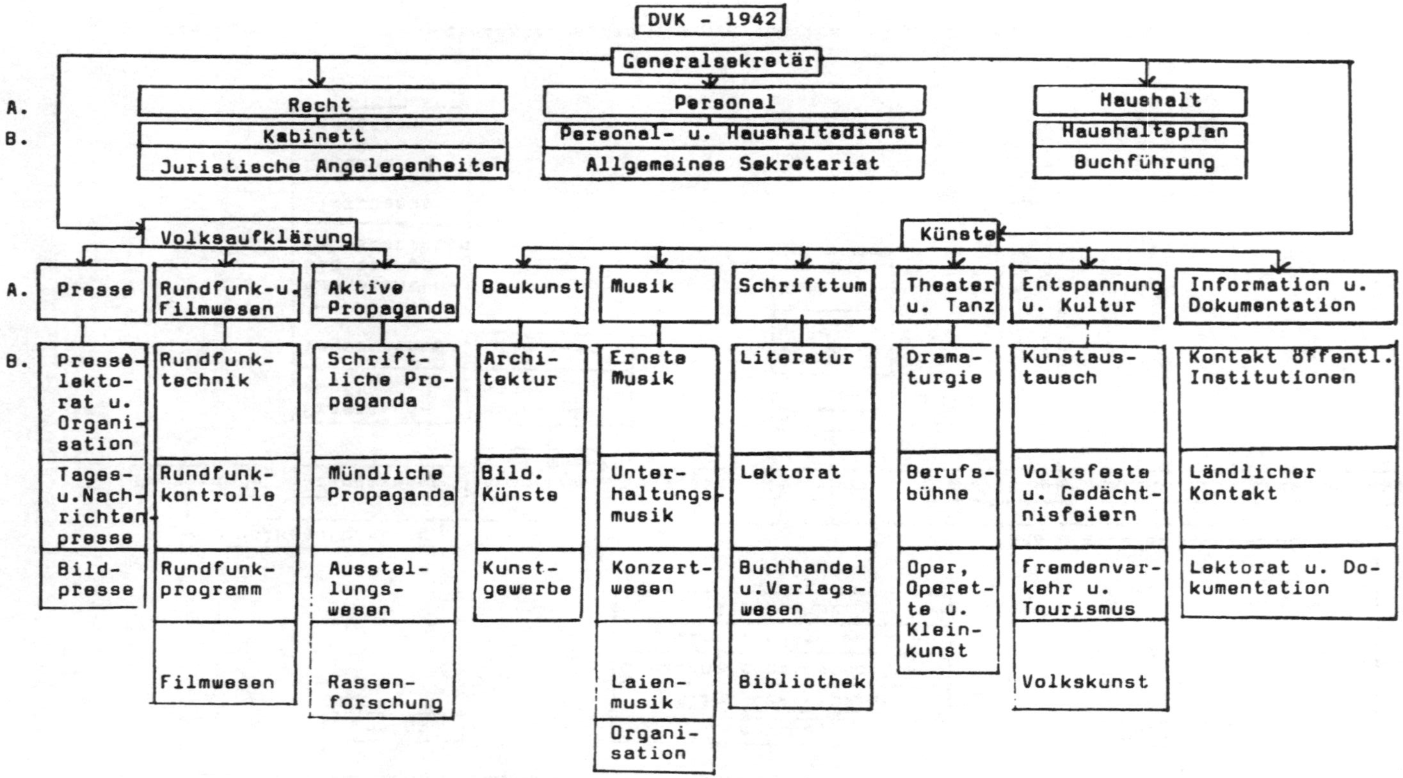

A. = Abteilung
B. = Büro

Organisationsplan des DVK von 1942. RvO, A'dam. Archiv-DVK KB, Port. g Map 275.

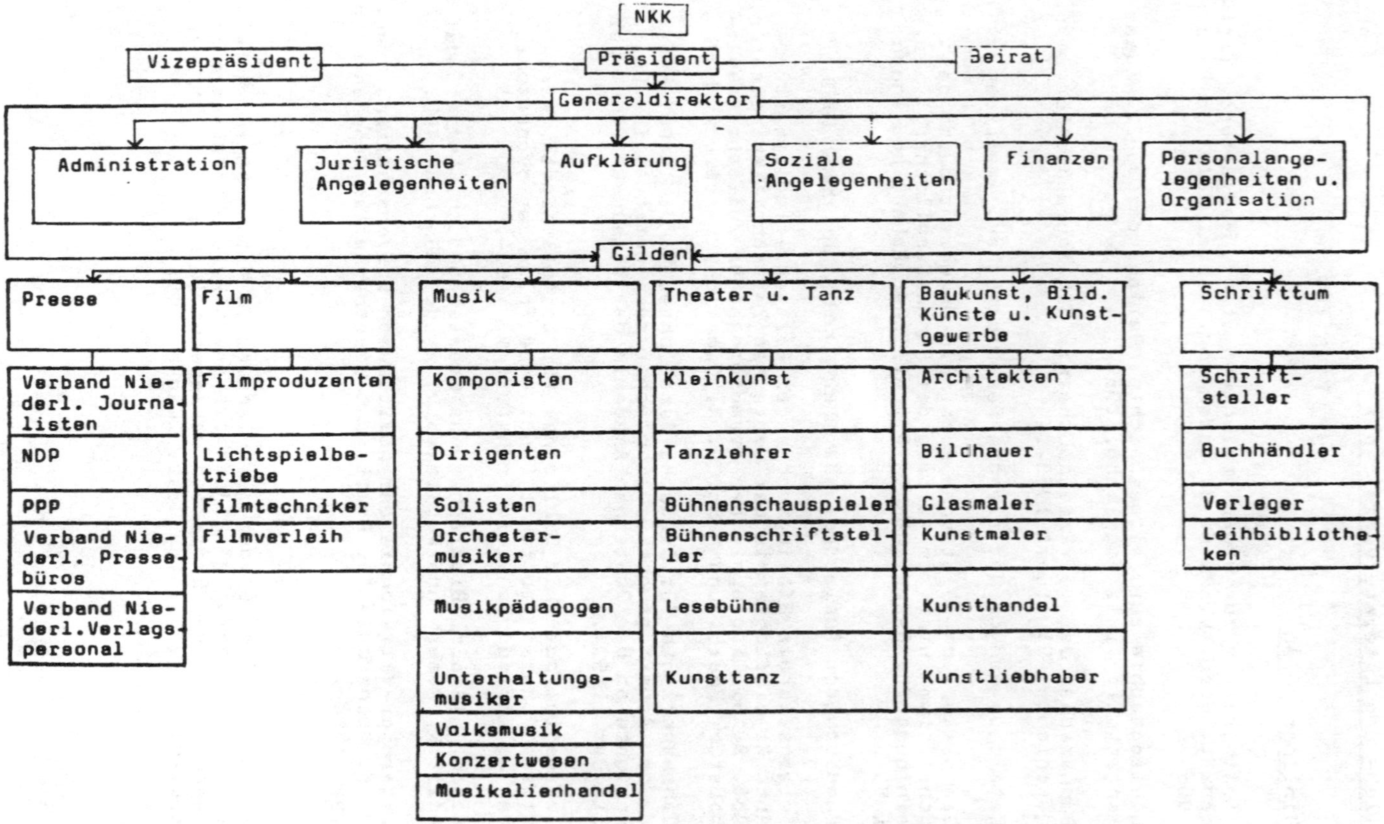

Organisationsplan der NKK von 1941. RvO. A'dam. Archiv-DVK, Port. 9 Map 275.

Quellen- und Literaturverzeichnis

A. Bibliographien

Bibliographie zur Organisation von Staat, Verwaltung, Wirtschaft. Hrsg. v. R. K. J. Badenhoop. 3 Bde. Köln und Berlin 1966.

Bibliographie zur Zeitgeschichte. Beilage der VJHZG. Zusammengestellt v. T. Vogelsang. 1953-.

Bücherschau der Weltkriegsbücherei. Bibliographie für Zeitgeschichte. Stuttgart 1953-.

Catalogus van de Nederlandse Persbibliothek. Amsterdam 1957.

Das historisch-politische Buch. Ein Wegweiser durch das Schrifttum. Hrsg. im Auftrag der Ranke-Gesellschaft. Vereinigung für Geschichte im öffentlichen Leben. Göttingen 1953-.

Handbuch der Auslandspresse. Bonn, Köln, Opladen, 1960.

Internationale Bibliographie der Zeitschriftenliteratur. Abt. A: Bibliographie der deutschen Zeitschriftenliteratur. Abt. B: Bibliographie der fremdsprachigen Zeitschriftenliteratur. Bearb. und hrsg. v. R. Dietrich. Osnabrück. 1950-.

Jahresberichte für Deutsche Geschichte. N. F. 1949-. Hrsg. v. der Arbeitsgruppe Bibliographie des Instituts für Geschichte an der Deutschen Akademie der Wissenschaften. Berlin-Ost. 1952-.

Jahresbibliographie Bibliothek für Zeitgeschichte. Weltkriegsbücherei Stuttgart 1960. Neue Folge der Bücherschau der Weltkriegsbücherei. Frankfurt/M. 1961-.

Kosch, Wilhelm. Biographisches Staatshandbuch. Lexicon der Politik, Presse und Publizistik. 2 Bde. München 1963.

Literatur-Verzeichnis der politischen Wissenschaften. Hrsg. v. d. Hochschule für Politische Wissenschaften München. München 1953-.

Nederlands Comité voor geschiedkundige Wetenschapen. Repertorium van Boeken en Tijdschriftenartikelen betreffende de Geschiedenis van Nederland verschenen in het Jaar 1941. Zusammengest. v. Aleida Gast. Leiden 1945.

Nederlands Comité voor geschiedkundige Wetenschapen. Repertorium van Boeken en Tijdschriftenartiekelen betreffende de Geschiedenis van Nederland verschenen in de Jaren 1942-1944. Zusammengest. v. Aleida Gast. Leiden 1947.

Netherlands. Regeringsvoorlichtingsdienst, s'Gravenhage. Bibliographica Neerlandica 1940-1945. Den Haag 1951.

Politische Literatur. Berichte über das internationale Schrifttum zur Politik. Hrsg. vom Institut für Politische Wissenschaft der Johann Wolfgang Goethe-Universität. Offenbach/M. 1952-. Neue Politische Literatur. Stuttgart, Düsseldorf 1959ff.

Publizistikwissenschaftlicher Referate-Dienst. Hrsg. v. Institut für Publizistik. Freie Universität Berlin. Köln u. Opladen 1965-.

B. Unveröffentlichte Quellen

1. Rijksinstituut voor Oorlogsdocumentatie Amsterdam (RvO, A'dam).

   a) Reichskommissariat für die besetzten niederländischen Gebiete

      Archiv-GKzbV.

      Stab und Geschäftsführung la. HAVP 19a-72: Abteilung Propaganda, Referat Aktivpropaganda, Referat Truppenbetreuung, Abteilung Kultur, Referat Schrifttum, Referat Wehofsich (Nederlandsch-Duitsche Kultuurgemeenschap, Nederlandsche Kultuurraad), Abteilung Presse, Referat Zeitschriften, Referat Bildpresse, Rundfunkbetreuungsstelle (Abt. Rundfunk). Referat Sonderfragen 73d. Stimmungsberichte.

      Archiv-Generalkommissar für das Sicherheitswesen.

      HSSPF 54a. Berichte über die Dienstbesprechungen bei GKzbV Schmidt.

      Befehlshaber der Sicherheitspolizei und des SD. SD-Meldungen aus den Niederlanden.

      Telexberichte. Sammlung Fernschreiben vom und für das Reichskommissariat.

      Archiv-Deutscher Generalstaatsanwalt in den besetzten niederländischen Gebieten.

   b) Kollektion-FOSD.

      Dokumentenmaterial des AA und der Reichskanzlei. Im RvO archivierte Photokopien des Foreign Office State Department.

c) Kollektion-CDI.

Originale Abschriften und Photokopien verschiedener Archive deutscher Instanzen im Reich (vor allem Dokumente des RMVP).

d) Kollektion-DZN.

Korrespondenzen und Bilanzen des Verlages der Deutschen Zeitung in den Niederlanden.

e) Archiv-DVK.

Dokumente des Generalsekretärs, der Abteilung Kabinet en Juridische Zaken, der Abteilung Propaganda.

f) Kollektion-CNO.

Dokumente niederländischer Behörden. Notulen van het College van Secretarissen Generaal (SS-GG). Archiv-Persgilde (RvV).

g) Kollektion-Documentatie.

Sammlung einzelner Dokumente von deutschen und niederländischen Instanzen.

h) Kollektion-Huyts.

Mitteilungen des ANP an die Redaktionen sowie Berichte über die Pressekonferenzen.

i) Goedewaagen Autobiographie.

j) Musserttagebuch.

k) J. C. H. de Pater, De Hauptabteilung Volksaufklärung und Propaganda in het Rijkscommissariaat en het Promi in de eerste jaren der bezetting, 1959. Ms.

l) Notities voor het Geschiedwerk en voor het Hoofdwerk

Nr. 2 L. de Jong, De duitse oorlogsarchiven.

Nr. 9 L. de Jong, Bohle en Nederland.

Nr. 10 A. E. Cohen, Gezags- en machtsverhoudingen in het nationaalsocialistische Duitsland.

Nr. 16 A. E. Cohen, Opzet en structuur van het duitse Rijkscommissariaat in Nederland.

Nr. 18 A. E. Cohen, De Organisatie van het Auswärtige Amt 1940-1945.

Nr. 26 A. E. Cohen, Ontstaan en betekenis van "Der Arbeitsbereich der NSDAP in den Niederlanden".

Nr. 29 A. E. Cohen, De instelling van het Rijkskommissariaat voor Nederland in het licht van het Noorse precident.

Nr. 31 H. Daalder, Nederland en de wereld: 1940-1945.

Nr. 47 A. J. v. d. Leeuw, Overzicht van de gebeurtenissen die leidden tot de gelijkschakeling van de nederlandse persorganisaties in zomer en herfst van 1940.

Nr. 73 A. E. Cohen, Enige formele gegevens betreffende Hitler's bemoeienis met nederlandse aangelegenheiden.

Nr. 73a A. E. Cohen, Aanvulling op notitie Nr. 73.

Nr. 80. J. C. H. de Pater, Doel van het duitse bestuur in Nederland.

Nr. 80a A. E. Cohen, Opmerkingen over notitie voor het geschiedwerk Nr. 80.

Nr. 103 N. K. C. A. in't Veld, Faschismus und Nationalsozialismus in den Niederlanden zwischen den Weltkriegen.

2. Berlin Document Center (BDC)

a) SS-Personalamt. Akten Dr. Arthur Seyss-Inquart, Hanns Rauter.

b) Parteikanzlei Korrespondenz. Akten Dr. Seyss-Inquart, Fritz Schmidt.

c) Dokument aus dem Persönlichen Stab des Reichsführers SS (sog. Himmler-Files).

3. Institut für Publizistik an der Freien Universität Berlin (IfP).

a) Dokumente der Presseabteilung der Reichsregierung, Abteilung Auslandspresse.

b) Dokumente des Reichspropagandaamtes Berlin.

C. Veröffentlichte Quellen

Akten zur deutschen Auswärtigen Politik 1918-1945. Aus dem Archiv des Auswärtigen Amtes. Serie D (1937-1945). Bd. I-XI, Baden-Baden 1950-1956 und Frankfurt a. M. 1961-1964. Bd. XI, 1. und 2. Bonn 1965 (zit. ADAP).

Blokzijl, M.: Luisteraars. Max Blokzijls antwoorden. Utrecht 1942.

Boberach, H. (Hrsg.): Meldungen aus dem Reich. Auswahl aus geheimen Lageberichten des Sicherheitsdienstes der SS, 1939-1944. Neuwied und Berlin 1965.

Boelcke, W. A. (Hrsg.): Kriegspropaganda 1939-1941, Geheime Ministerkonferenzen im Reichspropagandaministerium, Stuttgart 1966.

Boelcke, W. A. (Hrsg.): Wollt Ihr den totalen Krieg. Die geheimen Goebbels-Konferenzen 1939-1943, Stuttgart 1967.

Bouhler, P. (Hrsg.): Nationalsozialistische Bibliographie. Monatshefte der Parteiamtlichen Prüfungskommission zum Schutze des NS. Schrifttums. Berlin 1936-1943

Der Prozeß gegen die Hauptkriegsverbrecher vor dem Internationalen Militärgerichtshof Nürnberg 14. November 1945 - 1. Oktober 1946, 42 Bde. (zit. IMT).

Dietrich, O.: Nationalsozialistische Pressepolitik. Berlin 1938.

Dietz, H. : Agitation und Massenhysterie in England. Propagandamethoden historisch gesehen. Veröffentlichun d. Deutschen Instituts f. außenpol Forschung, 10. Essen 1941.

Documentatie. Status en Werkzaamheid van organisaties en instellingen uit de tijd der Duitse bezetting van Nederland. Samengesteld ten behoeve van de Bijzondere Rechtspleging, op last van de Procureur-Fiscaal bij het Bijzonder Gerechtshof te Amsterdam. Amsterdam 1947 (RvO, A'dam).

Documents on German Foreign Policy, 1918-1945, series D, Vol VIII, The War Years 1939-1940 (zit. DGFP).

Domarus, M. (Hrsg.): Hitlers Reden und Proklamationen 1932-1945, Würzburg 1962/63.

Franzmeyer, Fritz. Presse-Dissertationen an deutschen Hochschulen 1885-1938. Auf Grund der Jahresverzeichnisse der deutschen Hochschulschriften und Verzeichnisse für die Ostmark und Protektorat Böhmen. Bearb. u. Hrsg. v. W. Heide. Leipzig 1940-1943.

Frotscher, E. : Bilanz einer jungen Zeitung. Vier Monate "Deutsche Zeitung in den Niederlanden". In: ZV. 41. Jg., Nr. 42. Okt. 1940, S. 361 ff.

Goebbels, J. : An die deutschen Schriftleiter. Richtlinien für die Gesamthaltung der deutschen Presse. o.J.

Goedhart, H. A. (Hrsg.): De Pers in Nederland. Onder auspicien van het Department van Volksvoorlichting en Kunsten. Met een inleidend woord von Max Blokzijl. Amsterdam 1943.

Handbuch der deutschen Tagespresse. Hrsg. vom Institut für Zeitungswissenschaft an der Universität Berlin. 6. Aufl. Leipzig und Frankfurt/M. 1937.

Handbuch der deutschen Tagespresse. Hrsg. vom Institut für Zeitungswissenschaft an der Universität Berlin. 7. Aufl. Leipzig 1944.

Handbuch der Weltpresse. Eine Darstellung des Zeitungswesens aller Länder. Leipzig 1937.

Handbuch der Zeitungswissenschaft. Leipzig. 2 Bde. 1940 ff. (unvollständig)

Hentschel, H. : Der ständische Aufbau der deutschen Presse. Diss. Leipzig 1935.

Het woord als wapen. Keur uit de Nederlandse ondergrondse pers 1940-1945. Bronnenpublicaties Diversen Nr. 1. s'Gravenhage 1952 (RvO, A'dam).

Het Proces Mussert. Serie Bronnenpublicaties Nr. 4, Processen Nr. 3, s-Gravenhage 1948 (RvO, A'dam).

Het Proces Rauter. Bronnenpublicaties, Processen Nr. 5, s'Gravenhage 1952 (RvO, A'dam).

Hinkel, H. (Hrsg.): Handbuch der Reichskulturkammer. Berlin 1937.

Hitler, A. : Mein Kampf. Die nationalsozialistische Bewegung. München 1926/27.

Hitler, A.: Hitlers Zweites Buch. Ein Dokument aus dem Jahr 1928. Eingeleitet und kommentiert von G. L. Weinberg. Mit einem Vorwort von H. Rothfels, Stuttgart 1961.

Hofer, W. (Hrsg.): Der Nationalsozialismus. Dokumente 1933-1945. Fischer-Bücherei 172, Frankfurt/M. 1957.

Hofer, W. : Die Entfesselung des zweiten Weltkrieges mit Dokumenten. Fischer-Bücherei 323, Frankfurt/M. und Hamburg 1960.

Hubatsch, W.(Hrsg.): Hitlers Weisungen für die Kriegführung 1939-1945. Dokumente des OKW. dtv-Dokumente 278/79. München 1965.

Jacobsen, H.-A. (Hrsg.): 1939-1940. Der Zweite Weltkrieg in Chronik und Dokumenten. 5. Aufl., Darmstadt 1961.

Jacobsen, H.-A. (Hrsg.): Der Zweite Weltkrieg. Grundzüge der Politik und Strategie in Dokumenten. Fischer-Bücherei 645/646 Frankfurt/M. 1965.

Jacobsen, H.-A. (Hrsg.): Dokumente zum Westfeldzug 1940. Göttingen, Berlin, Frankfurt/M. 1960.

Janke, W. : Regungen des neuen Geistes. In: Die Niederlande im Umbruch der Zeiten. Hrsg. und bearb. v. M. du Pre unter Mitw. v. W. Janke. Würzburg 1941, S. 41 ff.

Kaiser, F. : Die Zeitung als Mittel der Nationalerziehung. In: Wesen und Wirkungen der Publizistik, Bd. 1, Leipzig 1934.

Keesing, Archiv der Gegenwart. 1940-1945. Hrsg. v. Siegler-Verlag Wien, o.J.

Klaassen, P. : Van tijdinghe tot dagblad und Drie kwart eeuw dagbladwezen. In: De pers in Nederland, Hrsg. v. H. A. Goedhart, Amsterdam 1943.

Krause, G. : Die britische Auslandspropaganda. Organisation, Methoden und Inhalt, 1914-1940. Berlin 1940.

Krumbach, J. H. : Grundfragen der Publizistik. Die Wesenselemente des publizistischen Prozesses. Seine Mittel und Ergebnisse. Berlin und Leipzig 1935.

Kurth, K. und Hollmann, W.: Die Wirkungsgesetze der Presse. Gedanken über den Zusammenhang von Volkstum und Nachrichtengestaltung 2. Aufl. Essen 1940.

Kuyper, E. W. : Het contact tusschen pers en overheid. In: De pers in Nederland. Hrsg. v. H. A. Goedhart, Amsterdam 1943.

Lehmann, E. H. : Wie sie lügen. Beweise feindlicher Hetzpropaganda. Berlin 1939/40.

Liske, W. : Nach einem Jahr. In: DZN vom 5. Juni 1941, S. 1.

List, F. : Die Tageszeitung als publizistisches Führungsmittel (unter besonderer Berücksichtigung der Reichweite und der Grenzen der Wirkung). In: Zeitung und Leben. Bd. 70. Würzburg-Aumühle 1939.

Lochner, L. P. (Hrsg.): Goebbels Tagebücher. Aus den Jahren 1942-1943. Zürich 1948.

Lüddecke, Th. : Die Tageszeitung als Mittel der Staatsführung, Hamburg 1933.

Max Blokzijl. Zijn berechting en veroordeeling. Serie Bronnenpublicaties Nr. 1, Processen Nr 1, s'Gravenhage 1946 (RvO, A'dam).

Menz, G. : Der Aufbau des Kulturstandes. Die Reichskulturkammergesetzgebung, ihre Grundlagen und ihre Erfolge. In: Arbeit und Wissen, Bd. 3. München und Berlin 1938

Müller, G. W. : Das Reichsministerium für Volksaufklärung und Propaganda. Berlin 1940. Schriften zum Staatsaufbau. Neue Folge der Schriften der Hochschule für Politik. H. 43.

Oosterbaan, N. : Een jaar van pioniersarbeid. Het Department van Volksvoorlichting en Kunsten. In: Volk en Vaderland. 28. Nov. 1941, 9. Jg., Nr. 48, S.4.

Picker, H. (Hrsg.): Hitlers Tischgespräche im Führerhauptquartier 1941-1942. 2. Aufl. Stuttgart 1965.

Prel, M. du (Hrsg.): Die Niederlande im Umbruch der Zeiten. Alte und neue Beziehungen zum Reich. Im Auftrage des Reichskommissars für die besetzten niederländischen Gebiete Reichsminister Dr. Seyß-Inquart, hrsg. und bearb. v. Dr. Freiherr M. du Prel unter Mitwirkung von W. Janke, Würzburg 1941.

Nennstiel, K. : Presse und Propaganda. Ein Hinweis auf das zeitungseigene Wesensgesetz. Weimar 1936.

Rabl, K. O. : Das Reichskommissariat. In: Die Niederlande im Umbruch der Zeiten. Hrsg. und bearb. v. M. du Prel unter Mitw. v. W. Janke. Würzburg 1941, S. 83 ff.

Rahm, H. G. : Der Angriff 1927/30. Der nationalsozialistische Typ der Kampfzeitung. Diss. Berlin 1939.

Reichsgesetzblatt. 1933-1945 (zit. RGBL).

Rienhardt, R. : Muß Presse sein? Grundsätzliche Betrachtungen über die Aufgabenstellung der Presse im Dritten Reich. Vorträge und Abhandlungen des Instituts für Zeitungswissenschaft an der Universität Köln. H. 5. Bonn 1939.

Schnabel, R. : Mißbrauchte Mikrofone. Deutsche Rundfunkpropaganda im zweiten Weltkrieg. Eine Dokumentation. Wien 1967.

Schrieber, K.-F. (Hrsg.): Das Recht der Reichskulturkammer. Sammlung der für den Kulturstand geltenden Gesetze und Verordnungen der amtlichen Anordnungen und Bekanntmachungen der Reichskulturkammer und ihrer Einzelkammern. Bd. 1-3 Berlin 1935-1936.

Schrieber, K.-F. (Hrsg.): Die Reichskulturkammer. Organisation und Ziele der deutschen Kulturpolitik. Berlin 1934.

Schwarz, H. : Die Struktur des modernen Leitartikels, entwickelt am Leitartikel seit der Jahrhundertwende. Diss. Münster 1942.

Seraphim, H.-G. (Hrsg.): Das politische Tagebuch Alfred Rosenbergs 1934/35 und 1939/40. dtv-Dokumente 219. München 1964.

Seyß-Inquart, A. : Vier Jahre in den Niederlanden. Gesammelte Reden. Amsterdam 1944.

Snijder, G. A. S. : Brücken zwischen zwei germanischen Völkern. In: DZN vom 3. Okt. 1940, S. 3.

Sparing, R. : Herolde des Ostens. In: ZV. 40. Jg Nr. 48. Dez. 1939, S. 651 ff.

Verordnungsblatt für die besetzten niederländischen Gebiete. 5 Bde., Den Haag 1940-1945 (zit. VOBL. Niederlande).

Vijf Nota's van Mussert aan Hitler over de samenwerking van Nederland en Duitsland in een Bond van Germaanse Volkeren 1940-1944. Serie Bronnenpublicaties Nr. 3, s'Gravenhage 1947 (RvO, A'dam).

Volks-Brockhaus. Deutsches Sach- und Sprachwörterbuch für Schule und Haus. 9. Aufl. Leipzig 1941.

Voor Volk en Vaderland. Tien jaren strijd van de Nationaal-Sociaalistische Beweging der Nederlanden 1931-1941. Samengesteld onder leiding van C. van Geelkerken, Amsterdam 1941.

Wanderscheck, H. : Die englische Propaganda im Weltkrieg gegen Deutschland 1914-1918. Berlin 1935.

Wiesenhaan, F. C. A. : Het Nieuwsbureau. In: De pers in Nederland. Hrsg. v. H. A. Goedhart, Amsterdam 1943.

Wulf, J. : Presse und Funk im Dritten Reich. Eine Dokumentation. rororo 815/817. Gütersloh 1964.

Zeitungen und Zeitschriften:

Algemeen Handelsblad
Brüsseler Zeitung
Bukarester Zeitung
Das Reich
De Maasbode
De Nederlandsche Journalist
Der Neue Tag
De Standaard
De Telegraaf
De Tijd
De Tribune
Deutsche Allgemeine Zeitung
Deutsche Presse
Deutsche Ukraine Zeitung
Deutsche Zeitung in den Niederlanden
Deutsche Zeitung in Norwegen
Deutsche Zeitung im Ostland
Frankfurter Zeitung
Het Nationale Dagblad
Het Volk
Krakauer Zeitung
Nieuwe Rotterdamsche Courant
Pariser Zeitung
Storm
Unser Wille und Weg

Völkischer Beobachter
Volk en Vaderland
Warschauer Zeitung
Zeitungs-Verlag
Zeitungswissenschaft

D. Literatur:

Arendt, H. : Totalitäre Propaganda. In: Der Monat, 3, H. 33, 1951.

Bakker, G. : Duitse Geopolitik, 1919-1945. Assen 1967.

Baschwitz, K. : De krant door alle tijden. A'dam. o. J.

Baschwitz, K. : Pers, Propaganda en openbare mening. Leiden 1956.

Baschwitz, K. : The History of the Daily Press in the Netherlands, In: Bulletin of the International Committee of Historical Sciences. Vol. 10, Teil 1, Nr. 38. Jan. 1938. S. 96 ff.

Berning, C. : Vom "Abstammungsnachweis" zum "Zuchtwart". Vokabular des Nationalsozialismus, Berlin 1964.

Besgen, A. : Der stille Befehl, München 1960.

Blackstock, P. W. : German use of Psychological Warfare in 1940. An account of how propaganda served as a catalyst in promoting the defeat of Dutch, Belgian, and French Forces in the Western Campaign. In: A Psychological Casebook. Hrsg. v. W. E. Daugherty u. M. Jannowitz. 2. Aufl. Baltimore 1960.

Boer, J. de : Omroep en Publiek in Nederland tot 1940. Leiden 1946.

Bot, J. : Het Kunstenaarverzet. In: Onderdrukking en Verzet. Amsterdam-Arnhem 1948-1955, S. 525 ff.

Bouman, J. P. : De April-Mei-Stakingen van 1943 (RvO, Monografieën Nr. 2) s'Gravenhage 1950.

Bracher, K. D.,: Sauer, W., Schulz, G., — Die Nationalsozialistische Machtergreifung, Köln und Opladen 1962.

Brenner, H. : Die Kunstpolitik des Nationalsozialismus. rde 167/68. Reinbek bei Hamburg 1963.

Broek, H. J. v. d. : Hier Radio Oranje. Vijf jaar radio in oorlogstijd. Amsterdam 1947.

Broszat, M. : Der Nationalsozialismus. Weltanschauung, Programm und Wirklichkeit. 4. Aufl., Stuttgart 1961.

Bruner, J. S. : The Dimensions of Propaganda: German Short-Wave Broadcasts to America. In: Public Opinion and Propaganda. A. Book of Readings. Edited for the Psychological Study of Social Issues (Hrsg. Katz, Eldersveld, Cartwright, McLung Lee). New York, 2. Aufl. 1962, S. 491 ff.

Buchheim, H. (Hrsg.): Anatomie des SS-Staates. 2 Bde. Olten und Freiburg/Br. (Weitere Hrsg.: M. Broszat, H. A. Jacobsen und H. Krausnick).

Buchheim, H. : Die Höheren SS- und Polizeiführer. In: VJHZG, 11. Jg., 1963, S. 362 ff.

Buchheim, H. : Die SS. Das Herrschaftsinstrument. Befehl und Gehorsam. Bd. 1. Freiburg 1965.

Buchheim, H. : Struktur der totalitären Herrschaft und Ansätze totalitären Denkens. In: VJHZG, 8. Jg. 1960, H. 2, S. 121 ff.

Bullock, A. : Hitler. Eine Studie über Tyrannei. 2 Bde. Fischer-Bücherei 585/586. Frankfurt/M. und Hamburg 1964.

Cartwright, D.,: Katz, D. — Public Opinion and Propaganda. New York 1962.

Childs, H. L., : Whitton, J. B. — Propaganda by Short Wave. Princeton 1942.

Cole, J. A. : Lord Haw-Haw and William Joyce. London 1964. Deutsche Ausgabe: Hier spricht der Großdeutsche Rundfunk. Der Fall Lord Haw-Haw. Wien und Hamburg 1965.

Daugherty, W. E., : Jannowitz, M. — A Psychological Casebook. 2. Aufl. Baltimore 1960.

Donkersloot, N. A. : — Kunst en Kunstenaars tijdens de Bezetting. In: Onderdrukking en Verzet. Amsterdam-Arnhem 1948-1955 S. 502 ff.

Doob, L. W. : — Goebbels Principles of Propaganda. In: The Public Opinion Quaterly. 1950/3. S. 419 ff.

Fraenkel, H., : Manvell, R. — Goebbels. Eine Biographie, Köln 1960.

Fraenkel-Verkade, E. : — Rost van Tonningen. 2 Bde. s'Gravenhage 1967.

Fraser, L. : — Propaganda. London 1957.

Fuller, J. F. C. : — Der Zweite Weltkrieg 1939-1945. Wien 1950.

George, A. L. : — Propaganda Analysis. A Study of inferences Made from Nazi Propaganda in World War II. Evanston, Ill. 1959.

Gilbert, G. M. : — Nürnberger Tagebuch. Gespräche mit den Angeklagten. Fischer-Bücherei 447/8. Frankfurt/M. 1962.

Goerlitz, W. : — Der Zweite Weltkrieg, 1939-1945. 2 Bde. Stuttgart 1951/52.

Grassmann, G. O. : — Die deutsche Besatzungsgesetzgebung während des Zweiten Weltkrieges. Tübingen 1958.

Gruchmann, L. : — Der Zweite Weltkrieg. dtv-Weltgeschichte des 20. Jahrhunderts. Bd. 10. München 1967.

Gruchmann, L. : — Nationalsozialistische Großraumordnung. Die Konstruktion einer "deutschen Monroedoktrin". Stuttgart 1962.

Hagemann, W. : — Der Presseniedergang im Dritten Reich. In: Das Parlament, Sept. 1954, 4. Jg. Nr. 38. S. 3.

Hagemann, W. : — Publizistik im Dritten Reich. Ein Beitrag zur Methodik der Massenführung. Hamburg 1948.

Hale, O. J. : The Captive Press in the Third Reich. Princeton 1964. Deutsche Ausgabe: Presse in der Zwangsjacke 1933-45. Düsseldorf 1965.

Hano, H. : Die Taktik der Pressepropaganda des Hitlerregimes 1943-1945. Diss. Berlin, München 1963.

Hans, D. : The Legitimate Press. In: The Annals (of The American Academy of Political and Social Science). The Netherlands during German Occupation. Hrsg. v. N. W. Posthumus. Vol. 245, May 1946.

Heeroma, K. : Onderdrukking en Verzet in de Literatuur. In: Onderdrukking en Verzet. Amsterdam-Arnhem 1948-1955, S. 536 ff.

Heiber, H. : Joseph Goebbels. dtv 271/72. München 1965.

Herdeg, W. : Grundzüge der deutschen Besatzungsverwaltung in den west- und nordeuropäischen Ländern während des Zweiten Weltkrieges. Tübingen 1953.

Hillgruber, A. : Hitlers Strategie. Politik und Kriegführung 1940-1941. Frankfurt/M. 1965.

Hofstätter, P. R. : Die Psychologie der öffentlichen Meinung, Wien 1949.

Hofstätter, P. R. : Einführung in die Sozialpsychologie, 2. Aufl. Stuttgart 1959.

Iben, I. : The germanic press of europe. An Aid to Research. Studien zur Publizistik, Bremer Reihe, Bd. 5. Münster 1965.

Jacobsen, H.-A. : Fall "Gelb". Der Kampf um den deutschen Operationsplan zur Westoffensive. Wiesbaden 1957.

Jacobsen, H.-A. : Zur Konzeption einer Geschichte des Zweiten Weltkrieges 1939-1945. Disposition mit kritisch ausgewähltem Schrifttum (bearbeitet unter Mitwirkung von Joachim Röseler). In: Schriften der Bibliothek für Zeitgeschichte. Weltkriegsbücherei H. 2. Frankfurt/M. 1964.

Jong, L. de : De Bezetting I-V. Een weergave in boekvorm van de uitzendingen der Nederlandse Televisie-Stichting over Nederland in de Tweede Wereldoorlog. Amsterdam 1961-1965. Erw. einbändige Ausgabe: Amsterdam 1966.

Jong, L. de : De Duitse Vijfde Colonne in de Tweede Wereldoorlog. Amsterdam 1953. Engl. Ausgabe: The German Fifth Column in the Second World War. London 1953. Deutsche Ausgabe: Die deutsche Fünfte Kolonne im zweiten Weltkrieg. Stuttgart 1959.

Jong, L. de : Holland Fights the Nazis. London 1941.

Jong, L. de : Je Maintiendrai I-IV, London 1941-1945.

Jong, L. de : Nederland in de Tweede Wereldoorlog. In: Algemene Geschiedenis der Nederlanden. XII, Utrecht 1958. Deutsche Übersetzung: Die Niederlande im Zweiten Weltkrieg. o. J. (hektogr. im RvO, A'dam).

Kaehler, S. A. : Geschichtsbild und Europapolitik des Nationalsozialismus. In: Die Sammlung, 9. Jg. 7./8. Heft 1954, S. 337 ff.

Kieslich, G. : Kriegswichtige Bestimmungen für Zeitungsverlage 1939-1944. In: Publizistik 3, H. 4, 1958, S. 229 ff.

Kitz, W. u. Gross, H. : Die Organisation der niederländischen Verwaltung. Düsseldorf 1941.

Kleffens, E. N. v. : The Rape of the Netherlands. London 1940.

Klemperer, V. : LTI. Notizbuch eines Philologen. Berlin 1947

Kluke, P. : Nationalsozialistische Europaideologie. In: VJHZG 3. Jg. 1955, S. 240 ff.

Kluke, P. : Politische Form und Außenpolitik des Nationalsozialismus. In: Geschichte und Gegenwartsbewußtsein. Festschrift für Hans Rothfels. Göttingen 1963, S. 428 ff.

Kok, E. : Unterdrückung und Widerstand. 5 Jahre deutsche Besetzung in den Niederlanden 1940-1945. Hrsg. v. Kulturamt der Stadt Dortmund. Dortmund-Brackel 1960.

Kooy, G. A. : Het eches van een volkse beweging. Nazificatie en denazificatie in Nederland 1931-1945. Assen 1964.

Koszyk, K. : Das Ende des Rechtsstaates 1933/34 und die deutsche Presse. In: Journalismus. Schriftenreihe des Deutschen Instituts für publizistische Bildungsarbeit. Bd. 1. Düsseldorf 1960. S. 49 ff.

Kris, E., Speier, H. : German Radio Propaganda. London, New York, Toronto 1944.

Kwiet, K. : Die Einsetzung der deutschen Zivilverwaltung in den Niederlanden und die Anfänge ihrer Nazifizierungspolitik. Diss. Berlin 1967.(Erscheint demnächst in der Schriftenreihe der VJHZG.)

Lasswell, H. D. : Propaganda Technique in the World War (I), New York 1927.

Leeuw, J. R. v. d. : Deutschland und die Niederlande im Zweiten Weltkrieg. In: Internationales Jahrbuch für Geschichtsunterricht, Bd. 6, 1957, S. 98 ff.

Lemkin, R. : Axis Rule in occupied Europe. Washington 1944.

Lerg, W. B. : Richtlinien für die Gesamthaltung der deutschen Presse. In: Gazette Vol. VIII, No. 3, 1962, S. 228-245.

Lerner, D. : Sykwar. Psychological Warfare against Germany. New York 1949.

Lerner, D. : The Nazi Elite. Hoover Insitute Studies, Series B: Elite Studies, Nr. 3, Stanford 1951.

Leuschner, J. : Volk und Raum. Zum Stil der nationalsozialistischen Außenpolitik. Kleine Vandenhoek-Reihe, 58. Göttingen 1958.

Linebarger, P.M.A.: Psychological Warfare. School of Advanced International Studies. Washington 1954. Deutsche Ausgabe: Schlachten ohne Tote. Psychological Warfare. Frankfurt/M. 1960.

Loock, H.-D. : Zur "Großgermanischen Politik" des Dritten Reiches. In: VJHZG, 8.Jg . 1960, S. 37 ff.

Maletzke, G. : Grundbegriffe der Massenkommunikation. München 1964.

Maletzke, G. : Psychologie der Massenkommunikation. Theorie und Systematik. Hamburg 1963.

Meulenbelt, J. : De duitse tijd. Vijf jaar vaderlandse geschiedenis. Utrecht 1955.

Michaelis, H. : Der Zweite Weltkrieg. In: Handbuch der Deutschen Geschichte v. A.O. Meyer. Konstanz 1965, 1. und 2. Teil.

Milward, S.: Die deutsche Kriegswirtschaft.In: Schriftenreihe der VJHZG, 12. Stuttgart 1966.

Müller, H.D. (Hrsg.): Facsimile Querschnitt durch Das Reich. In: Facsimile Querschnitte durch alte Zeitungen und Zeitschriften, 4. München 1964.

Münzenberg, W.: Propaganda als Waffe. Paris 1937.

Munzinger Archiv. Internationales biographisches Archiv.

Murawski, E. : Der deutsche Wehrmachtsbericht 1939-1945. Ein Beitrag zur Untersuchung der geistigen Kriegführung. Schriften des Bundesarchivs,9. Boppard 1962.

Nederland in Oorlogstijd. Hrsg. v. RvO, A'dam. 1946-1950.

Nolte, E. : Der Faschismus in seiner Epoche. München 1963.

Nolte, E. : Die faschistischen Bewegungen. Die Krise des liberalen Systems und die Entwicklung der Faschismen. dtv-Weltgeschichte des 20. Jh., Bd. 4. München 1966.

Onderdrukking en Verzet, Nederland in Oorlogstijd. (Red.: J.J. Bolhuis, C.D.J. Brandt, H.M. v. Randwijk en B.C. Slotemaker). 4 Bde., Amsterdam-Arnhem 1948-1955.

Oven, W. v. : Mit Goebbels bis zum Ende, 2 Bde. Buenos Aires 1950.

Ploetz, K. : Geschichte des Zweiten Weltkrieges, 2 Bde. Würzburg 1960.

Pohle, H. : Der Rundfunk als Instrument der Politik. Wissenschaftliche Schriftenreihe für Rundfunk und Fernsehen. Bd. 1. Hamburg 1955.

Posthumus, N. W. (Hrsg.): The Netherlands during German Occupation. In: The Annals of The American Academy of Political and Social Science. Vol. 245. May 1946.

Postma, J. : A. Reichskommissariat. German Civil Government in Netherlands. Dep. of history, University of Kansas 1962 (Ms. im RvO, A'dam).

Presser, J. : Ondergang. De vervolging en verdelging van het nederlandse jodendom 1940-1945. 2 Bde. (RvO, Monografieën Nr. 10) 4. Aufl. s'Gravenhaga 1965.

Rauschning, H. : Gespräche mit Hitler. Zürich/New York 1940.

Reitlinger, G. : Die Endlösung. Hitlers Versuch der Ausrottung der Juden Europas 1939-1945. 4. Aufl., Berlin 1961.

Rijser, P. : Nazi-propaganda in bezet Nederland. In: Z. A. B. Zeman, De propaganda van de nazi's. Hilversum-Antwerpen 1966, S. 180 ff.

Rolo, Ch. J. : Radio goes to War. London 1943.

Schlecht, H. : Das Reichsministerium für Volksaufklärung und Propaganda. In: Unser Wille und Weg. Jg. 5, 1935, Nr. 12, S. 402 ff.

Schmeer, K. : Die Regie des öffentlichen Lebens durch das nationalsozialistische Regime als Mittel der politischen Werbung. München 1956.

(Schmidt, F.) : Presse in Fesseln. Berlin 1947.

Schneider, M. : De Nederlandse Krant van "Nieuwstijdinghe" tot dagblad. Amsterdam 1943. 2. Aufl. 1949.

Schöffer, I. : Het nationaal-socialistische beeld van de geschiedenis der Nederlanden. Een historiografische en bibliografische Studie. Arnhem 1956.

Schramm, P.-E., Hubatsch, W., Hillgrunber, A. u. Jacobsen, H.-A. : Kriegstagebuch des Oberkommandos der Wehrmacht, Bd. 1, 2, 3, 4. Frankfurt/M. 1961-1964.

Seidel, E. u. Seidel-Slotty, I. : Sprachwandel im Dritten Reich. Eine kritische Untersuchung faschistischer Einflüsse, Halle/Saale 1961.

Shirer, W. L. : Berlin Diary. The journal of a Foreign Correspondent 1934-1941. New York 1941.

Shirer, W. L. : The Rise an Fall of Third Reich. London 1960. Deutsche Ausgabe: Aufstieg und Fall des Dritten Reiches, Köln, Berlin 1961.

Sijes, B. A. : De Februari-staking 25-26 februari 1941 (RvO, A'dam. Monografieën Nr. 5) s'Gravenhage 1954.

Sijes, B. A. : De arbeidsinzet 1940-1945. De gedwongen arbeid van Nederlanders in Duitsland 1940-1945. (RvO, A'dam, Monografieën Nr. 11) s'Gravenhage 1966.

Sington, D. u. Weidenfeld, A. : The Goebbels Experiment. A Study of the Nazi Propaganda Machine. New Haven 1943.

Smith, B. L., Lasswell, H. D., Casey, R. D. : Propaganda, Communication and Public Opinion. Princeton University Press 1946.

Spaan, J. B. Th. : Pers en Propaganda. In: Onderdrukking en Verzet, Amsterdam 1953.

Sternberger, D., Storz, G., Süskind, W. E. : Aus dem Wörterbuch des Unmenschen. dtv 48. München 1962.

Stern-Rubarth, E. : Die Propaganda als politisches Instrument. Berlin 1921.

Strothmann, D. : Nationalsozialistische Literaturpolitik. Ein Beitrag zur Publizistik im Dritten Reich. Bonn 1960. Abhandlungen zur Kunst-, Musik- und Literaturwissenschaft.

Taylor, A. J. P. : The Origins of the Second World War, London 1961. Deutsche Ausgabe: Die Ursprünge des Zweiten Weltkrieges. Gütersloh 1962.

Thimme, H. : Weltkrieg ohne Waffen. Die Propaganda der Westmächte gegen Deutschland, ihre Wirkung und Abwehr. Stuttgart 1932.

Tippelskirch, K. v. Geschichte des Zweiten Weltkrieges. 2. Aufl. Bonn 1956.

Toynbee, A. u. V. (Hrsg.): Survey of International Affairs 1939-1946. London 1953 ff.

Travaglini, Th. : Der 20. Juli 1944. Technik und Wirkung seiner propagandistischen Behandlung nach den amtlichen SD-Berichten. Diss. Berlin 1963.

Trevor-Roper, H. : Himmlers Leibarzt. In: Der Monat, XCVIII, Nov. 1956.

Trevor-Roper, H. : Hitlers Kriegsziele. In: VJHZG, 8. Jg. 1960, S. 121 ff.

Visioen en werkelijkheid. De illegale pers over de toekomst der samenleving. (red.: B. Bakker, D. H. Covée en J. Kassies). Den Haag 1963.

Warmbrunn, W. : The Dutch under German Occupation 1940-1945. Stanford 1963.

Wedel, H. v. : Die Propagandatruppen der deutschen Wehrmacht. Neckargmünd 1962. Die Wehrmacht im Kampf. 34.

Wesseling, J. C. G. : Overheidsbemoeiingen met de Kunst. In: Onderdrukking en Verzet. Amsterdam-Arnhem, 1948-1955, S. 511 ff.

Wilhelmina: Eenzaam maar niet alleen. Amsterdam 1959. Deutsche Ausgabe: Einsam und doch nicht allein. Stuttgart 1961.

Winkel, L. : De ondergrondse pers 1940-1945 (RvO, A'dam, Monografieën Nr. 6) s'Gravenhage 1954.

Wittek, B. : Der britische Ätherkrieg gegen das Dritte Reich. Die deutschsprachigen Kriegssendungen der British Broadcasting Corporation. Studien zur Publizistik. Bd. 3. Münster 1962.

Wolf, D. : Die Auslandsarbeit des Deutschen Rundfunks und die deutschsprachige Publizistik des Auslandrundfunks. Berlin 1940.

Zeman, z. A. B. : Nazi Propaganda. New York, Toronto 1965. Niederländische Ausgabe: De propaganda van de nazi's. Hilversum, Antwerpen 1966.

Personenregister

Kolibri 360 GmbH
Ferdinand-Jühlke-Straße 7
99095 Erfurt, Deutschland
produktsicherheit@kolibri360.de